SREをはじめよう

個人と組織による信頼性獲得への第一歩

David N. Blank-Edelman　著

山口 能迪　訳

本書で使用するシステム名、製品名は、いずれも各社の商標、または登録商標です。
なお、本文中では™、®、©マークは省略している場合もあります。

Becoming SRE
*First Steps Toward Reliability
for You and Your Organization*

David N. Blank-Edelman

Beijing · Boston · Farnham · Sebastopol · Tokyo

©2024 O'Reilly Japan, Inc. Authorized Japanese translation of the English edition of Becoming SRE.
©2024 David Blank-Edelman. All rights reserved. This translation is published and sold by permission of O'Reilly Media, Inc., the owner of all rights to publish and sell the same.

本書は、株式会社オライリー・ジャパンがO'Reilly Media, Inc.の許諾に基づき翻訳したものです。日本語版についての権利は、株式会社オライリー・ジャパンが保有します。

日本語版の内容について、株式会社オライリー・ジャパンは最大限の努力をもって正確を期していますが、本書の内容に基づく運用結果について責任を負いかねますので、ご了承ください。

Becoming SRE 推薦の言葉

SREは日進月歩であり、研究するにも採用するにも刺激的なものです。しかし、この絶え間ない変化のために、何から始めたら良いのかわからないこともあります。*Becoming SRE*は、あなたが旅を始めるのを助けるだけでなく、あなたの道を導く決定的なガイドです。

Alex Hidalgo、Nobl9のプリンシパルリライアビリティアドボケイトであり
"Implementing Service Level Objectives"の著者

自分自身や組織をSREの心構えへと変革し、システムに求める変化を実現するための不可欠なガイド。本書は、SREの規範を三部作から四部作へと拡大することでしょう。

Liz Fong-Jones、HoneycombのフィールドCTOであり"Observability Engineering"の共著者

楽しくて曲がりくねった冒険の準備をしましょう！*Becoming SRE*は、サイトリライアビリティエンジニアリングのストーリーを新鮮かつ刺激的な方法で展開します。各章は珠玉の知恵を解き放ち、SREであるための真髄となる考え方、文化、実践方法を明らかにします。複雑系、サービスレベル、トイル、障害といった問題に直面し、SREがなぜそれらに夢中になるのかを学べます。SREとしてのキャリアをスタートさせようとしている人、キャリアを積んでいる人、あるいはビジネスや組織でSREを立ち上げようとしている人にとって、本書はガイドと親しみやすいエピソード、そして楽しさが詰まった宝物となることでしょう。

Jason A. Cox、DisneyのグローバルSREディレクター

Davidと本書で引用されている登場人物たちが長年にわたって培ってきたSREの専門知識を、もっともコンパクトな形に圧縮したものが本書です。*Becoming SRE*は、SREのやっかいな仕事を書籍の形で表現していて、読者が今いる場所で出会い、読者にストーリー、例え話、脚注、そして魅力をもってSREを語ってくれます。

Amy Tobey、Equinixのシニアプリンシパルエンジニア

*Becoming SRE*は、なぜSREが本番環境のサービスにとって重要な役割を果たすのか、そしてどのようにしてビジネスに適したSREの実践を展開するのか、その核心に迫っています。

Salim Virji

訳者まえがき

本書は "Becoming SRE: First Steps Toward Reliability for You and Your Organization"（2024年、O'Reilly Media、ISBN9781492090557）の日本語訳です。

日本では、『SRE サイトリライアビリティエンジニアリング』（2017年、オライリー・ジャパン、ISBN9784873117911、以下、SRE本）が出版された頃から、「サイトリライアビリティエンジニアリング」（以下、SRE）が広く知られるようになりました。それから7年が経過し、日本においても多くの企業がSREの実践に取り組むようになりました。しかしながら一部では、SREという名称だけが独り歩きし、その実態が本来意図するところとは違った取り組み方になってしまっている事例も見受けられます。

SRE自体は、Google社内で2000年後半より発展し、そこから先の書籍の出版まで、およそ10年の期間を経てから初めて一揃いのプラクティスが公開されました。一方で、DevOpsが同様の期間にコミュニティで広く議論が交わされ、主に開発プロセスに注目した形で多くの共通認識が持たれるように成りました。結果として、SRE本が登場して、突然多くのプラクティスが公開され、これまでDevOpsを実践してきた人々に驚きや歓迎とともに混乱ももたらしました。特に混乱や誤解をもたらす理由となったのは、SREとして紹介されたプラクティスがDevOpsの文脈でも紹介されてきたことがあったことです。これにより、中には「要するにDevOpsを新しい呼び方をしただけのものであろう」という認識をされる人もいました。さらに裾野が広がると、運用全般を指してSREと呼ぶような事例も多く見かけるようになりました。

SREという言葉が定義され、その言葉が定着してるいうことには意味があります。SRE本では、Googleが意図するものを自社での事例をもって紹介していました。しかしその内容が読者の環境と大きく違うことから、Googleのような企業でなければ実践できないものとして誤解されてしまうこともありました。これは日本に限った話ではあ

りません。訳者がSREの国際カンファレンスやコミュニティに関わる中でも、似たような状況が至る所で起きているのを多く目にしました。そういった背景と、SREの実践の敷居を下げるための資料が少ないことから、原著者は本書を書き下ろしました。原著者が編集した『SREの探求』もそうですが、原著者の需要を捉える嗅覚と、その需要を満たすための実行力には感服するばかりです。

訳者として本書が、類推からの早合点ではなく、皆さんが本来の意味でSREを理解し、咀嚼することの助けになることを願っています。そして、皆さん自身、さらに所属する組織へのSREの適用が、本書によって促されることを期待しています。

クエリは流れ、ページャーは沈黙を守らんことを。

謝辞

お忙しい中、本書のレビューを快諾してくださった、近藤健司（@chaspy_）さん、清水勲（@isaoshimizu）さん、髙村成道（@nari_ex）さん、馬場俊彰（@netmarkjp）さん、maruさん（五十音順）に感謝いたします。各社でSREを実践されている皆様に本書をレビューいただけたことで、私が持てなかった視点からの質の高いフィードバックを数多くいただけました。私も並行してレビューする中で多くの誤字脱字、文末表現の不一致などが多くあることに気づきました。至らない原稿であったにもかかわらず、丁寧にフィードバックをいただき大変ありがたかったです。

オライリー・ジャパン社の瀧澤昭広さんに感謝いたします。本書は引用、ハイコンテキストな隠喩やジョークなどが非常に多く、私だけでは調べきれない背景なども数多くありました。そうした部分で瀧澤さんに多くの点で助けていただき、おかげで本書の魅力が一段と増しました。

いつものことながら、オンライン開発者コミュニティの友人たちに感謝しております。ちょっとした技術的な質問に対して、些細なことでも、いかなるジャンルでも、誰かが反応してくれるコミュニティがそばにあることは、何より心強いです。いつもありがとうございます。

そして最後に、私の翻訳活動を応援してくれる家族に感謝します。本書の翻訳期間中には、本件以外にもさまざまな事がありましたが、いずれにおいても常にそばで応援してくれる家族がいるというのはなによりも心強いものです。

2024年10月
秋の夜長を感じる季節に、東京にて
山口能迪

序文

誰も教えてはくれない
人生は学びだということを
自然史や音楽を学ぶように
人生を学びに替えねばならぬということを
簡単な練習から始めて徐々に難しいことを
難しいことは強さと正確さが卓越するまで練習し
荒々しいアルペジオを打ち破り
フーガの完全文の粗を探す
――実際このようには生きられない
始める前にすべて一度にやってくる
時を読み、時の刻みを止めようとしても
激流の真っ只中で始めることを強いられている
激流はすでに唸っている
私たちが生まれたときに
アドリエンヌ・リッチ作"Transcendental Etude"より抜粋"The Fact of a Doorframe: Poems Selected and New 1950–1984"（1984年、Norton、ISBN978 0393019056）より

あなたは今どこにいますか

　親愛なる読者の皆さん、こんにちは。本書の冒頭をアドリエンヌ・リッチの詩からの抜粋で始めたのは、あなたがサイトリライアビリティエンジニアリング（SRE）に興味を

持ち、本書を読み始めているのは、すでに特定の、そして既存の文脈が存在しているからだということを、この詩が私よりもはるかによく理解しているからです。おそらくあなたは、職場で信頼性の危機に瀕していたり、チームのリーダーを任されていたり、キャリアチェンジの真っ最中だったり、新しいキャリアに突入していたりすることでしょう。私は、あなたが大変な動きの真っただ中にいる姿を思い浮かべています。SREを一緒に始めるにあたり、そのことを心に留めておくことを約束します。

あなたは現在、主に何らかの形でSREを始めようとしている人向けの本を読んでいます。あなたは、隣接する運用プラクティスやソフトウェア開発、あるいは単純にITについて多くの経験を持っているかもしれません。しかし、本書ではSREの予備知識についてはあまり考慮しません[†1]。

この5年余り、SREに飛び込む準備をしながら、もしくは飛び込み台の端で緊張しながら、その向こうを覗き込んでいる多くの人たちと話すことができたのは、本当に貴重な経験でした。ときには、飛び込みの最中で空中にいる人たちと話す機会もあり、水面に達したときにどうすべきかを話し合いたいこともあります。梯子の上で白目をむいている人もいれば、登るべきか、前より高く登るべきかを決めかねている人もいます。また、飛び込んでは上達し、また登って、また飛び込んで登るという一連のプロセスの価値を、組織の他のメンバーに説明する手助けを必要としている人もいます。良い飛び込みを判断する方法を知りたい人もいます。スキューバダイバーがスカイダイビングチームで役に立つかどうかを知りたい人もいます（名前にdiveが入っているからです）。この例えはだいぶしつこくなってきていますが、言いたいことは伝わったことでしょう。

SREにまつわる話を聞かせてくれた一人ひとりと話ができたことに、心から感謝しています。会話の中で、SREに関する資料が驚くほど増えているにもかかわらず、SREを始めるための情報を求めている人がまだ大勢いることを肌で感じることができました。私がSREについて話した人のうち、驚くほど、いや、喜ばしいことに、高い割合の人が"Site Reliability Engineering: How Google Runs Production Systems" (https://learning.oreilly.com/library/view/site-reliability-engineering/9781491929117/) Betsy Beyerら編（2016年、O'Reilly）を読んでいました。また、多くの人が"The Site Reliability Workbook: Practical Ways to Implement SRE" (https://learning.oreilly.com/library/

[†1] もしあなたが実際に経験豊富なSREであるなら、あなたを取り巻くチームや文化の作り方についてのアドバイスも含めて、本書にはあなたのための素晴らしい内容もあります。内緒の話なので、周りの人にはネタバレ禁止ですよ？でも、このことは2人だけの秘密にしておきましょう。

view/the-site-reliability/9781492029496/）Betsy Beyerら 編（2018年、O'Reilly）も 読んだことがありました。そしてなんと、何人かは私の本 "Seeking SRE: Conversations About Running Production Systems at Scale"（2018年、O'Reilly、https://learning.oreilly.com/library/view/seeking-sre/9781491978856/）をすでに読んでいました。それでもまだ、彼らはどうやってSREを始めるかについて話したがっていました。

これらの本に書かれていることの多くは、あなたが最新の運用プラクティスに関する知識や深い理解を持っていることを前提としています。本書はそうではありません。そのために、最初に「SRE入門」という重要な第Ⅰ部が用意されているのです。

本書の読み進め方

本書は、2つの別個の、しかし同様に差し迫った問いに取り組むために構成されています。私は（個人的に）どのようにSREを始めれば良いのか、そして、私の組織はどのようにSREを始めれば良いのか、の2つです。

本書は三部構成になっています。

- 第Ⅰ部 SRE入門（後の部の前提となっています）
- 第Ⅱ部 個人がSREをはじめるには
- 第Ⅲ部 組織がSREをはじめるには

私の経験上、個人がSREを始めることと組織がSREを始めることの間には、重要な共通基盤があります。そして、個人として、また集団としてスタートを切るために必要な情報を得ることから始めることになります。たとえば、どちらの状況においても、関係者がSREの考え方をよく理解していなければ、なかなかうまくいかないでしょう。そこで、このトピックだけに特化した章（2章）を用意しました[†2]。

個人として始めるか、それとも組織として始めるか。当面の興味に応じて、第Ⅱ部または第Ⅲ部のどちらを先に読んでも構いません。しかし、個人は組織を構成し、組織は個人ができることを次のレベルに引き上げるという事実があるので、片方を読み終わったら、もう一方の部に戻る（あるいは進む）ことをおすすめします。もう一方の部は、あなたにとってどちらが「もう一方の部」であれ、最初の部の理解をより豊かにしてく

[†2] そして、もし何らかの理由で本書のひとつの章だけを読まなければならないとしたら、おそらく2章がそれでしょう。

れるでしょう。最後に、SREコミュニティへの参加を歓迎するために、この業界に長く身を置いている人たちの知恵を紹介しましょう。

もっと大きな船が必要になる [†3]

先に述べたように、現在ではSREに関する、あるいはSREに役立つアドバイスが書かれた、実に優れた書籍やその他のリソースが数多く存在します。本書をSRE情報の完全なオムニバスにするために、それらを書き直そうとは思いません。たとえ編集者を説得して、約束のページ数を超えて何度も書くことを許可してもらったとしても、原典を紹介するかわりにそれらの作品を（原典よりも下手な形で）言い換えたのでは、何の役にも立たないでしょう。私にできることは、私たちが議論したトピックをさらに学んだり、深く掘り下げたりするためにもっとも有用な参考文献を、コンパスのように直接指し示すことです。

ですから注意してください。本書には、（この出版社だけでなく他社の出版物含めて）他の本やリソースへの膨大な量の参照があります。

脚注やコラムは好きですか

…… そう聞くのは、私は確実に好きだからです。幼い頃にMartin Gardner編の"The Annotated Alice"のような本を読んで以来、私は脚注やコラムでより多くの情報、他の参考文献への参照、役に立つ余談、色彩豊かな解説、関連する発言などを提供してくれる本を楽しんできました。本を読んでいるときに、著者が私の脇に寄ってきて、耳元で何か面白いことや楽しいことを囁いてくれるような本が好きなのです。私はここでそのような経験を提供しようとしているのです。

もしあなたが私のように脚注やコラムが好きではないなら、一通り読んでから、後で脚注やコラムを読み返しても問題ありません（ただし、そこには刺激的な情報がいくつもあります）。ご自分に合った方法でお読みください。

[†3] 翻訳注：映画『ジョーズ』に由来する言い回し。戦う相手の力に対して装備が非力な状況において、より良い適切な装備が必要であることを諭す台詞。

私はロラックスではない

警告や注意事項を述べたい気分ですが、重要なことを1つ付け加えておきましょう。私はロラックスではありません[†4]。SREの代弁者でもありません。

間違いなくどちらでもありません。

本書は、賢い人々から学んだSREに関する知識を、私が最善の努力をもってまとめたものです。本書には、情報が私の脳を通過する過程で形成された、私の意見が含まれています。これらの意見や本書の他の内容に異論があるかもしれません。あなたが本書を読んで、同意できない点について私や周りの人と話したいと思ってくれたなら、これほど嬉しいことはありません。SREは教義ではなく、会話であるべきです。すべてのSREの実装や解釈が同じに見えるわけではありません。本書はSREについて考えたり話したりする唯一の真なる方法ではありません (そんなものはありません)。本書はあくまで私が最善を尽くして記述した読み物にすぎません。あなたの意見を聞くのを楽しみにしています。

本書は声であふれている

会話という言葉がまだ耳に残っている間に、本書を読んでいるあなたに役立つかもしれない最後の注釈です。

本書を読みながら、私は多くの人の名前に言及し、引用し、参照し、そして名前を挙げていることに気づくでしょう。本書のために調査し、書き、レビューする過程で、私はたくさんの人と話しました。彼らが気の利いたことを言ったときには、私はそれを本書に記し、彼らの名前をクレジットするようにしました。「この人たちはいったい誰なんだろう」と思ったら、そういうことだと理解してください。

[†4] "The Lorax" Dr. Seuss著 (1971年、Random House、ISBN9780394823379) (翻訳注:ロラックスは『ロラックスおじさんの秘密の種』に登場する森の番人の名前。「木の代表者」を自称しています。)

準備はできましたか

皆さんと一緒に話したいことがとてもとてもたくさんあるので、あなたを怖がらせてしまっていないことを願います。私の隣に座って、一緒にSREを始めましょう。

表記上のルール

本書では、次に示す表記上のルールにしたがいます。

太字（Bold）：
新しい用語、強調やキーワードフレーズを表します。

オライリー学習プラットフォーム

オライリーはフォーチュン100のうち60社以上から信頼されています。オライリー学習プラットフォームには、6万冊以上の書籍と3万時間以上の動画が用意されています。さらに、業界エキスパートによるライブイベント、インタラクティブなシナリオとサンドボックスを使った実践的な学習、公式認定試験対策資料など、多様なコンテンツを提供しています。

https://www.oreilly.co.jp/online-learning/

また以下のページでは、オライリー学習プラットフォームに関するよくある質問とその回答を紹介しています。

https://www.oreilly.co.jp/online-learning/learning-platform-faq.html

意見と質問

本書の内容については、最大限の努力をもって検証、確認していますが、誤りや不正確な点、誤解や混乱を招くような表現、単純な誤植などに気が付かれることもあるかもしれません。そうした場合、今後の版で改善できるようお知らせいただければ幸いです。将来の改訂に関する提案なども歓迎いたします。連絡先は次の通りです。

株式会社オライリー・ジャパン：
電子メール japan@oreilly.co.jp

本書のウェブページには次のアドレスでアクセスできます。

https://www.oreilly.co.jp/books/9784814400904/

オライリーに関するその他の情報については、次のオライリーのウェブサイトを参照してください。

https://www.oreilly.co.jp/
https://www.oreilly.com/（英語）

謝辞

私にとって「謝辞」という言葉は少し弱く感じます。謝辞を述べるだけでなく、この節で言及されている人々や本書への貢献に大いに感謝し、尊敬し、最高の敬意を抱いています。彼らとともに働き、彼らから学ぶことができて光栄であり、感激しています。

彼らの協力がなければ、本書は成立しませんでしたし、今のできの半分にもならなかったでしょう。

- 私の調査中の会話の中で、SREに関するアイデア、希望、夢を提供してくれた人々であるBen Lutch、Ben Purgason、Dave Rensin、John Reese、Joseph Bironas、Narayan Desai、Niall Murphy、Tanya Reilly、Tom Limoncelli、そして長年にわたって私の考えを形成してくれたSRE分野の他の多くの人々。
- 技術レビュアーの精鋭チームであるAmy Tobey、Celeste Stinger、Jess Males、Kurt Andersen、Niall Murphy、Patrick Cable、Richard Clawson。
- 私の編集者（本書に関わった順）のJohn Devins、Virginia Wilson[†5]、Clare Laylock、Carol Keller。
- イラストレーターとグラフィックデザインの魔術師たちが、本書の表紙と挿絵を手がけてくれました。Kate DulleaとKaren Montgomeryに感謝。

[†5] 彼女はどこまでも謙虚なので、彼女がこの脚注を編集で削除しないことを心から願っていますが、私の開発編集者であるVirginiaは最高中の最高です。Virginiaは、私が本書でもっとも緊密に仕事をした人です。彼女は本当に素晴らしい編集者で、率直に言って、ただただ最高です。

- 私の家族は、私がまた新たな書籍化プロジェクトという砂漠の中をさまよっているとき、忍耐強く私を支えてくれました。心から愛しています。
- 読者であるあなた。あなたなしでは作家は成り立ちません。

コーピング

過去の著書を振り返ってみると、私はいつも、そのとき／プロジェクト中にストレスを解消してくれたもの（ムビラ[†6]、ヨガなど）と、それを助けてくれた人々について、ちょっとしたメモを添えていたことに気が付きます。そろそろ、コーピングにそれなりの価値を与えてもいい頃だと思います。今回、本を書くことは容易なことでしたが、世界は大変でした。本当に辛かった。誰にとっても[†7]。でも、それを言う必要はありません。当時の私を助けてくれたのは、そして今も私を助け続けてくれているのは、平凡に聞こえるかもしれないですが、（家庭でも仕事でも）パン作りです。小麦粉、水、塩、そして酵母液をひとつにすることが、これほど癒しになるなんて誰が考えたでしょう。本書のために、私はEarnestとJuniorに感謝しなければなりません。午前4時半に私をパン屋に迎え入れ、サワードゥの夢を追いかけるのを辛抱強く手伝ってくれた2人のパン職人です。

---

†6 翻訳注：ジンバブエに住むショナ族の民族楽器。カリンバと同様の親指ピアノの一種。

†7 翻訳注：原著の執筆は2021年下旬から行われました。

目次

Becoming SRE 推薦の言葉 v
訳者まえがき vii
序文 xi

第I部　SRE入門　　　　　　　　　　　　　　　　　　　　　　　1

1章　はじめに 3

1.1　SREとは何か 3
　　1.1.1　信頼性 4
　　1.1.2　適切 5
　　1.1.3　持続的 5
　　1.1.4　（その他の言葉） 5
1.2　起源の物語 6
1.3　SREとDevOpsとの関係性 7
　　1.3.1　パート1：class SRE implements interface DevOps 8
　　1.3.2　パート2：DevOpsにとってのデリバリーはSREにとっての信頼性である 8
　　1.3.3　パート3：注目の方向がすべて 9
1.4　SREの基礎へ向かって 11

2章　SREの心構え 13

2.1　システムの視点を維持するためのズームアウト 15

2.2	フィードバックループを作り、育てる	15
2.3	顧客重視の姿勢を貫く	16
2.4	（人や物との）関係性	19
	2.4.1　SREと（他の）人々との関係	19
	2.4.2　SREと失敗やエラーとの関係	20
2.5	動き出すマインドセット	23

3章　SREの文化 27

3.1	幸せな魚、もとい、人	27
3.2	SREを支援する文化をどう作るか	28
	3.2.1　乗り物あるいはテコとしての文化	30
	3.2.2　SREに何を望むか？	32
	3.2.3　あなたが望み、必要とする文化を組み立てることについて考える	34
	3.2.4　まだ何から始めたらいいかわからない	35
	3.2.5　芽生えたばかりのSRE文化を育てる	39
	3.2.6　取り組み続けよう	42

4章　SREについて語る（SREの提唱） 43

4.1	SREの経験が浅くても提唱が重要な理由	43
4.2	提唱が重要な場面	44
4.3	ストーリー（と聴衆）を明確にする	45
	4.3.1　ストーリーのアイデア	47
	4.3.2　他人のストーリー	49
	4.3.3　二次的ストーリー	50
	4.3.4　ストーリーが提示する課題	51
4.4	最後のヒント	55

第II部　個人がSREをはじめるには　　57

5章　SREになるための準備 59

5.1	コーディングの知識は必要か	60
5.2	計算機科学の学位は必要か	63

5.3	基礎		64
	5.3.1	単一／基本システム（およびその故障モード）	64
	5.3.2	分散システム（とその故障モード）	64
5.4	統計とデータの可視化		65
5.5	ストーリーテリング		67
	5.5.1	良い人であれ	67
5.6	おまけ		68
	5.6.1	非抽象的な大規模システム設計（NALSD）	69
	5.6.2	レジリエンス工学	69
	5.6.3	カオスエンジニアリングと性能工学	70
	5.6.4	機械学習（ML）と人工知能（AI）	71
5.7	その他に何が？		72

6章 …からSREになる　73

6.1	あなたはすでにSREですか	73
6.2	学生からSREになる	74
6.3	開発者からSREになる	77
6.4	システム管理者／IT部門からSREになる	79
6.5	一般的なアドバイス	85
	6.5.1　技術職XからSREへ	85
	6.5.2　非技術職XからSREへ	85
	6.5.3　継続し続けるために進捗を記録する	86

7章 SREとして採用されるためのヒント　87

7.1	求人情報を精査する	88
	7.1.1　SREの面接に備える	92
	7.1.2　SREの面接で何を聞くか	94
	7.1.3　勝利！	99

8章 SREのある一日　101

8.1	SREの一日のモード	101
	8.1.1　インシデント／障害モード	102
	8.1.2　インシデント後の学習モード	102

	8.1.3	ビルダー/プロジェクト/学習モード 103
	8.1.4	アーキテクチャモード 104
	8.1.5	管理職モード 105
	8.1.6	計画モード 106
	8.1.7	コラボレーションモード 106
	8.1.8	回復とセルフケアモード 108
8.2	バランス 109	
8.3	1日を良い日にする 111	

9章　トイルとの関係を築く 113

9.1	トイルをより正確に定義する 114	
9.2	誰のトイルについて話しているのか 116	
9.3	なぜSREはトイルを気にするのか 117	
9.4	トイルのダイナミクス：初期 対 後期 119	
9.5	トイルへの対処 121	
	9.5.1	中級から上級のトイルの削減 123
	9.5.2	あなたはどうするつもりですか 125

10章　失敗から学習する 127

10.1	失敗について語る 127	
10.2	インシデント後のレビュー 130	
	10.2.1	インシデント後のレビュー：基本 131
	10.2.2	インシデント後のレビュー：プロセス 133
	10.2.3	インシデント後のレビュー：よくある罠 137
10.3	レジリエンス工学を通して失敗から学ぶ 141	
10.4	カオスエンジニアリングを通じて失敗から学ぶ 143	
10.5	失敗から学ぶ：次のステップ 145	

第III部　組織がSREをはじめるには　　　147

11章　成功のための組織的要因 149

11.1	成功要因1：何を問題としているか 149

11.2	成功要因2：そのために組織は何をするか 150
11.3	成功要因3：組織には必要な忍耐力があるか 151
11.4	成功要因4：共同作業できるか 152
11.5	成功要因5：データに基づいて意思決定を行っているか 153
11.6	成功要因6：組織は学び、学んだことに基づいて行動できるか 154
11.7	成功要因7：違いを生み出せるか 155
11.8	成功要因8：システム内の摩擦を見る（そして対処する）ことができるか... 157
11.9	注意書き 159
11.10	組織の価値観がすべて 159

12章　SREはいかにして失敗するか 161

12.1	失敗要因1：SRE創設のための肩書きフリップ 161
12.2	失敗要因2：3次サポートのSRE化 162
12.3	失敗要因3：オンコール、以上 163
12.4	失敗要因4：誤った組織図 165
12.5	失敗要因5：丸暗記によるSRE 166
12.6	失敗要因6：ゲートキーパー（門番） 166
12.7	失敗要因7：成功による死 167
12.8	失敗要因8：小さな要因の集まり 168
12.9	SREの失敗を「SRE」する方法 171

13章　ビジネス視点からのSRE 173

13.1	SREについて伝える 174
	13.1.1　信頼性についてビジネスを語る 174
	13.1.2　SREを売る 175
	13.1.3　成功をビジネスに還元する 178
	13.1.4　SREグループの成功を他者に証明する 179
13.2	SREの予算編成 180
	13.2.1　最初の予算要求 180
	13.2.2　資金調達について語る 181
	13.2.3　契約延長の会話 182
	13.2.4　資金調達モデル 184
13.3	SREの調整 186

目次

- 13.3.1 関与のモデル ... 186
- 13.3.2 なぜエンベデッドモデルではないのか？なぜ別組織なのか？ ... 187
- 13.3.3 ページャーモンキーやトイルバケツの罠を避ける ... 189
- 13.4 SREチーム ... 190
  - 13.4.1 人数の選択 ... 190
  - 13.4.2 SREチームがトラブルに見舞われた場合、それをどう知るか ... 192
  - 13.4.3 チームの健康状態を示すアラートノイズ ... 193
  - 13.4.4 SREの昇進 ... 194
  - 13.4.5 チームを解散する ... 194
- 13.5 著者より：あなたの声を聞かせてください ... 196

14章 Dickersonの信頼性の階層構造（良い出発点） ... 197

- 14.1 Dickersonの信頼性の階層構造 ... 198
  - 14.1.1 階層1：監視／オブザーバビリティ ... 199
  - 14.1.2 階層2：インシデントレスポンス ... 202
  - 14.1.3 階層3：インシデント後のレビュー ... 204
  - 14.1.4 階層4：テスト／リリース（デプロイ） ... 206
  - 14.1.5 階層5：プロビジョニング／キャパシティプランニング ... 207
  - 14.1.6 階層6と階層7：開発プロセスと製品設計 ... 208
- 14.2 間違った方向転換 ... 210
  - 14.2.1 こういうときに間違った方向転換をしたと気づく ... 210
- 14.3 ポジティブな兆候 ... 212

15章 SREを組織に組み込む ... 215

- 15.1 事前個人練習と事前チーム練習 ... 215
- 15.2 統合モデル ... 216
  - 15.2.1 中央集権型／パートナー型モデル ... 217
  - 15.2.2 分散型／埋め込み型モデル ... 219
  - 15.2.3 ハイブリッド型モデル ... 219
  - 15.2.4 モデルの選び方 ... 220
- 15.3 適切なフィードバックループの構築と育成 ... 221
  - 15.3.1 フィードバックループとデータ ... 222
  - 15.3.2 フィードバックループと反復 ... 223

		15.3.3 フィードバックループと反復の計画	224
		15.3.4 フィードバックループを組織のどこにどのように組み込むか	224
	15.4	成功の兆し	225

16章　SRE組織の進化段階 ... 227

16.1	段階1：消防士	227
16.2	段階2：ゲートキーパー	229
16.3	段階3：提唱者（アドボケイト）	231
16.4	段階4：パートナー	232
16.5	段階5：エンジニア	233
16.6	実装者への警告	234

17章　組織におけるSREの成長 ... 237

17.1	規模拡大のタイミングをどう知るのか	237
17.2	0から1に拡大する	238
17.3	1から6への拡大	239
17.4	6から18に拡大	241
17.5	18から48に拡大	243
17.6	48から108（それ以上）への拡大	245
17.7	SREのリーダーを育てる	248

18章　おわりに ... 249

18.1	ここからどこへ	250

付録A　若きSREへの手紙（リルケさんすみません） ... 251

A.1	John Amori	251
A.2	Fred Hebert	252
A.3	Aju Tamang	253
A.4	Daniel Gentleman	254
A.5	Joanna Wijntjes	255
A.6	Fabrizio Waldner	256
A.7	Graham Poulter	256
A.8	Jamie Wilkinson	257

- A.9 Andrew Howden ... 258
- A.10 Pedro Alves ... 259
- A.11 Balasundaram N ... 260
- A.12 Eduardo Spotti ... 260
- A.13 Ian Bartholomew ... 261
- A.14 Olivier Duquesne ... 261
- A.15 Ralph Pritchard ... 262
- A.16 David Caudill ... 262
- A.17 Alex Hidalgo ... 263
- A.18 Effie Mouzeli ... 264

付録B 元SREからのアドバイス ... 265
- B.1 Dina Levitan ... 265
- B.2 Sara Smollett ... 267
- B.3 Andrew Fong ... 268
- B.4 Scott MacFiggen ... 269

付録C SRE関連資料 ... 273
- C.1 核となる書籍 ... 273
- C.2 特定分野におけるSRE関連書籍 ... 275
- C.3 イベント ... 276
  - C.3.1 SREcon ... 277
  - C.3.2 ベンダー主催の単日SREイベント ... 277
  - C.3.3 DevOpsイベントトラック／セッション ... 278
  - C.3.4 SREに隣接する領域のニッチイベント ... 279
- C.4 SRE動画コンテンツ ... 279
- C.5 SRE特化型ポッドキャスト ... 280
- C.6 SRE特化型メールニュースレター ... 280
- C.7 オンラインフォーラム ... 280
- C.8 歴史的文書 ... 281
- C.9 キュレーションリンク集 ... 282
- C.10 日本向け情報 ... 282

索引 ... 285

第Ⅰ部

SRE入門

1章
はじめに

読者の皆さん、ようこそ！まずはサイトリライアビリティエンジニアリング（SRE）とは何なのか、そしてそれはどこから来たものなのかを整理してみましょう。

1.1 SREとは何か

サイトリライアビリティエンジニアリングの定義は、世の中にいくつもあります。次の定義は、私が長年かけてたどり着いた現時点でもっとも良い定義だと思います。

> サイトリライアビリティエンジニアリングは、組織がシステム、サービス、製品において適切なレベルの信頼性を持続的に達成できるよう支援することを目的とした工学分野である。

私が登壇して、この定義を聴衆に説明する機会があると、いつも次のように説明しています。「この定義の中には少なくとも3つの単語があり、その単語が正しく理解されれば、SREをきちんと理解することにつながる」と。もし機会があれば、私は聴衆に「この定義の中でもっとも重要だと思う3つの言葉はどれですか」と尋ねることにしています。この先を読み進める前に、いったん立ち止まって上の定義を読み直し、この質問に答えてみてください。

私がこの質問をするのは、聴衆との対話が好きだというだけでなく、観客そのものを診断するヒントを与えてくれるからでもあります。4章では、この診断から何を学べるのか、さらに深く掘り下げていこうと思います。その前に、もし私がこの質問をされたら最初に選ぶであろう、3つの言葉を見てみましょう。

1.1.1 信頼性

皆さんもこの言葉が最初に思い付いたのではないでしょうか。信頼性はSREで行うすべてにおいて中心的な要素です。信頼性の重要性を強調する1つの方法として、次のような説明ができます。ある組織が大金を費やして、もっとも優れた機能を備えた最高のソフトウェアを構築し、それを販売するために優れた営業チームを雇い、それをサポートするために優秀なサポートチームを配置したとしても、顧客がそのソフトウェアを使いたいときに動いていなければ、そのお金はドブに捨てた（あるいはトイレに流した、などあなたがしっくり来るメタファーを使ってください）ことになるのです。

信頼性に問題があると、組織は以下に挙げるような損失を被る可能性があります。

収益
: 障害中のシステムが収益を上げるために重要なものであればなおさらです。

時間
: 従業員は計画された仕事のかわりに障害に対処しています。

評判
: 人々は不安定なサービスを使いたがらず、喜んで競合他社に乗り換えることでしょう。

健康
: 常に障害の絶えない環境であったり、オンコール対応の人が定期的に起こされたり、チームの人間が友人や家族ではなく、いつも仕事に時間を割かなければならないとすれば、健康に深刻な影響を及ぼす可能性があります。

採用
: この業界の人々は情報交換しています。もしあなたの職場が大きな「タイヤ火災」[1]であることが知れ渡ったら、新しく人を雇うのはとても難しくなるでしょう。

---

[1] 翻訳注：タイヤ火災は、大量のタイヤ（通常は廃タイヤ）が燃焼することで起こる火災で、産業廃棄物処理場や自動車工場などで発生します。一度発生すると鎮火が難しく、また有害物質を含む黒煙を上げて燃え続けることから、ここでは障害が続いていて復旧が長らくできず、視界も不良で解決の見通しも悪く、近寄ると健康被害を及ぼすような状況の例えに使われています。

1.1.2 適切

私は、SREが運用の議論の中で導入した、あるいは強調した重要な考え方があります。それは、100%の信頼性が望ましい、あるいは可能な目標であるのは、ごくまれな状況だけであるという考え方です。なぜなら、この相互接続された世界では、依存先が100%信頼できるものではない可能性が非常に高いからです。依存先よりも信頼性を高めることは、巧みな計画と実装によって達成できることもありますが、常に達成できるわけではありません。

SREは、そのかわりに、システムにおける適切な信頼性レベルを決定し、伝達し、それに向けて努力することを支援する、サービスレベル指標／サービスレベル目標（SLI/SLO）[†2]のようなプラクティスに焦点を当てています。

1.1.3 持続的

この言葉が定義に加わったのは、運用を成功させるためには、持続可能でなければならないことが明らかになったときです。持続可能性とは、信頼性の「健全性の喪失」の問題を思い起こさせます。信頼できるシステムは人間によって構築されます。もし組織の人々が燃え尽き、疲れ果て、仕事以外の生活で人々とつながったり、セルフケアに取り組んだりできなければ、信頼できるシステムを構築することはできないでしょう。多くの人がこのことを苦労して学んでいます。可能なら、苦労せずに学べる方が良いでしょう。

1.1.4 （その他の言葉）

この定義には他にもいくつかの言葉がありますが、この後4章での議論への伏線として、ここで触れておきましょう。**技術、規律、援助、組織**といった言葉がキーワードです。それぞれ、また後の章で紹介します！

[†2] このトピックに関しては、Alex Hidalgoの著書 "Implementing Service Level Objectives: A Practical Guide to SLIs, SLOs, and Error Budgets"（2020年、O'Reilly、ISBN9781492076810、https://www.oreilly.com/library/view/implementing-service-level/9781492076803/）を参照されることを強く推奨します（翻訳注：日本語訳版は『SLO サービスレベル目標』《2023年、オライリー・ジャパン、ISBN9784814400348》です）。

1.2　起源の物語

　SREの起源やGoogleでSREがどのように生まれたか（おおよそ2003年頃）について知っておくことは有益だとは思いますが、それは私が語るべき話ではありません。SREの始祖であるBen Treynor Slossが、Betsy Beyerらによって編集された"Site Reliability Engineering"（**SRE book**とも呼ばれる、https://learning.oreilly.com/library/view/site-reliability-engineering/9781491929117/、2016年、O'Reilly、ISBN9781491929124）でGoogleの公式な見解を紹介しています[†3]。

　そのかわり、私が初めてこのトピックを本当に理解し始めたときのことをお話ししたいと思います。Googleでの起源の物語へとつながる話ですが、それはたまたまBen Treynor SlossがSREのトピックに特化した最初の公開イベントで、SREについての解釈を説明したときのことでした。私は、私たちが自分自身に語るストーリーは、私たちのアイデンティティを理解する上で極めて重要であると信じているので、これはかなり大きな出来事でした。

　2014年5月31日、カリフォルニア州サンタクララで開催された初回のSREcon[†4]で、Ben Treynor Slossが基調講演 "Keys to SRE"（https://oreil.ly/cSXef）を行いました。皆さんもご覧になることをおすすめします。

　その講演で彼は、私のSREに対する理解を飛躍させる1枚のスライドを紹介しました。図1-1はそのスライドのスナップショットです。

　図1-1のリストは私がSREを始めるにあたって参照したもので、今でもこのリストはこれからSREを始めたい人なら誰にとっても有用です。

　このスライドが書かれてから9年経った今、あらためてこのスライドを振り返ってみると、これらの項目の多くが時を経ても有効で、また、どの項目がGoogleのコンテキストに依存しているように見えるかが印象的です。この講演が行われてから、かなりのニュアンスが追加されました（少なくとも書籍3冊分と言えるかもしれません。付録Cにある SRE 関連資料を参照）。

[†3]　翻訳注：日本語訳版は『SRE サイトリライアビリティエンジニアリング』（2017年、オライリー・ジャパン、ISBN9784873117911）です。日本語では通称「SRE本」と呼ばれています。

[†4]　全面開示—私はSREconの共同設立者の1人です。

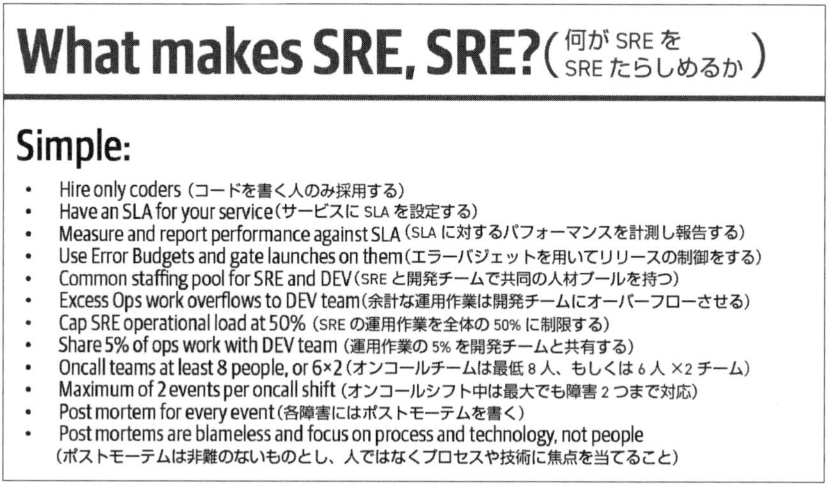

> **What makes SRE, SRE?**(何が SRE を SRE たらしめるか)
>
> **Simple:**
> - Hire only coders（コードを書く人のみ採用する）
> - Have an SLA for your service（サービスに SLA を設定する）
> - Measure and report performance against SLA（SLA に対するパフォーマンスを計測し報告する）
> - Use Error Budgets and gate launches on them（エラーバジェットを用いてリリースの制御をする）
> - Common staffing pool for SRE and DEV（SRE と開発チームで共同の人材プールを持つ）
> - Excess Ops work overflows to DEV team（余計な運用作業は開発チームにオーバーフローさせる）
> - Cap SRE operational load at 50%（SRE の運用作業を全体の 50% に制限する）
> - Share 5% of ops work with DEV team（運用作業の 5% を開発チームと共有する）
> - Oncall teams at least 8 people, or 6×2（オンコールチームは最低 8 人、もしくは 6 人 ×2 チーム）
> - Maximum of 2 events per oncall shift（オンコールシフト中は最大でも障害 2 つまで対応）
> - Post mortem for every event（各障害にはポストモーテムを書く）
> - Post mortems are blameless and focus on process and technology, not people（ポストモーテムは非難のないものとし、人ではなくプロセスや技術に焦点を当てること）

図1-1：SREcon14 での Ben Treynor Sloss の基調講演のスライド。掲載承諾済み。

1.3　SRE と DevOps との関係性

　サイトリライアビリティエンジニアリングを理解しようとしている人たちと話をすると、必ずと言っていいほど、どこかの時点で次のような質問に行き着きます。DevOps と SRE を比較して何が違うのか。両者の関係性は何か。同じ会社でこの両者を実践するのは合理的なのか。これらは、私が何年もかけて納得のいく答えを見つけようとしてきた、自明ではない質問です。これが、このトピックについて私が "Seeking SRE"（https://learning.oreilly.com/library/view/seeking-sre/9781491978856/）[†5] の 12 章をクラウドソーシングに頼ることにした理由です。その時点で私は素晴らしい答えを持っていませんでしたし、他の誰かがそうしてくれることを本当に期待していました。私のお気に入りの答えの1つは、Michael Doherty[†6] の言葉でした。「サイトリライアビリティエンジニアリング：私たちは DevOps が何かを知りませんが、私たちとどこか少し違うことはわかります」これは上記の公式な答えの1つではないですが、反論はできません。

　その章での回答や、それに続く魂の探求と研究の助けを借りて、私は最終的に気に入った答えにたどり着きました。これらの質問に本当に答えるために複数のアプローチ

[†5] 翻訳注：日本語訳版は『SRE の探求』（2021年、オライリー・ジャパン、ISBN9784873119618）です。
[†6] 翻訳注：Michael Doherty は回答当時 Google の SRE です。

が必要であると気づいてからは、自分にとって効果的な、多角的な説明ができるようになりました。これらのアプローチによって、皆さんも、SREとDevOpsの関係性に納得の行く回答が得られることを期待しています。それでは3つのパートを、それぞれ少し解説を加えながら説明しましょう。

1.3.1　パート1：class SRE implements interface DevOps

これは、"The Site Reliability Workbook"（2018年、O'Reilly、ISBN9781492029502、https://www.oreilly.com/library/view/the-site-reliability/9781492029496/）[†7]の1章とそれに続くGoogleからのメッセージに由来します。これを読んでいる非プログラマーのために少しかみ砕くと、SREは一般的なDevOps哲学の1つの実装[†8]であるということです。いくつかの理由から、これは私の好きな比較ではありません。

- 非プログラマーには、その言い回しやニュアンスがよく理解できない
- 私は、長年かけて発展してきた「デフォルト」を超えるDevOpsや一般に知られたプラクティスの実装を他に知らないと思う
- それは、SREの起源（あるいは少なくとも二重の発見）という薄もやの中にまでさかのぼる（DevOpsとの）歴史的なつながりを暗示しているが、私はそれを裏付ける証拠を見たことがない
- 私はまだその意見を受け入れるか迷っている

私が（私より賢い人たちから聞いたということ以外に）SREとDevOpsに関するこの考えを抱き続けている理由は、その表現がこの2つの近代的な運用手法に共通する類似点、あるいは少なくとも共鳴する周波数を捉えているからです。

1.3.2　パート2：DevOpsにとってのデリバリーはSREにとっての信頼性である

SREについては、「SREは信頼性に関するものだ」と言えます。もし誰かが「信頼性を

[†7] 翻訳注：日本語訳版は『サイトリライアビリティワークブック』（2020年、オライリー・ジャパン、ISBN9784873119137）です。

[†8] 特に、DevOpsはさまざまな意味で、特定の方法論やツールを指示することを避けてきたため、これは慣行的なものです。DevOpsがそれに成功しているかどうかは、また別の楽しい議論かもしれません。

重視する運用プラクティスは何か」と尋ねたら、簡単な答えはSREでしょう。これを受けて、私はDevOpsの著名人たちに、「SREが信頼性に関するものだとしたら、DevOpsを一言で表すと何だろう」と尋ねるようになりました。

Donovan Brownから納得のいく答えが返ってくるまで、私はランタンを担ぎながら著名人（どの人もとても親切だった）の元を一人ひとり訪ねていきました。彼にとって、DevOpsとはデリバリーのことでした。顧客への価値の提供、ソフトウェアデリバリーなどです。ようやく、私が探していた言葉が手に入りました。

この言葉で落ち着きました。

1.3.3　パート3：注目の方向がすべて

このパズルの最後のピースは、私の友人であるTom Limoncelliからのものです。彼は、私が先に紹介した『SREの探求』（https://www.oreilly.co.jp/books/9784873119618/）のクラウドソーシングの章への投稿を募集したところ、親切にもこれを回答として投稿してくれました。**図1-2**は、その章からの画像です（彼の要望によりオリジナルから修正したもの）。

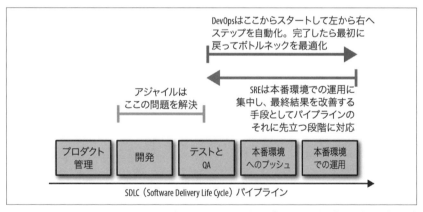

図1-2：SRE、DevOps、アジャイル戦略のLimoncelliモデル。『SREの探求』（2018年、O'Reilly）の原文を改変。

ある意味、私はこのモデルが一番好きです。なぜなら、DevOpsとSREの間には、態度や意図では重なっていないように見えますが、実際には重なっている部分が数多くあることを説明してくれるからです。この例については後ほど紹介しますが、Tomの理

論に関する私がもっと良いと思う要約は以下の通りです。

1. DevOpsのストーリーは、開発者がラップトップにコードを打ち込むところから始まります。DevOpsは（とりわけ）、顧客がそのコードから最大の価値を享受できるように、そのコードを本番環境に提供するためには何が必要かを考えます。注目の方向は、ラップトップから本番稼働[†9]に向かっています。継続的インテグレーションと継続的デリバリー（CI/CD）システムが、DevOpsの道具箱、スキルセット、そして採用広告でこれほど重要な位置を占めている理由の1つは、ここにあると推測できるかもしれません。

2. SREは異なる場所から始まります。SREは本番環境から始まります（実際、SREの意識は本番環境にあります）。信頼できる本番環境を構築するために、SREは何をしなければならないのでしょうか。この問いに答えるには、本番環境から「後方」に目を向け、開発者のノートパソコンにたどり着くまで、この問いを一歩一歩問いかける視線が必要です。

3. 注目する方向が異なります。同じツール（たとえばCI/CDパイプライン）を使うかもしれませんが、その理由は異なります。DevOpsとSREはどちらも監視システムの構築に大きく関与するかもしれませんが、異なる理由で監視を行っている可能性があります[†10]。

そしてこれが、上記の質問に対する答えにつながります。SREとDevOpsは同じ組織で共存できるでしょうか、またすべきなのでしょうか。私にとっては、答えはイエス[†11]です。ツールやときにはスキルにおいて重なる部分はあるかもしれませんが、両者は異なることにフォーカスし、組織に異なる利益をもたらします。

[†9] 途中、リポジトリに保存するために手を止め、顧客がその価値を享受し始められるように、デプロイしても安全であることを確認するためのテストを行います。

[†10] 私はこれを研究されているのを見たことがありませんが、私の直感では、その結果、彼らはさまざまなことを監視するようになるだろうと思います。これは楽しい研究テーマになるでしょう。

[†11] まあ、組織の規模（新興企業には両方は必要ないかもしれない）、企業文化（SREがフィットするかどうか、本書で後述）、必要性（すべてを集めるのではなく、必要なもののために採用する）といった適切な条件があればの話ですが。

1.4 SREの基礎へ向かって

　これで、誰かが「つまり、SREって何？」と尋ねてきたら、あなたはそれを伝えるための構成要素を手に入れたことになります。これについては、4章で詳しく説明します。さて、SREの定義と歴史について少し話をしたところで、このトピックと本書の以降の内容を理解するための核となる、実際のSREの基礎知識について話を進めましょう。

2章
SREの心構え

　それは好奇心から始まります。
　SREにとって、まず考えるべき問いは「どのように機能することになっているのか」ではなく、「どのように**実際に**機能するのか」です。実際に**本番**でどのように動作するのか、ということです。
　ここで、小さな例として、フロントエンドがデータベースと会話するというシナリオを少し考えてみましょう。たとえば、それがデータベースと通信できない場合はどうなるでしょうか。稼働していないはずの複数のインスタンスが同時にデータベースと会話したらどうでしょう。データベースのレスポンスが、(おそらく)コードがテストされたときよりも20%、34%……あるいは60%遅くなったらどうでしょうか。コードが正しいデータベースと会話していることをどうやって知るのでしょうか。暗黙の依存関係は何でしょうか。私はこの章全体をこのような質問で埋め尽くせます。なぜなら、システムが実際にどのように動いているかを理解することは、強烈な好奇心を育む訓練になるからです。
　この章では、本書の大部分を占める基本的な問いを探っていきます。SREの心構えとは何でしょうか。SREの心構えを定義する資質とは何でしょうか。他の職種の心構えとどう違うのでしょうか。どうすればこの方向で考え始められるでしょうか、といった問いについて考えていきます。
　これらは質問するのは簡単ですが、答えるのが難しい問いです。そこで、このテーマ(そして3章で説明するSREの文化のトピック)について見解を聞くために、私が知っているもっとも賢いSREたちの何人かに連絡を取りました。彼らの回答は私自身の回答と一緒に載せていますが、彼らの回答は適切なものであるため、(評価されるべき人が評価されるように)この章ではいつも以上に他の人の回答を引用しています。

SREの考え方は、本書の残りの部分で基礎となるものなので、この章では後の章で触れられる多くの話題を見ることになると思います。

> ## システムをシステムとして理解する（問題）
>
> この件についてDave Rensinと話した際、彼は次のようなシナリオを提示しました。
>
> パットがデータセンターに入ってきて、電源ケーブルにつまずいたとします。（オスカーが新しいサーバーのラッキングとテスト中にケーブルを床に置き忘れたのです）ケーブルが抜け、サーバーの電源が切れます。
>
> サーバーの電源が落ちると、データベースサーバーインスタンス（スーザンが設定した自動化/オーケストレーションによって、そのサーバー上で実行するようにプロビジョニングされている）がダウンします。このデータベースサーバーは、アプリケーションのデータの重要なシャードを保持していました。そのシャーディングはヤスミンが設定しました。
>
> アプリケーションのバックエンド（ニーラジが書いた）は、スレッドが処理を続行するために必要なデータに到達しようとビジーウェイトするため、徐々にロックし始めます。サラのアプリケーションのフロントエンドの応答時間は、バックエンドへの接続がハングアップしてタイムアウトするにつれて、どんどん遅くなり始めます。監視システム（リズが設定）はこの時点で問題があることに気づき、チームの全メンバーにアラートを送りますが、そのアラートが一部のメンバーに届くのが遅れます。最終的に、ロードバランサー（サムが設定）は500番エラーを大量に返し始めます。
>
> ウェブサイトでウィジェットを購入しようとした顧客が、挫折してあきらめ、競合他社から購入します。
>
> **問題**：この障害（と販売損失）の責任は誰にあるのでしょうか。
>
> では、このビジネス損失の責任は誰にあるのでしょうか。この疑問について考え、各自で話し合ってください。Daveの答えはこの後のコラム「システムをシステムとして理解する（解答）」にあります。

2.1 システムの視点を維持するためのズームアウト

この章の最初にあるデータベース接続に関する一連の質問は、私たちの心の目の中のカメラを問題のとても近くにズームインして始めたので、少し誤解を招くかもしれません。データベース接続の細部に注目するのは価値があることかもしれませんが、私が「システムはどのように機能するのか」と言うとき、それは次のことにも言及しています。

- 開発およびデプロイプロセスを含むアプリケーション全体
- サービス全体。これはアプリケーションコードと付随する自動プロセスまたはサイドカープロセス（ログコレクターやクリーンアップスクリプトなど）を含む
- サービスとそのインフラ
- インフラの物理的なオーバーレイ（世界中で何カ所で稼働しているか）と、これらのゾーン間の接続
- サービスやインフラが実行される社会技術的背景[†1]
- この社会技術的文脈が存在する組織的文脈

私がSREの心構えがシステム重視であると言うとき、これらのことやそれ以上のことが考慮されています。

SREの心構えにおいては、全体像と細部に関心があります。システムの仕組みを理解しようとするとき、私たちは頻繁にミクロのレベルにズームインしたり、ワイドマクロの視点にズームアウトしたりします。私たちは、必要であればどのような詳細レベルでも問題を追っていきます。

2.2 フィードバックループを作り、育てる

この考え方については、これからの章（たとえば10章や15章）でかなり詳しく解説するつもりですが、このテーマについては早めに触れておく価値があります。SREの心構えは、「信頼性はフィードバックループを通じて改善される」という考え方にしっかりと

[†1] 翻訳注：「社会技術的（Sociotechnical）」とは技術に基盤を置く機械的サブシステムと、その運用を担う個人や組織に由来する社会的サブシステムの両者から構成されているという意味。詳しくは以下のページを参照。https://www.engineer.or.jp/c_dpt/nucrad/topics/003/attached/attach_3283_2.pdf

根ざしています。このようなフィードバックループを可能な限り作成し、育成することがSREとしての私たちの役割です。SREの心構えを持つ人は、信頼性に向けたこの反復的な動きを生み出す、あるいはサポートする可能性のある場所を常に探しています。

2.3 顧客重視の姿勢を貫く

システムはどのように機能するのか。どのように失敗するのか。

「システム」を構成するさまざまなスコープを考慮する視点からこれらの質問に答えることは重要ですが、SREの心構えを正しく説明するためには、もうひとつ重要な軸があります。システムは**顧客**にとってどのように機能するのか、**顧客**にとって、システムはどのように機能するのか、という観点です。

この点については、本書の至るところで説明されていますが、この点について特に、特にはっきりと述べておきましょう。システムや技術が抽象的にどのように機能したり失敗したりするかに興味のないSREには会ったことはありませんが、その中でもっとも影響力があると感じた人々は、顧客に与える影響についても、もっとも好奇心の強い人たち[†2]です。彼らは常に、顧客が何をどのように受け止めるか、システムが顧客の期待にどのように応えているかを探っています。

SLIとSLOについて人々に教えるとき、私は「信頼性はコンポーネントの観点ではなく、顧客の観点から計測される」という励ましから始めることにしています。私は、このことを人々によく理解してもらうために、次のような思考実験を行います。

> あなたが運営するサービスのフロントエンドプールとして100台のウェブサーバーをプロビジョニングしたとしましょう。しばらくして、サービスが本番稼働しているときに、データセンターで問題が発生しました。おそらく電源の問題か、あるいは間違ったファームウェアが自動的にインストールされ、これらのサーバーのうち14台が（比喩的に）炎上して動かなくりました。現在、86台の稼働中のサーバーと14台の死んだサーバーがあります。

[†2] この文脈での**顧客**は広く定義されています。外部かもしれないですし、内部かもしれないですし、あなたのサービスを呼び出す別のサービスかもしれません。古いブルースのスタンダードにあるように、「我々は皆、誰かに仕えなければならない」のです。（翻訳注：Bob Dylanの"Gotta Serve Somebody"）

ここでクイズです。稼働中のサーバーが86台、故障中のサーバーが14台あることを念頭に置いて、この状況は次のどれに当てはまるでしょうか。

A 大したことではない。自由に対処すれば良い。
B 早急に対応が必要。今していることを中断して、事態に対処しなければならない。
C サービス存続の危機。たとえ午前2時であったとしても、それが解決するまでCレベルの重役を含む全員を招集すべきである。

読み進める前に、少し考えてみてください。私はこのクイズを何年もの間、数え切れないほどの人々に出題してきたので、あなたが平均的にどの答えを選ぶかについては、おおよそ見当がつきます。すでにこのクイズを見たことがある人は、同僚に聞いてみてください。もし、私がこのクイズを出題する場面に居合わせた場合は、答えを教えないように注意してください。ただ質問に対してどのように考え、どのように回答するか、見守っていてください[†3]。

答えが気になりますよね。答えは**場合による**です。もし顧客が問題に気づかないようにシステムが設計されているなら、答えはAでしょう。顧客に見えるサービスの劣化があれば、Bである可能性は非常に高いでしょう。サービスの存続が危ぶまれるような状況になり、肝心なときに収益が途絶えるようなことがあれば、間違いなく在宅中のCEOが目を覚ますことになるでしょう。

ひっかけ問題を出されたことで少し苛立ったかもしれません。しかし落ち着いてください。私があなたに伝えた情報（86台のサーバーがアップ、14台のサーバーがダウン）は実際正しいのだと理解してください。これは、ほぼ間違いなくあなたが最初に監視システムから受け取った情報です。システムが顧客のためどのように機能するかに注目するという、SREの心構えを持っていれば、おのずと**場合による**という正しい答えが導き出されます[†4]。本章のためにJohn Reeseとこのシナリオについて話したとき、彼は、SREは常に「顧客の視点から見たシステムの意図は何か」を確認しようとしていると指摘しました。

[†3] 4章では、SREについてよく知らない人にSREについて話す方法を解説します。4章では、私が定義したSREを人々がどのように解析するかは、しばしばSREの実践状況についての診断に役立つと述べています。このクイズを通して他の人がどのように考えているかを観察することも、彼らの職場環境や経験について教えてくれるという点で、同様に役に立つことが多いです。

[†4] それはまた、私たちの監視システムが顧客の視点から問題を監視し、明確に表現していることを確認することにもつながります。

システムをシステムとして理解する（解答）

コラム「システムをシステムとして理解する（問題）」で、私はDave Rensinのシナリオを紹介しました。この障害（と販売損失）の責任は誰にあるのでしょうか。

正解：システム

そうです、指名された個人を指摘しても、問題の理解を深めることはできないですし、障害に対応もできません。このシナリオは、SREの心構えの重要な要素がシステム志向である理由を明確に示しています。

この例がいかに強引か、あるいは作為的であるかをいぶかる読者がいることは承知しています。**同時に、誰のせいでもないことはありません**。それは部分的には正しい話です。作為的な問いなのです。

しかし、楽しみとして、この本を置いて、2018年にMicrosoftが米国南中部地域で発生させた障害（最悪の事態のひとつ）の公開された詳細を見ることをおすすめします。正式な報告はステータスページからは消えてしまいましたが、障害に関するニュースレポート（https://oreil.ly/_ceV4）と公式の開発者向けブログエントリ（https://oreil.ly/h3kPD）に、重要な詳細のほとんどが記載されています。

Microsoftの公式発表にあるように、この地域の気象システムによって電力に問題が生じ、データセンターの冷却に問題が生じました。これらの問題は、ハードウェアの問題を引き起こし、サーバーを停止させ、さらにサービスを停止させました。これは、リージョン外のコアサービスに予期せぬ連鎖的な影響を及ぼしました。多くの、非常に多くのサービスやクライアントが影響を受けました（たとえば、この障害はOutlookクライアントの再試行ロジックにバグを引き起こしました。そしてそれは復旧させようがありませんでした）。

当時発表された報告書を読むだけで、何度もうろたえることになるでしょう。この話に出てくる個々のコンポーネントの多くは設計通りに動作していたにもかかわらず、システム全体としては崩壊していたのです。

次のステップは、この機能停止の因果関係を考え、それに対してMicrosoftが何をすべきかを考えることです。世界中の多くのサービスをダウンさせたサンアントニオの悪天候が問題だったのでしょうか。Outlookクライアントがメッセー

ジングサーバーにDDoSをし始めた原因は、データセンターの冷却システムの問題だったのでしょうか。病的に還元主義的な見方をすれば、これはすべて空調の問題であり、Microsoft全社が2018年の残りを空調に費やして再発防止に取り組むべきだったと結論付けるかもしれません。しかし、それは馬鹿げた結論だと思いませんか。

こうした思考をめぐらせると、ある時点で、責任について、このコラムで例に挙げたのと同じ結論に達する可能性が高いでしょう。つまりシステムが悪いのです。

2.4 （人や物との）関係性

今、SREの心構えは顧客との特定の関係性によって定義されるという考えを紹介しました。多くの点で、私たちはこの人生における関係性によって定義されます。そこで、SREにとって重要な関係性をいくつか挙げてみましょう。

2.4.1　SREと（他の）人々との関係

1つ目は、比較的単純で、すぐに言えることです。SREはあくなき共同作業です。私たちは、現実の世界に現れる信頼性とは共同作業のことであることを知っています。私たちがケアするシステムに関わるさまざまな出自の同僚と肩を寄せ合って働かなければ、私たちの仕事は成り立ちません。SREの心構えを発揮する者にとって、共同作業はデフォルトなのです。

この考え方の、より高度なバリエーションについて考えてみてください。私たちは信頼性に関して顧客とも共同作業をしているのです[†5]。

共同作業に関する余談は、この章で繰り返し取り上げたテーマと関連しています。SREの心構えは、多様で包括的な人々との共同作業を切望する強い倫理観と価値観に基づく合理性だけでなく、最高のデータと結果を提供することも認識しています。SREは、信頼性向上に役立つ良いデータを常に求めています。

[†5] この言葉には禅の公案のようなヒントがあります。「信頼性に関して顧客ともっと協力するにはどうすればいいのか」について静かに考えをめぐらせると、たいへん興味深い結論に至ることでしょう。

> **ニューロダイバーシティな職場へようこそ！**
>
> SREに関連するダイバーシティとインクルージョンのトピックは豊かなものです（『SREの探求』(https://www.oreilly.co.jp/books/9784873119618/) の中で何度も出てきましたが、もっと広範な扱いを見てみましょう）。この章に向けて研究しているときに驚いたのは、認知的多様性との関連性でした。
>
> 何の促しも事前の指示もなく、3人の別々の人が、ニューロダイバーシティ（特にADHD周辺）とSREの相性の良さについて話してくれました。この仕事はADHDの人たちに適しており、ADHDの人たちはこの仕事がもっとも得意な人たちの1人であることが示唆されていました。
>
> もしあなたがニューロダイバーシティコミュニティの一員で、サイトリライアビリティエンジニアリングへの参加を考えているなら、歓迎します！

2.4.2　SREと失敗やエラーとの関係

SREの心構えを他の心構えと区別するのに役立つ考え方の1つは、失敗やエラー全般との関係です。それぞれについて順番に説明しましょう。

本書全体を通して、失敗に対する暗黙の態度を理解できるでしょう。ここであらためて明確にしておきます。障害を大喜びしたり、自分で障害を引き起こしたいと思うほど、障害を歓迎するわけではありません[†6]。しかし、これは覚えておいてください。

システムはどのように機能するのでしょうか。どのように失敗するのでしょうか。

SREの心構えは、失敗を学ぶ機会として扱うという点で、他の多くの考え方とは異なります。失敗から学ぶことはSREの心構えの中核をなす要素であり、そのために本書でも1つの章が費やされています（10章）。

SREはエラー（特に一過性のエラー）に対して、他では見たことのない関係性を持っています。他のほとんどの文脈、特に以前の運用の文脈では、エラーはことごとく排除されるべきものでした。ほとんどの人は、自分のシステムをエラーのないものにしたいと考え、それを（たとえ達成できないとしても）明確な目標として設定しています。SREはエラーを**シグナル**として扱い、そして私たちは明確なシグナルを**好み**ます。実

[†6] か、カオスエンジニアリング（ゲフンゲフン）

データは私たちの注意を集中させるのに役立ちます。

　この点を説明するために、ある話を紹介しましょう。何年も前のSREconのカンファレンスで、私はセッションが始まる前に日当たりの良い中庭でJohn Looneyと朝食を食べていました。会ったことのない人が私たちのテーブルに加わり、私たちは自己紹介をしました。私たちはお互いの仕事について話し始めました。名前も所属も忘れてしまいましたが、その新しい人物は、彼らのチームが構築し、導入の最終段階にあるソフトウェアデプロイメントのための新しいCI/CDプラットフォームについて説明していました。かなり洒落た作りのシステムでした。私の記憶では、彼は特に、本番環境にデプロイされるエラーを減らし、理想的には完全にエラーをなくすための機能に誇りを持っていました。

　その直後、彼はセッションのために中座しなければならなかったので、John Looneyと私は日向で温かい飲み物を飲みながら静かに座っていました。私が覚えている限りでは、Johnは「うーん、もし私がこれを作っていたら、いくつかのエラーは許すだろうね。何が間違っているのか、あるいは自分のサービスで何が間違っているのかを知りたいんだ」。この言葉は私の心に残り、ときどき、そのことを考えるようになりました。数年後、私はようやく彼の言っている意味を理解し、これこそ私がそれまで考えていたのとは異なるエラーとの関係を反映したものだと理解しました。

　Johnは無意識に[†7]、SREにとってエラーは必ずしも敵ではないことを示していました。彼は「エラーは素晴らしい、もっと増やそう」と言っていたわけではありません。彼は、エラーはすでに、そして常にシステムの中に存在することを認めていました。SREの心構えでは、エラーはシステムの理解を助けるという大きな目的を果たしてくれます[†8]。そのためには、エラーを排除する努力に加えて、エラーを「表面化」する必要があります。ここで再度考えてみましょう。**システムはどのように機能するのでしょうか。どのように失敗するのでしょうか。**

　この話の奥底には、SREの心構えの異なるいくつかの側面が見られます。重要な側

[†7] 何年か後、この会話とそこから私が学んだことについて話し合うため、Johnと再会しました。彼はその会話をまったく覚えていませんでした。ただ、私たちの最高の先生たちの何人かは、無意識にそれをやっているのだということがわかるでしょう。そのような人たちと過ごす時間を大切にしてください。

[†8] 本書について話しているときに、Narayan Desaiにこの話をしたら、彼は（言い換えて）「ああ、そうだね、ある意味ではエラーは社会的な構成物にすぎないんだ」と言いました。ああ、私はSREが大好きだ。

面の1つは、**オーナーシップ**です。SREの心構えの特徴的な側面は、SREが運用するサービスに対して強い所有意識を持っていることです。彼らは問題や理解を追求するために、システムの端から端まで、あるいはそれ以外のどこにでも行きます[†9]。これは、他の人が所有意識を感じていないということを言っているのではなく、SREはシステムをケアするために必要な範囲を自動的に広げるということです。「私のコードではないので、私の問題ではない」という言葉は、SREからはめったに聞かれません。もしサービスに問題があれば、それは**彼らの問題**であり、解決すべき彼らのパズルです。そして彼らはどこまでもそれを追い求めます。

床屋へようこそ！（ヤクの毛刈り）

　SREの心構えの弊害についても言及しなければならないと思います。SREはヤクの毛刈りをする傾向があります。もしこの言葉を聞いたことがなければ、ここで喜んで紹介しましょう。

　ヤクの毛刈りとは、次のような状況を指します。あるソフトウェアをインストールしなければならないタスクがあります。どんなソフトでも構いません。特定のタスクに必要なものなら何でも良いです。

　そのソフトウェアをインストールするには、そのマシンの共有ライブラリをアップグレードする必要があります。

　そしてOSのアップグレードが必要であることがわかりました。

　新バージョンのOSは、より大きなシステムディスクを必要とするため、まずディスクイメージを保存するストレージ領域のスペースを確保する必要があります。

　OSをアップグレードする過程で、組織のプロビジョニングソフトウェアのアップグレードが必須であることがわかりました。

　残念なことに、この新しいバージョンのプロビジョニングソフトウェアは現在の仮想ネットワーク構成と相性が悪いので、アップグレードしたマシンが起動す

[†9] John Reeseは、「墓場に幽霊は出ない」というSREの格言を思い出させてくれました。十分に理解されていないシステムには問題が埋もれていて、それが最悪のときに出てきて悩まされることがあります。SREはそれを祓うために懸命に働きます。この格言は、診断と緩和の違いも浮き彫りにしています。Narayan Desaiは、SREは「エラーがなくなるまでパイプレンチで叩くようなことはしない」と指摘しています。

> る前に、それに対処する必要があります。
> 　しかしそれに対応するためには…
> 　そしてあるとき、ふと手元を見ると電動バリカンを持っているのです。見上げると、ヤクの前に立っている。ヤクの毛を剃ろうとしているのです。この作業をする正当な理由があることはわかっていても、どうしてここにいるのかほとんど思い出せません。これがヤクの毛刈りです。
> 　私のヤクの毛刈りの小話[†10]は、少しオンプレミス寄りの話で範囲も狭いものでしたが、クラウドのリソースやスケールの大きなシステムについて同様の話をするのは簡単です。オーナーシップを重視するSREの心構えは、問題がどこにつながろうともそれを追い求めるということでもあり、ときにはヤクと一緒に美容に時間を費やすことになりがちです。時間が経つにつれて、ヤクの毛刈りが重要なときとそうでないときの判断ができるようになります。

　このようなSREの心構えの副作用として、SREはもともとジェネラリストである傾向があります（Narayan DesaiはSREを「専門化に対するヘッジ」と呼んでいます）。これは、SREが特定の分野に深く入り込んだり、たとえばストレージのSREが言うように、あるトピックに特化したりしないということではありません。「システムがどのように機能するか」を追求するためには、多くの場合ジェネラリストが必要です。信頼性はシステムの創発的な特性です。創発的な特性（セキュリティもその1つである）を扱うには、いつでも、どこでも、その課題に対応することが必要です。

2.5　動き出すマインドセット

　SREの心構えに関する章は、SREを進めるにつれて基本的な質問がどのように進化していくかについての議論なしには不完全なものになってしまうでしょう。そこで、この章の締めくくりとして、このトピックを一緒に見てみましょう。ここでは、基本的な質問の将来的なバリエーションをいくつか紹介します。

[†10] データセンターで電源コードにつまずくという、この章の前のコラムがここに響いているような気がする。うーん……

システムはどのように機能するのか → システムの規模をスケールしたら、どのように機能するのか

> サービスの規模の拡大を支援することはSREの中核的な強みですが、必ずしもそこから始める必要はありません。私は通常、小規模なシステムから始めることをすすめています。

システムはどのように機能するのか？ →より少ない運用負荷でシステムを動かすには？

> ここで「トイル」というトピックが登場します。『SRE サイトリライアビリティエンジニアリング』(2017年、オライリー・ジャパン、https://www.oreilly.co.jp/books/9784873117911/) の5章 (Vivek Rau著) を必ず読んでください。Dave Rensinが言うように、SREは「トイル」とそれが引き起こすアレルギー反応に怒りを覚えます。SREはそれを特定し、遭遇するシステムにおいて可能な限りそれを減らそうとします。

システムはどのように機能するのか？ →どうすれば、そのシステムはより多くの人に信頼性をもって機能するのか？

> この質問は、この章のSREの心構えについて議論する際に、複数の人がそれぞれ異なる角度から私に述べたテーマに触れています。Tanya Reillyは「SREと共感」について語り、Joseph Bironasは「世界をより良い場所にし、人々を連れて行く」といい、そしてJohn Reeseは「境界を低くする」と述べています。SREは、本番環境に貢献する人々にとっても、そこから何かを得る人々にとっても、物事をより良くすることに深く関心を寄せています。
>
> "Grover and The Everything in the Whole Wide World Museum"(1972年、Random House、Norman Stiles 他著) という本と同様、この扉の裏側には実に多くの事例があるため、それらを列挙し始めると1つの章になってしまいそうで躊躇してしまいます。ここでは、SREが関係者により良いものにするため実施していることの、ほんの一例を紹介します。
>
> - 本番環境にデプロイするものを作成する人向け：開発者向けのより良いリリースツール (セルフサービス)、中央監視システムにオブザーバビリティデータを簡単に送信できるSREが管理する監視ライブラリ、何もしなくても機能する使いやすいドキュメント作成ツール、より簡単なオンボーディング。

- 本番環境から**物事を消費する**人向け：サービスの「ホーム」または「標準」の地理的地域から遠く離れた場所で良い体験を提供するコンテンツデリバリーネットワーク（CDN）のセットアップ、CI/CDプロセスへのアクセシビリティテストツールの組み込み、プライバシーエンジニアリングの作業、サービスが必要な場合に「グレイスフルデグラデーション（上品な劣化）」[†11]できることを確認すること。

どのように失敗するのか？ →サービス／製品が成功したとき、システムはどのように失敗するのか？

成功は、不注意による欠陥と同じくらい、システムの信頼性を脅かす可能性があります。顧客は、バグが原因でウェブサイトが完全に落ちたのか、それとも負荷に対応するキャパシティが不足していたのかの違いを見分けられません。

どのように失敗するのか？→ いつ必要な働きをしなくなるのか？

Dave Rensinはまた、どのシステムもある時点でその適正な寿命よりも長生きするようになると指摘しています。SREはその寿命に注意を払い、寿命がなくなる前に（理想的にはより良いものに）置き換える方法を考えています。これは「どのように失敗するのか」という質問に対する障害の別の形であり、エラーや停止ほどには語られません。

上記のリスト（不完全ではありますが）から学べることはいくつかあります。第一に、SREの心構えは長期戦です。第二に、この章で触れたことはすべて、レイヤーやレベルがあり、進化していくということです。もしここまでを読んで興味を持たれたなら（私が書いてきたことがおわかりでしょうか？）、本書の続きもぜひ読んでください。

[†11] 翻訳注：グレイスフルデグラデーションとは、あるサービスの依存関係が障害などにより動作しなくなった場合においても、システム全体を障害にすることなく、正常に動作している部分だけを使って品質を落とした機能を提供することで、システムを機能し続けさせること。たとえば、ショッピングサイトで個人向けの推薦エンジンが壊れていても、検索機能は動作させ続けることで、ユーザーが買い物し続けられるようにすること。

3章
SREの文化

SREの文化に関する章を書く上でもっとも難しいことは、誰も彼もが**文化**とは何かを知らないということです。文脈の中では理解できますが、定義するのは難しい「ぐにゃぐにゃした」言葉の1つです[†1]。SRE文化に関する章を書く上で二番目に難しいことは、「そう、これはSRE文化に特有なものであり、これはSRE文化であって、他のものではない」と言えるように、「SRE文化」と他の種類の文化を明確に区別できるようにすることです[†2]。SRE文化の章を書く上で3番目に難しいことは、なぜこのトピックに関心を持つ必要があるのかを表現することです。

しかし、それはすべて私の問題であって、皆さんの問題ではないし、本書は皆さんの問題についてのものです(ただし、組織内の文化に関心があるなら、同じ問題を抱えていることになります)。良い知らせは、私たちは両方に一緒に取り組むことができるということです。そのため、逆順ではありますが、それぞれの課題に取り組み始めましょう。最初に、SRE文化が重要な理由から始めましょう。

3.1 幸せな魚、もとい、人

なぜSRE文化を気にする必要があるのでしょうか。なぜなら、チームのSREが成功する唯一の方法は、SREが必要とする環境を理解し、育成することだからです。まだ

[†1] 私は、社会学者Ron Westrum博士の論文 "A Typology of Organisational Cultures" (BMJ Journals, Vol.13、https://oreil.ly/5e3HR) にある定義が好きです。彼は**文化**を「組織が遭遇する問題や機会に対する組織の対応パターン」と定義していますが、これは口語的な理解よりも深い洞察です。多くの人は、組織で共有される行動や価値観という観点から**文化**を考えています。

[†2] SREの文化とDevOpsやシステム管理者(シスアド)の文化を比較するのは、かなり難しい問題です。

発展途上の、あるいは意欲的なSREチームを持つ（あるいは望む）場合、新しい熱帯魚を世話するのと同じような心配をすることになります。熱帯魚が何を食べるのか、水温はどれくらいがいいのか、水槽には他に何が必要なのか、どれくらいの大きさの水槽が必要なのか、といった具合です[†3]。

自問自答してみましょう。どのような条件や環境、つまりどのような文化が、幸せなSREを生み出す可能性がもっとも高いのでしょうか。この問いは、組織にとっても個人にとっても、常に問い続けることが重要です[†4]。

3.2　SREを支援する文化をどう作るか

SREを支援する文化を作るために、複雑な公式や特許取得済みのプロセスがあるかのように見せかけるのではなく、（単純すぎるかもしれないですが）まずはここから始めてみましょう。SREの心構えに関する2章を読み直してみるのです。各節の後に、心構えの各側面を支援するための条件や前提条件を1つか2つ思い付くかどうか確認してください。このアドバイスは「文化の醸成が読者への宿題として残されている」ように見えるかもしれませんが、それには重要な理由があります。私は、文化は状況や組織によって**大きく**異なるものだと考えています。一人ひとりがそれらの側面を見直し、自分の周りの状況に当てはめることこそが、私がここで言わなければならないことに価値を与えるのです。しかし、私があなたを置き去りにしている訳ではないので、手始めに仮定の例を見てみましょう。

2章ではSREがトイルに対してほとんど生理的な嫌悪感を持っていて、その結果、トイルをなくすためにあらゆる合理的な機会を利用して働くという話をしました（詳細は9章で紹介します）。健全なSRE文化は、以下のような方法でこれを支援しています。

- SREが仕事を計画する際、明確な目標としてトイルを省く機会を与えましょう。痒いところに手が届くように促すのです。
- 社内で、そして社外で、トイルの削減を祝う（トイル削減月間MVPクラブ賞と

[†3]　なかなかいい例えだと思いませんか。このリストに追加して、もっと質問を拡張してみてもいいですよ。

[†4]　私たちは通常、企業文化は組織的な関心事であると考えていますが、SREを新たに導入する場合、1人または数人で構成されることも珍しくありません。そのような場合、カルチャーの発展は意図的であろうとなかろうと、その個人にかかってくるので、彼らもこの質問を気にかけます。

か?)。管理職層や他の組織に対して、「SREが何をしてきたか」[†5]を明確に報告する必要があります。

- トイル削減ツールの調査または作成。もしあなたが、サードパーティーのツール（オープンソースなど）を採用できる組織にいるのであれば、エコシステムの中で、ある種のトイルを省くのに役立ちそうなツールを調査し、議論する時間を設けましょう。たとえば、あなたが運用しているシステムで、セルフサービスや自動変更を可能にするツールやフレームワークが存在し得ることに気づくかもしれません。もし、あなたの組織に「ここで発明されなければならない」というルールや倫理観があるのなら、一度に複数のトイルの原因に対処するために、同様のツールを構築するように努力しましょう。

先ほどの例は組織の視点から書かれたものですが、同じ基本的な考え方は個人の視点からでも当てはまります。計画すべき「SREチーム」が存在せず、あなただけ、あるいはあなたと同僚がSREの仕事を始めるとしましょう。そのような場合（多くの場合、そして理想的には）、あなたは取り組む内容をある程度選択できます。私が提案するのは、自分の環境におけるトイルの何らかの側面に明確に取り組む時間をスケジュールに組み込むことです。

そうして、小さくても成功を手に入れたら、経営陣や組織内の他の人たちにそのことを大喜びで報告するのをためらってはいけません。読者の中には、「大喜びで報告」と聞いて、目に見えてギョッとした人もいることでしょう。私たちの多くは、自分が行った仕事について広く伝えるよりも、物事をより良くするために陰で静かに働くことを好んでいます。私もその1人として、それはよくわかります。とはいえ、私たちが（自分たちの）仕事を可視化しなければ、他の誰も可視化しないということも学びました。この可視化は、まだ始まったばかりであるSREの取り組みの成功に大きな影響を与える可能性があります。

これは単に仕事中の時間の使い方の提案にとどまりません。早い段階からトイルの削減に重点を置くことで[†6]、SRE文化の土台を築けます。また、自分が楽しいと思えるこ

[†5] まだそうしたコミュニケーションをしていないですって?この本を置いて、来週一番に管理職層と適切と思われる組織に報告を共有することを目標に、書き始めましょう。定期的に送るリズムを作るのです。私を信じてください。

[†6] 本書のレビュアーであるKurt Andersenは、チームや個人に干渉しようとする他の優先事項に関係なく、この仕事の境界線を破られないようにするためには、経営陣の支援が重要であると指摘しています。

とに時間を割くことができるようになります。これは、これからのハードワークを持続可能なものにするために極めて重要なことです。これは意図的な設計で、これから先も重要なことです。

> ## 魚のエサ
>
> 　2章では、SREのジェネラリスト的な側面と、SREが惹きつける頭脳の種類について述べました。因果関係を判断するのは少し難しいですが（脳が特定の働きをする人がジェネラリスト的な仕事に引き寄せられるのか、それとも、ジェネラリスト的な仕事が特定の考え方を引き出すのか）、いずれにせよ、最終的な結果は、SREを幸せに保つために必要な一連の文化的要請です。その中でもっとも重要なのは間違いなくこれです。
>
> 　**（意図的であろうとなかろうと）どのようなSRE文化を作るにしても、好奇心をサポートしなければなりません。**†7
>
> 　私はまた、やはり脳のことを考え、SRE文化は興味を維持するために一定レベルの目新しさを提供すべきだと強く思います。目新しさを提供するのに必要なことは箇条書きリストにはなりません。なぜなら、好奇心に十分な注意を払えば、目新しさという特性は自然に生まれてくるからです。

3.2.1　乗り物あるいはテコとしての文化

　文化を大切にする2つ目の理由は、最初の理由である「SREを幸せにする」よりも少し実用的ではあります。Joseph Bironasが私たちとの会話で使った言葉は**乗り物**でした。意味としては、文化を自分たちの組織が、あるいは個々人が、行きたい場所へ行くための移動手段として使っているということです。この提案には微妙なところがあるので、考えをはっきりさせておきましょう。私たちは、ある組織におけるSREの実際の仕事が、その組織の（信頼性などの）改善に役立つことを知っています。ここでの提案は、それに加え、適切なSRE文化を育てれば、組織にも良い影響を与えるというものです。SREは、世界を動かすためのもう1つのテコなのです。

---

†7　「持続的な信頼性は好奇心にかかっている」という発言と、それがSREに及ぼす影響について、私はいつでも弁護する準備ができています。

これは（そして率直に言って、**文化**に関するほとんどすべてのことが）抽象的であることは理解しているので、この考え方を探求するために非常に簡単な例を選んでみましょう。私たちのシステムで十分に注目されていない側面の1つに、ドキュメントがあります。私が知っているすべてのSREは、ドキュメントについて、そしてその欠如や現実との乖離がシステムの信頼性にどのような影響を与えたことがあるか、少なくとも1つのエピソードを持っています。もしあなたが障害後のレビューに詳しいのであれば、ドキュメント（とその欠如）が機能停止の一因となることがいかに多いかをご存知でしょう[†8]。

SREは、ドキュメントの有無が、サービス実行中の多くの意思決定において大きな違いを生むことを知っています。この知識は、文化的な要請[†9]として、「文書化されるまでは実行されない」と表現されることもあります。組織内にSREやSREチームが存在し、彼らが触れるすべてのものに対してこのように考え、行動する場合、特にこの価値をモデル化することで、組織の他の部分にも大きな影響を与え、より多くの、より良い文書化を目指すようになります。ここでは、SREの文化が組織を（乗り物やテコのように）正しい方向に動かすのに役立っていることがわかります。

最初のタスク

SREを導入する前、大学の計算機科学部でシステムグループを運営していた頃、私は学生の新人に最初のプロジェクトとして2つのタスクを与えていました。

1. オンラインドキュメントに欠けているもの、不明瞭なもの、改善が必要なものを見つけ、それを改善します。
2. 私は嬉々として「いいニュースです、今日は地図の日です！」と告げます。地図の日は、ネットワーク上のすべてのマシン（机の上とサーバールームの両方）のオンラインデータベースを取り出し、ビル内のすべての場所を訪

[†8] 通常、より率直な、しばしば内部的な、インシデント後のレビューで明示的に言及されているのを見つけるでしょう（「ドキュメントが不足していた……」）。時間が経つにつれて、暗黙の了解や目に余るような欠落を見つける目も養われることでしょう（「うーん、文書化されているはずだと思うのだが……」）。

[†9] そして、ときにはエンジニアリングの要請でもあります。『SREの探求』（https://www.oreilly.co.jp/books/9784873119618/）の19章「ドキュメント作成業務の改善：エンジニアリングワークフローへのドキュメンテーションの統合」を参照のこと。

問して現実と照合し、それが正しいことを確認することでした。これは通常、新人の2人組が1週間かけて行っていました（そのため、正確には地図の「日」ではなかったのですが、誰も気づかなかったようです）。

最初のタスクは、望んでいたようなポジティブな効果がすべてありました。新人は、私たちのドキュメント（そして多くの場合、ドキュメントの主題そのもの）を読み、それを改善できるほど深いレベルでそれに取り組まなければなりませんでした。彼らは間接的に、私たちのドキュメントの標準や関連するものを学びました。彼らは即座に、私たちの世界で何かをより良くすることに貢献したのです。

2つ目のタスクは、退屈さと古風の組み合わせのように見えるかもしれませんが、単純にデータを最新に保つだけでなく、多くの目的がありました。新人は、私たちのネットワークのオンプレミスマシンを訪問し、理想的な関わりを持つことを余儀なくされました。そして、どのようなことのために私たちのシステムを使っているのか、彼らに一目見てもらう機会を多く与えていました。サーバールームのどこに何があるのか、どのようにネットワークを構成しているのかを知ることができました。

関連した余談ですが、たまに、（私のサポートを受けて）この手作業を簡単にするためのツールやコードを書こうと決意する新人がいました。トイルの削減をしてくれる新人たちを追跡して、そのうちの何人がSREになったかを確認していたら、楽しかったことでしょう。

ノスタルジーはさておき、私がこの2つの仕事を取り上げたのは、新人にはこの2つのような仕事を与えた方が良いからです。ドキュメントの改善と環境の発見は、素晴らしいプロジェクトです。組織に入って最初に任されるプロジェクトは、その組織の文化を示すシグナルになることが多いので、賢い選択をしましょう。

3.2.2　SREに何を望むか？

もしあなたが「乗り物あるいはテコとしてのSRE文化」に賛同し、SRE文化の創造に積極的かつ意図的に取り組もうとしているのであれば、すぐにSREが提供するもっとも本質的なアイデンティティに関する疑問にぶつかることになります。SRE文化が組織や個人の行動や影響力の形成に役立つという考え方は、その核心が二次効果や三次効果

（つまり、あなたが何かをすることで、他の何かに影響を与え、それがうまくいけばあなたが望む効果をもたらすか、あるいは何かに影響を与え、それが他の何かに影響を与え、最終的に望ましい結果をもたらす）に依存しています。それは実は難しい部分ではありません。「乗り物としてのSRE文化」モデルの難しいところは、自分がどこに行きたいかの決定を強いられることです。

　この発言は特に深いものではありませんが、だからといって難しくないというわけでもありません。もし誰かに乗り物を調達するように言われたら、最初の質問は「どこに行きたいのか、それで何をする必要があるのか」になるでしょう。「ボートが必要なのか（あるいはもっと大きな船が必要なのか）、速くどこかに行かなければならないのか、大勢で行くのか、見た目はきれいでなければならないか（見せ物か）、ステルス性能は、艦隊になる最初の船なのか」この例えに端を発した質問を永久に出し続けても、この話題は尽きないに違いありません。

　私はリルケの手紙[†10]の大ファンですが、SREを効果的なものにする前に、SREとそれが組織に与える望ましい影響について、かなり本質的な質問に答えなければなりません。そして、それこそが「乗り物あるいはテコとしてのSRE文化」という考え方が非常に難しい理由なのです。

　個人として「ここでSREにどうなって欲しいか」、組織として「ここでSREに何をして欲しいか」を考えるのは、さらに大きなテーマです。本書の後半でこれらの課題に取り組むことを約束するので、いつまでも崖っぷちに立たされることはないでしょう。この章ではSRE文化というトピックを引き続き取り上げて、このトピックに関する有益なアドバイスを提供します。そのために、皆さんがこれらの質問に対するいくつかの実質的な答えをすでにポケットの中に持っており、それを支援する文化に変換する方法を知りたいと思っているという（おそらく願望を含んだ）前提で話を進めます。

---

†10 「親愛なるサー、私はできるだけあなたにお願いしておきたいのです、あなたの心の中の未解決のものすべてに対して忍耐をもたれることを。そうして**問い自身**を、例えば閉ざされた部屋のように、あるいは非常に未知な言語で書かれた書物のように、愛されることを。今すぐ答えを捜さないでください。あなたはまだそれを自ら生きておいでにならないのだから、今与えられることはないのです。すべてを生きるということこそ、しかし大切なのです。今はあなたは問いを**生きて**ください。そうすればおそらくあなたが次第に、それと気づくことなく、ある遥かな日に、答えの中へ生きていかれることになりましょう」（ライナー・マリア・リルケ、1929年、若き詩人への手紙。翻訳注：訳文は『若き詩人への手紙・若き女性への手紙』《高安国世 訳、1953年、新潮文庫、ISBN9784102175019》からの引用）

3.2.3 あなたが望み、必要とする文化を組み立てることについて考える

　1980年に放映されたテレビシリーズ『コスモス』の中で、Carl Saganはこう言いました。「アップルパイをゼロから作りたかったら、まず宇宙を発明しなければならない」10代の私には、この言葉をどう解釈していいのかわかりませんでした。それ以来、私はこの言葉を、次のような意味のSaganの黙想として理解するようになりました。アップルパイのような単純なものを作るには、材料（小麦粉、砂糖、油脂、果実など）を集めなければなりませんが、その材料自体が構成要素から生まれ、その構成要素自体がさらに小さな断片から生まれ、そうして水素原子やそれ以下にまでさかのぼります。それぞれのステップで、構成要素を結合させるために必要な、かなり高度なプロセスが必要なのです。

　私がこのSaganの言葉を持ち出したのは、文化の構築を考える際に、物事を比較的小さなパーツに分けるだけでなく、それらを結び付けるプロセスに焦点を当てる余裕を自分に与えることが有効だと思うからです。Saganの例で言えば、「果樹を育てるには何が必要か」と問うだけで、信じられないほど豊かな道が開けます。

　もう少し身近なところでは、「信頼性が高く有用な開発環境を提供するためには何が必要か」というような質問をすると、すぐにホワイトボード数枚分のスペースが埋まってしまいます。このホワイトボード実験を実際にやってみると（この質問そのものである必要はありませんが、試してみることをおすすめします）、面白いことが起こるはずです。

　自分の書いたものに感心して後ずさりする頃には、ホワイトボードに戻って、SREのアプローチや価値観、優先事項などを反映した代表的な部分に丸をつけられるようになっていることを期待します。たとえば、それらのホワイトボードに**セルフサービス**、**文書化された**、**拡張可能な**、**計装/オブザーバビリティがある**、**本番環境を反映する**、**アクセスしやすい**といった言葉[†11]を見つけられたとしても、私は驚かないでしょう。これらの特徴を探すとき、あなたはSRE文化と重なる部分を探すことになります。この重なる部分を特定したら、次に問うべきことは、「どうすればそれをもっと生活に取り入れることができるのか」ということです。

[†11] これは私の頭の中にあるリストにすぎません。あなたのリストはだいぶ違ったものになっているかもしれません。また、分解やシナリオが違えば、リストも違ってきます。

おめでとうございます、あなたは新しい文化を構築し始めました[†12]。文化もまた、信頼性と同様、創発的な性質となり得ます。

> **ちょっと待って、私たちはバディなの？**
>
> 　私が説明したような練習が、期待したほどうまくいかないことがあるのも確かです。ホワイトボードを2、3枚埋めた後、文化的な重なりを探すために戻ってみると、あまり好ましくないアプローチや価値観などを優先していたことに気づくのです。あるいはもっと悪いことに、ホワイトボードにSREの価値観を見つけようとしても、何も見つからないということもあります。
>
> 　もしあなたがこのどちらかの状況に陥っているのであれば、逆説的ではありますが、私はこれを良いニュースとして扱いたいです。今あなたが立てている計画には、あなたが望むSRE文化が存在しないという、非常に明確で強いシグナルがあります。良い知らせは、SREは明確で強いシグナルによって成長するということです。この問題から抜け出せるよう、SREに取り組んでください。

3.2.4　まだ何から始めたらいいかわからない

　もし私がこれまで述べてきたことが、個人として、あるいは組織として、あなたが今いる場所にはまだ遠すぎる、あるいは抽象的すぎると感じ、「具体的に何から始めればいいのか教えて欲しい」と思っているのなら、私はあなたを応援します。ダグラス・アダムスの『銀河ヒッチハイク・ガイド』[†13]を引用して先に進みたいところですが、Google SREの元祖の1人であるJohn Reeseとの会話から、もっと良いアイデアを思い付きました。

　Reeseは、SRE文化を構築する温床となる組織構造を構築したいのであれば、インシデントの処理とレビューに集中的かつ意図的に取り組む以外に方法はないと提案しています。インシデントとその緩和、分析、レビュー、予防は、Saganの引用にある「果

[†12] Kurt Andersenはこのトピックの良い参考文献として、Edgar H. Scheinの著書 "Organizational Culture and Leadership" (2010, Jossey-Bass, 4th ed.) を推薦しています。

[†13] 「宇宙のありとあらゆる知的生命体のみなさんこんにちは。そして知的でない生命体のみなさんもこんにちは。秘訣はいっしょにロックのリズムに乗ることだぜ、ベイビー」—『銀河ヒッチハイク・ガイド』(2005年、河出書房新社、ダグラス・アダムス著、安原和見訳) エピソード12、p.133

樹を育てるには何が必要か」のアナロジーが使えます。もしあなたが、ここで使われている各概念[†14]を分解し、それら（そして実際のインシデント）が投げかける問いに真摯かつ巧みに取り組むならば、SREが組織において変化をもたらすことができるエンジニアリング（信頼性エンジニアリング）の分野に注意を向けることになるでしょう。

> ### 霧の中を覗くシーシュポス
>
> 　本文中の「真摯かつ巧みに取り組む」という言葉には、残念ながら普遍的に正しいとは言えない前提が隠されています。それは、あなたやあなたの組織が、単に（鈍い轟音で[†15]）現状を維持するのではなく、本当にシステムの信頼性を向上させたいと思っているという前提に立っています。それは必ずしもそうではありません。特に本書でこのようなことを言うのは奇妙なことですが、（あなたが名前を挙げられるあらゆる有名企業を含む）多くの環境における日々の現実なのです。私は、あなたがいつかはこのような状況に陥るだろうと予想しています。
>
> 　では、自分の置かれている状況が、自分よりも信頼性の向上についてあまり気にかけていない、という不愉快な現実に直面したとき、あなたはどうすればいいのでしょうか。「その場から立ち去れ！今すぐその状況から立ち直れ！」や「とにかく正しいことをしろ」という口先だけの答えは脇に置いておきましょう。どちらも立派な答えになり得ますが、少し中庸の道について話しましょう。
>
> 　まず、「この状況は最悪だ。自分は好きではない」といった発言が同僚と自分自身への哀れみを表していることを認めるのは合理的なことです。それから、SREの心構えを働かせて、次のような質問を始めましょう。
>
> - それを教えてくれるシグナルは何だろう。物事が良くなったり悪くなったりしたとき、私はどうやって知ることができるのだろう。

[†14] **概念**というのは、インシデントの処理、分析、修復に関わるさまざまな概念のことです。たとえば、オブザーバビリティや監視（何が起きているのかどうやって知ったのか）、リリースエンジニアリング（どうやって本番稼働させたのか）、フォールトトレランス（自己修復できたのか）、コミュニケーション（どうやって情報を交換するのか）などです。その気になれば、もっと長いリストが作れるでしょう。

[†15] **翻訳注**：シーシュポスはギリシャ神話に登場する人物です。「シーシュポスの岩」と呼ばれる逸話があり、シーシュポスは賽の河原のように、巨大な岩を山頂に押し上げようとしては、すんでのところで転げ落ちるという徒労を果てなく強いられることとなりました。システムの現状の維持というのは、平坦な道のりではありませんよね。

> - ここでのより大きなシステムについて、私は何を知っているか（組織的、財政的、政治的といった、システムより大きな背景は何か）。
> - どのような依存関係があり、どのようなインセンティブが働いているのか。
> - 私が直接押せるテコはどれか。間接的に、あるいは二次的な効果として、この状況に影響を与えられるテコは何か。
>
> このアプローチで状況を冷徹に見つめてもなお落胆するようなら、「立ち去れ！」というような口先だけの答えに思考が戻るかもしれません。しかし、もしあなたが引けるテコ、影響を与えられるもの、あるいは実行できる実験（人に対するものでも）を見つけたら、それを試してみましょう。もっといいのは、あなたと同じように感じている同僚がいるなら、彼らに相談して一緒にやってみることです。
>
> SREはこの問題を解決してくれます。

インシデントはまた、あなた自身の果樹を育て始めるきっかけとなる「強制機能」とでも呼ぶべきものである傾向があります。たとえば、前の話題に戻ると、最新のインシデントを分析することで、ドキュメントやドキュメントのデリバリーが不足しているという明確なシグナルが見つかる可能性があります。ドキュメントが不足していたり、何かがダウンして実際にドキュメントにアクセスできなかったりしたために、ほんの一握りでも障害が長引いたような状況が発生すれば、SREは組織全体のドキュメントを改善するために先頭に立つべきだと、あなたや他の人たちが判断するようになるかもしれません。

インシデントの処理とレビューがSRE文化を生み出す強力な原動力となり得るというReeseの意見に同意する一方で、いくつかの注意点について言及せざるを得ないと感じています。SREが組織のインシデント処理と分析を主要な機能として担う場合、特に組織の他の部分から切り離されている場合、これは「SREがすべてのオンコールを処理する、つまり彼らは今、サービスがダウンした午前2時にスクリプトにしたがうことが仕事の、ページャーモンキー[†16]となる」状況に陥る可能性が非常に高いです。これは理論上の警告ではありません。私は実際にこうなるのを見たことがあります。人々が最

---

† 16　翻訳注：ページャー（pager）はポケットベル（ポケベル）を意味し、携帯電話が普及する以前に、緊急時の呼び出しに使用されていました。ページャーモンキーとは、そうした呼び出しに使役される様子の自嘲的な表現です。

善の意図を持っていても起こり得ることなのです(「私たちがオンコールを担当することで、御社のシステムと、それがどのように故障する可能性があるのかを学ぶことができます[†17]」というのは、そのような意図のよくあるものです)。

インシデントハンドリングの列車がレールから外れてしまい、期待したSRE文化が実現されないという事態を避けるにはどうすればいいのでしょうか。本書の後半(たとえば12章や15章)で、SREの取り組みがどのように失敗する可能性があるのかについて詳しく説明しますが、ここではその一部を紹介しましょう。このようなことが起こり得るということを知った以上、一般的にこのようなことが起こらないように警戒することの他に、いくつかの警告サインがあります。

私にとっての重要な警告サインのひとつは、「誰が賢くなりつつあるのか、それに対して私たちは何をしているのか」という問いにあります。私があなた方に望むのは、インシデント後のレビューから、あなた方のシステムおよびそれらがどのように故障する可能性があるかについて、新しく有益な情報が得られているということです[†18]。できていると仮定しましょう。

障害後のレビューから学んでいるのは、組織の誰でしょうか。もしあなたが「現時点ではSREだけだ」と答えるような場合、それが最初の赤信号です。この本を置いて、その点に取りかかりましょう。あなたの車は逆走しています。この時点でガソリンを入れれば、あなたが作りたいと願っている文化とは反対の方向に進むことになります。

もし答えが「SREとエンジニアリング担当者、関連する利害関係者がより賢くなっている」という回答に近いものであれば、次の質問に進みましょう。「SREと組織の他のメンバーはこの知識を使って何をしているのか?」もし答えが「基本的に何もしていない」であれば、2つ目の赤信号です。組織の状況に応じて、SREが信頼性を向上させるような変更を(直接的または間接的に)行うための権限や能力に関する疑問が深まっています。そして私が言う「変更」とは、単に「停滞する能力」ではなく、「変更」という意味です。

SRE文化を創造しようとするのと同時に、これらの懸念へ対処するのは、可能なこと

[†17] 私はNiall Murphyの『SREの探求』(https://www.oreilly.co.jp/books/9784873119618/)の30章『オンコール反対論』を紹介したいと思います。ここでは、同じような悪意のない心情が数多く論じられています。

[†18] もしそうでなければ、まずそこから始めて、それからこの文化的な話に戻ってくれば良いでしょう。失敗から学ぶことに関する10章を含め、本書の至るところにインシデント後のレビューに関する情報があります。

だとは思いますが、それは前輪が壊れたショッピングカートを押すようなものです。押し進めるたびに、特に進みたくない方向に引っ張られる傾向があるかもしれません。もしあなたが、SREは信頼性を正しい方向に向かわせる唯一最大のテコなのでオンコールするのだと考えていても、サービスオーナーが、あなたが提供する最大の価値は、開発者が起こされたり、障害対応に貴重な時間を費やす必要がないことだと考えているとしたら、そのミスマッチは、あなたの努力を脱線させることになります。

これらのことについては、本書の後半で詳しく述べますが、予防のための戦略をもっとも短く要約すると、おそらく「特にプロセスの初期段階で、自分の言葉を使う」ということになるでしょう。インシデントレスポンスと分析エンジンに何を望み、何を望まないかについての、より良い考えを持った今、SREのすべての取り組みと一緒に、社内外にそれを明確に（そして頻繁に）伝えましょう[†19]。

3.2.5　芽生えたばかりのSRE文化を育てる

では、この章の他のアイデアの助けを借りて（あるいは、それにもかかわらず）、あなたが望む文化を創造する道を歩み始めたと仮定してみましょう。あなた自身と組織の中で、その文化をどのように育み、成長させていくのでしょうか。

これに対して、私は組織（そして組織内の個人）にとって本当に役立つ2つの答えを持っています。

「読書会」や「卒業ゼミ」のアイデア

多くの組織が「今月のポストモーテム」や「今月のデザインドキュメント」[†20]という集まりを主催しています。そこでは、関心のある人たちが、障害やシステムアーキテクチャの提案に関する文章を選び、それをよく読み、仲間のグループで議論します。この

[†19] 私はただ、「人に話を聞きに行け」というアドバイスが、表面的には口先だけのものと不可能なものの間に感じられることをお伝えしたいと思います。私は、両親から「先生のところに行って、こんなことを言いなさい」とアドバイスされたとき、そのアドバイスが私の望んでいたであろう現実からどれほどかけ離れたものであったかを覚えています。本書の多くの箇所で、皆さんに現実的な言い方と親しみやすい言葉を与えられることを願っています。待っていてください、助けはやってきます。

[†20] 翻訳注：デザインドキュメントという名前でなくても、各現場では要求仕様（定義）書、○○設計書、などさまざまな呼び方をされているかもしれません。

ような文章は、自分の組織のものでなくても、価値のある議論ができます[21]。

注意しなければならないのは、このようなトピックに関する話し合いは、障害後の報告書やデザインドキュメントを見直す通常のプロセスとは切り離さなければならないということです。「障害が発生した後、すでに障害について話し合っているから、これでカバーできる」とは言えないのです。なぜ二重にできないかというと、そのような状況では、管理、説明責任、そして率直に言って、感情的なものが残るため、この取り組みに望まれるような冷静な学習経験をすることが非常に難しくなるからです。

このような「読書会」や「卒業ゼミ」の基本的なプロセスはいたってシンプルです。1つのやり方としてはこうです。主催者が議論の対象を選び、会の数週間前にグループのメンバーに配布します。会では、グループは最初のN分間を、理想的には詳細なレベルで、事実を並べることに費やします[22]。それから質問を重ねます。「Xはどのようにして起きたのか。システムのX部分はどのようにこうした挙動になったのか。そして、なぜ彼らはこのアーキテクチャでYのかわりにXを使うことにしたのか」という具合です。私の好きな質問は次の3つです。

- ここにある文章には何が欠けているのか
- 私たちはまだ何を知らないのだろうか。あるいは何を決して知り得ないのだろうか
- なぜもっと悪くならなかったのか？（これは障害に対してです。John Allspawの指摘に感謝）

そしてグループの一行はレースに出発します。あなたがどう思うかはわかりませんが、私にはこれがとても楽しい時間に思えます。これはSREを満足させ、インシデントの効果的な分析を促進するために、先に述べたような「乗り物としての文化」を作り始める1つの方法です。

この考え方は、もう少し成熟した組織で適用されることが多いのですが、今すぐグループを立ち上げない理由はありません。もしあなたが、集まる仲間のグループがない

---

[21] 内部資料を見直すことにはプラス面もマイナス面もあります。プラス面としては、社内のみの資料は、社外に公表された資料よりも率直で詳細である可能性が高いです。マイナス面としては、議論すべき状況の多様性に欠ける可能性があります。また、自分が参加したイベントや、自分が作成を手伝った設計について、冷静な議論をすることが難しくなる場合もあります。

[22] グループ全体の足並みが揃うようにするためでもありますが、率直に言って、この文書を読んでいない、あるいは前もってよく読んでいない出席者のためでもあります。そんなことはあり得ないですが、念のためです。

(つまり、おそらく1人か2人のチームであるため、個人としてこれを引き受けている)状況にあるとしても、まだ2つの選択肢があります。自習するか、参加する外部グループを見つけるかです(この種のことのために集まる、おそらく仮想的なミートアップがあります)。

「ローテーション」や「交換プログラム」

これは経営陣や組織の賛同が必要なため、成功させるのは少し難しいのですが、組織全体にSRE文化を植え付けるのにこれ以上の方法はないと思います。基本的な考え方は、SREチームの個人が一時的に交代で他のグループやチームのポジションに就く、あるいは外部チームの個人がしばらくの間チームのSREとして働く、というものです。詳細は状況によって大きく左右されるため、このアイデアにはとても多くのバリエーションがあります。

たとえば、あなたが微調整できる変数のうちの2つを紹介しましょう。

ローテーション期間の長さ

企業によっては、このようなローテーションのためにかなりの期間を設けています。たとえば、Googleのミッションコントロールプログラムでは、ソフトウェアエンジニア(SWE)がSREとして6ヵ月間過ごすことができます。ここで私が唯一アドバイスしたいのは、このアイデアが価値を持つためには、それなりの期間そのポジションにいる必要があるということです。「SWEの同僚をそのチームに連れて行く日」の1日だけでは、1ヵ月以上のローテーションに比べ、あなたが望むようなカルチャー育成のメリットが得られる可能性ははるかに低いでしょう。

ローテーションの程度

ローテーションの場合、他の担当者の役割に入ったり、自分の役割に入ったりできるのが理想です。それを実現するには、十分なスキルの共有が必要です。それが不可能な場合は、次点ではありますが、「シャドーイング[†23]」の機会を調整できます。次点とする理由は、シャドーイングは、しばしばシャドーイン

[†23] 翻訳注:シャドーイングとは、ある人が新たに業務を覚える際に、その業務に慣れた前任者のそばで業務遂行の様子を観察して、業務を理解する手法のこと。業務遂行者を入れ替えて、前任者が指導的立場で観察する場合は「リバースシャドーイング」と呼ばれます。

グされる側の負担になるからです。可能であれば、少なくとも新入社員に期待するレベルでは、ローテーションで入ってくる人がグループに貢献していると思われるようにしたいものです。それが不可能な場合は、工夫が必要かもしれません（コラム「最初のタスク」を参照してください）。

　組織における健全なローテーションの取り組みが、文化的に良い影響をもたらさなかったという話はまだ聞いたことがありません。

3.2.6　取り組み続けよう

　SRE文化の研究は終わりのない努力です。これは驚くことではありません。というのも、他のあらゆる望ましい創発的性質と同様に、文化はほとんどのものに重なるからです。この章は終わりに近づいていますが、皆さんはこの仕事を終えられません。せいぜい、少し間を置くか、仕事を一時中断する程度でしょう。良いニュースとしては、SRE文化の取り組みが成功したある時点で、組織の他のチームからあなたの仕事の反響が聞こえ始めるということです。あるいは、あなたが書き留めたものを読み始めたりするでしょう。彼らは、あなたが推進しようとしていることをもっと知りたがると思います。そしてそのような状況はとても気分がいいものです。楽しんで！

4章
SREについて語る
(SREの提唱)

　SREについて語るという、非常にメタな章へようこそ[†1]。効果的なSREの提唱は、個人にとっても組織にとっても極めて重要です。この章では、SREの提唱をどのように行うか、また両方の立場からSREの提唱を磨くためにどのようなリソースがあるかを探ります。重要なストーリーの種類と、もっとも効果的なストーリーの選び方について話し、このテーマについて多くのヒントを提供します。この章は、私たちが自分自身に語るストーリーについてのものです。

4.1　SREの経験が浅くても提唱が重要な理由

　SREとは何か、そしてなぜそれが重要なのかを周りの人に説明しなければならない時が必ず来ます。その時点は必ず、あなたが予想するよりもずっと早くやってきます[†2]。

　他人に説明するというのは、あなたの祖父母からCEOまで、幅広い範囲の人々を意味します。カクテルパーティーで誰かの好奇心を満たすだけの場合もあります。それだけでなく、組織におけるSREの存在を正当化し、なぜ誰かがそのためにお金を払い続けなければならないのか[†3]を説明する必要があるので、それ相応の返答をする立場に

[†1] 何をしなければならないかはわかっているはずです。まだ本書を持っていない人を見つけて、この章について話してください。メタ-メタバースの運命はあなたの手に委ねられています。

[†2] たとえば早ければ「初日」からです。このような状況に備えることに加え、SREについて他の人と話す過程から、SREに対する自分自身の理解がすぐに深まることを強く感じています。これが本書の早い段階でSREの提唱について考えるもう1つの理由です。また、提唱は個人と組織の両方の文脈に足を踏み入れているため、ここでも生きています。

[†3] SREのビジネス的側面への対応については、13章に多くの議論があります。

なる可能性も同じくらいに高いでしょう。また、組織内の別のグループに対して、SREとは何か、なぜSREと関わることが彼らの最大の利益になるのかを説明しなければならないこともよくあります。企業におけるSREの存続は、その提唱の強さにかかっていると言っても過言ではないと思います。

提唱に注目する動機としては、おそらく生存という観点が十分に強いものだと思いますが、もうひとつ、アイデンティティという観点からの動機もあります。私は、自分自身に語るストーリーは、アイデンティティが形成される主要な方法であると確信しています。私は、SREが個人的にも組織的にも何を意味するのかが、あなたにとって重要であると確信しています（そうでなければ、あなたは間違った本を読んでいます）。

4.2　提唱が重要な場面

では、SREの提唱が特に重要なのはどのような場面でしょうか。すでにいくつかのシナリオを挙げましたが、この質問をもう少し掘り下げてみましょう。私の経験では、SREの提唱は、採用や転職に対処する際の個人的な文脈で非常に重要です。あなた自身を売り込むだけでなく、なぜあなた個人が雇用者になるかもしれない人々の生活を向上させるのかを売り込まなければなりません。しかし、売り込みの一環として、なぜあなたのSREのアプローチや心構えが違いを生み出せるのか、ということを盛り込む必要があります。

すでに（強くても弱くても）SREストーリーを持っている組織に応募する場合、自分のSREストーリーが彼らのSREストーリーと合致しているかどうかを判断するチャンスです。採用プロセスにおいて、SREストーリーをどれだけ明確に説明できるかに細心の注意を払うことを強くおすすめします。もし彼らがSREとその目的について明確に、あるいは一貫して説明できないのであれば、それは彼らが組織内の他の人たちに対してどれだけ効果的にそれを表現できるかについての、実に良いシグナルを与えてくれるでしょう。

組織的には、私はSREの提唱が2つの場面で極めて重要であると思います。SREの初期段階と、影響力を拡大しようとする場面です。初期段階で提唱が重要であるのは明らかです。組織内でSREを確立しようとする場合、多くの教育と正当化が必要です。これについては本章で詳しく説明しますが、SREが議論の中でどのように位置付けられるかは、今後人々がSREをどのように扱うかに大きな影響を与える可能性がありま

す。

提唱が重要な2つ目の場面は、拡大期です。たとえば私がこのように言う場面があるかもしれません。「君は新しいSREグループを立ち上げることができた。次は他の人たちも巻き込んでもらわなければならない。どうやって実現するんだい」[†4]効果的な提唱がその方法です。

この章で私がこれまで述べてきたことは、提唱が「やるか、やらなければ終わるか」の命題であるかのように聞こえるかもしれません。そして、実際そうだと私は信じています。本書全体には、皆さんの提唱活動を支援するためのアイデア、リソース、ガイドがぎっしり詰まっています。本書から得られるものはすべて、そのような取り組みを支援するために使ってください。

> ### 提唱と伝道活動（あるいは人々との対話）
>
> 本題に入る前に、私はこの活動を他の言葉で表現するのではなく、意図的に**提唱（アドボカシー、Advocacy）**という言葉を選んでいることを明記しておきましょう。かつては、この活動を**伝道活動（エバンジェリズム、Evangelism）**と呼んでいたかもしれません。
>
> 歴史上の宗教的起源や**伝道**の意味合いはさておき、**提唱**の方がより良い言葉です。なぜなら、この言葉は議論が双方向であることを意味するからです（この意味は伝道という言葉にはあまり含まれません）。SREは、より大きな組織に対してSREと信頼性全般を提唱する必要がありますが、それが効果的であるためには、より大きな組織からのフィードバック（あるいは冷厳な現実）をSREに返すパイプ役にならなければならないことも認識しています。ここで、「フィードバックのループを作成し、育成する」というアイデアを再び紹介しましょう。

4.3　ストーリー（と聴衆）を明確にする

私にとって、SREの提唱は（いや、どんな提唱も）、伝えたいストーリーから始まりま

[†4]　あのあくなき共同作業の話を覚えていますか

す[†5]。なぜストーリーから始めるかというと、人間はストーリーを受け取る機械としてできているからです。これは、複雑で多変量な情報を関連付けるための、私たちが知っている最良の方法の1つです。一見しただけではわからないかもしれませんが、SREの概念や定義はまさにそれです。そして、SREについて議論し始めると、さまざまな人がそれぞれの背景や過去の経験に基づいて、SREのさまざまな側面に注目します。

そのため、私は会話の枠組みを作るために、すべてをこの定義に当てはめられる、的確に曖昧な[†6]定義を思い付きました。これは1章で見たSREの定義です。

> サイトリライアビリティエンジニアリングは、組織がシステム、サービス、製品において適切なレベルの信頼性を持続的に達成できるよう支援することを目的とした工学分野である。

前にも述べたように、この定義を使って人々に話をするときはいつも、(**信頼性**や**適切**のように) 気になったキーワードに注目するようお願いしています。これらの言葉の1つひとつが、議論の部屋全体につながるドアなのです。相手に選ばせるということは、聞き手が自分の目に留まるドアを選べるということです。この定義は、人々を議論に引き込むのに効果的なようなので、私は何度も何度も使ってきました。

私がグループで話すときには通常、私が声帯に空気を送るパートと、オープンディスカッション／何でも聞いてくださいパートで構成します。聴衆の状況を把握し、私がどのように手助けできるかを考えます。驚いたことに、時間が経つにつれて、このインタラクティブな定義を使った講演で奇妙な、予期せぬことが起きました。

私はあるパターンに気づき始めました。完全に予測できるものではありませんでしたが、聴衆それぞれが現在の組織の課題に基づいて、異なる言葉を引き出すことがわかりました[†7]。講演後の質疑応答の時間では、講演に圧倒された人たちがしばしば**持続的**や**適切**という言葉に気づいていました。周囲からの信頼性が自分たちの望むレベルにまだ達していないと感じているグループは、**規律**という言葉について話したがっていました。パートナーの開発チームからこのような信頼性を得たいと考えているグループ

[†5] 本書の後半で、私はストーリーテリングがSREとして持つべき中核的なスキルであると述べています。ここに、それがはっきりと当てはまる文脈があります。

[†6] **的確に曖昧**というのは、すべてのエンジニアリングに適用できるほど曖昧にすることなく、信頼性に向けた幅広い作業を包含できるように意図的に曖昧にしているという意味です。

[†7] これは、そう思い込んでいるだけかもしれないことを最初に認めておきましょう。私も実際には存在しないパターンを識別するという、人間の特性から免れることはできません。

は、しばしばエンジニアリングについて掘り下げたいと考えていました。一連の障害から立ち直ったグループは、**信頼性**では満足できませんでした。このアプローチが確固な診断法であるとは言いませんが、私はこの題材についてどのように話すかを方向づけるのに役立つ実用的なものだと思うようになりました。

なぜ、このような話をここでしたのでしょうか。それは、私たちの提唱活動の一環として、誰かにSREについての話をするとき、その背景や現在のニーズに基づいて、さまざまな人がさまざまな話を聞きとっていることを明確に思い出させるためです。「聴衆を考慮せよ」というのは、それほど目新しいアドバイスではないことは承知していますが、念を押しておいて損はないでしょう。

もし（確実性と熟練性を持って）聴衆の用語やトーンを使って話せるのであれば、そうしてください。もし組織内の財務担当者の言葉を使い、そのような人たちの聴衆に向かって話すのであれば、ぜひ財務用語を正しく使ってください。

とはいえ、これはやりすぎの可能性もあります。もし講演の準備中に、「流行語ビンゴカード」を作るような気配を少しでも感じたら、それを撤回した方が良いでしょう。あるいは、あることを言ったときに、あなたの耳には空虚に響くかもしれません。何が自分に合っているかは、自分で決めることです。私が学んだのは、ビジネス用語の中には、それを聞くとイライラしてしまうものがあるということです。ですから私はそういった単語は口に出しません[†8]。理想的には、自分の好きな言葉と聴衆が聞き慣れている言葉の間に適切な交差点を見つけることができるでしょう。

4.3.1　ストーリーのアイデア

少し前に、SREについて語ることのできるストーリーの一例として、「SREとは何か」という定義的なストーリーを紹介しました。しかし、SREを語ることで何を達成したいかによって、SREについて語ることができ、また語るべきストーリーは多岐にわたります。以下は、私が思い付いた他のアイデアのリストです。

有効性

あるパートナーグループが信頼性の問題で苦しんでいたとき、SREが関与してX、Y、Zの手助けをしました。そして今はより良い状態になっていることが、

[†8] ある種の拷問シナリオに登場するのを恐れて、公に明かすのは少しためらわれますが、ここに1つ例を挙げます。**学習**という言葉です。私は「学習」という言葉に耐えられません。あなたが聞くと不快になる言葉はどれですか。

次の結果からわかります……という話。

評判
有名企業X社がSREを採用した話[†9]。

可能性
比較可能なX社がどのようにSREを採用したか（どのようにうまくいったか、どのような問題があったがそれを克服したか、など）についての話。彼らができるのなら、きっと私たちにもできるはず……。

サプライズ
ある障害と、SREが巧みに実行したインシデント後のレビュープロセスの一環として発見した驚くべき結果や発見についての話。

変革
以前はこんな感じだったけれど、Nカ月経った今、私たちはもっといい状態です。

一日の流れ
全社的な、あるいはパートナーチームの成功に貢献するために私たちが行ったことの一部を含め、サンプルとなる1日あるいは1週間に起こったことを紹介しましょう。

ミステリー／パズル
Xは意味不明な状況でしたが、このようにしてその謎を一歩ずつ解いていきました。

職場の専門家
専門家がどのように問題に取り組み、どのように考え、どのようなステップを

[†9] 全面開示：この中で私が一番嫌いなストーリーはこれです。あなたの会社と有名なX社は、ほとんどの場合、内部ではまったく異なる存在です。彼らのためにうまくいったことが、あなたの会社でうまくいくとは限りません（『SRE サイトリライアビリティエンジニアリング』(https://www.oreilly.co.jp/books/9784873117911/) に書かれていることをすべて守ったのにGoogleになれなかったという話は聞きますよね）。とはいえ、経営陣がSREの真の姿に安心したいと思うこともあります。もしこのストーリーを使わなければならないのであれば、注意して使ってください。

踏んだのかなどを紹介します。

その他にも、職場でできるストーリーのアイデアはたくさんあります。もしここに挙げたアイデアのどれにもひらめかなかったら、SREconでの何年分ものセッションのビデオを見返してみると良いでしょう（SRE関連資料を参照）。説得力のある話の種を見つけられると確信しています。

このトピックに関するヒントとして、私は行く先々でストーリーを収集することをおすすめします。SREの生活は、幸か不幸か決して退屈なものではありません。日常的に、私たちは人に話すのに良いストーリーになるような状況に遭遇します。障害であれ、誰かがそのテーマについて興味深い見解を示すハッとさせられるようなミーティングであれ、ある質問に対する答えがさらに良い質問を導き出すような技術的な問題であれ、これらはすべて話の種になります。私は、これらのことに出会ったら、ファイルやオンラインドキュメント、あるいは紙のノートにメモしておくことを強くおすすめします。

4.3.2　他人のストーリー

ストーリーの集め方を教える上で重要なこととして、関係者と組織の両方から、必ずこれらのストーリーを再度話す明確な許可を得なければならないことに触れておきます。多くの組織では、公の場での発表に関する明確な方針やプロセスがあります。これらのストーリーを公に話すつもりなら、必ず適切な許可を得てください[†10]。

許可の求め方

明確な許可を求めることはとても重要ですが、難しく考える必要はありません。「この状況は、私たちが予期していなかったことがどのように私たちを苦しめたかを示す完璧な例です。この話を、適切に匿名化した上で、将来プレゼンテーションで話したいです。問題ありませんか」と聞くだけです。依頼を受けるとき、人は自分自身が悪い印象を持たれないこと、正当な理由のために誠意を持って語られること、不適切なことが明らかにならないことを確認したいと思うものです。

[†10] 私から聞いたわけではありませんが、あなたの組織で素材の外部公開を承認する人物と直接良好な関係を築くことは、あなたにとって最大の利益となります。もしあなたが、このようなルールに特に慎重で、一緒に仕事をしやすいという評判を得れば、将来の承認への道がスムーズになることが多いでしょう。

同意を求める際には、このような懸念を考慮に入れてください。

他人のストーリーに関連するバリエーションとして、少し難しいですが桁違いに効果的なものがあります。他人のストーリーを語るのは素晴らしいことですが、その人に語ってもらえれば、何億倍も効果的でインパクトのある[†11]ものになることが多いです。たとえその人が毎回プレゼンに参加できなくても、その人が話しているビデオを録画して、それを再生することはできるかもしれません。

> ### 登壇機会を返上する
>
> あなたに当てはまるかどうかは別として、私が他の人に自分の話を語ってもらうことにはもうひとつ理由があります。年配の白人男性として、公の場や経営陣の前で話す機会を与えられているのは、ほとんど自分と同じような人たちだと思います。私は、SREやより大きな技術コミュニティにおいて、このような状況が変わることを望んでいます。この状況を改善するためには、私が定評のあるスピーカーとして定期的に受けている登壇機会の一部を他の人に譲り、彼らも「ステージ上」で見られるようにし、モデルになってもらうことが必要です。もしあなたが同じような立場にあるなら、SREの提唱を計画する際に、これらの質問について考えてみることをおすすめします。
>
> 社会正義と平等の観点からこれを行うことの重要性がすぐにピンとこないなら、私はここにSRE的な根拠が働いていることを仄めかしておきます。さまざまな視点から、さまざまな声を聞くことは、より多くの「シグナル」(SREが非常に好むもの)を提供し、このテーマをより深く理解することになります。

4.3.3 二次的ストーリー

これまで議論してきたようなストーリーについて簡単に書いておくと、すべてのス

[†11] これが危険と隣り合わせであることは認めます。たとえば、あなたが特別ゲストよりもはるかに優れたスピーカーである場合などです。これはスピーカーの準備とコーチングの問題(あるいはビデオ編集の問題)になりますが、ほとんどの場合克服できます。私は、たとえ話し手がプロでなくても、誰かの経験を直接聞く方が最終的にはインパクトがあると断言します。私は誰かをより良いスピーカーになるように指導することはできますが、誰かに原体験をさせることはできません。

トーリーには裏の魂胆があります。ストーリーは情報の運び屋として優れているため、ストーリーを語る主な目的だけでなく、副次的なストーリーにも幅があります。これまでのストーリーのアイデアからランダムに1つ選んで実証してみましょう。

最近、あなたの組織で行われている障害後のレビューが精彩を欠いていることに不満を感じているとしましょう。もしかしたら、それらは少し場当たり的になっているかもしれません。そして、おそらくあなたにとっては、その過程で学ぶべきことがもっとあることが明らかなのかもしれません。その兆候の1つとして、過去3件の最終的な結論がすべて「ヒューマンエラー」に起因していることが挙げられたとします。

今度、あなたが経営陣に過去の障害について話すよう求められたら、おそらくリストの中から「サプライズ」のアイデアを選ぶことができるでしょう。その話の中で（こうなることはわかっているはずですが）、「当初はヒューマンエラーとするつもりだったが、何か腑に落ちない……」というような、崖っぷち的なストーリー中盤を構成できるはずです。ストーリーの最後には、「もし私たちが早急に調査を終了し、失敗を人為的ミスに帰結させなければ、他に何を学べたでしょうか」という質問を投げかけるか、あるいは他のあからさまな陳述もできるでしょう[†12]。

「良い工夫だが、あまり強引になりすぎないようにすること」と同じようなカテゴリで、あなたが組織に採用して欲しいと思う行動を見事にモデル化した、あなた自身の経験談を見つけるのも有効です。「私はこうやって失敗し、その経験に基づいてレベルアップしました」といった話は、誰もが良い失敗談が好きなので、人気があります。適切に扱えば、説教臭くなりすぎず、信憑性のある話として伝わるという利点もあります（おそらく最高の話はあなた自身の話です）。1つの提案として、プレゼンをする前に同僚にプレゼンを見てもらいましょう。この種の話には「悪魔は細部に宿る」という罠があります。自分の言いたいことを伝えるために、どの程度詳細に回想する必要があるのかを判断するのは難しいものです。この点については、あなたよりも他人の方がよく判断できる可能性が高いので、まず他の人にレビューしてもらうことをおすすめします。

4.3.4 ストーリーが提示する課題

SREの提唱で扱うストーリーは、予想以上に難しいことがあります。直面するいくつ

[†12] まさにこのような結論に至る、他の人のストーリーを聞きたいですか。Nick Stenningの素晴らしい2019年のSREcon EMEAの講演 "Building Resilience: How to Learn More from Incidents" (https://oreil.ly/-f88V) を見てみてください。

かの課題についてお話ししましょう。

課題1：難しい話

SREの提唱をするためのストーリーを構築する際に、私たちが直面する非常に具体的な課題の1つは、吠えなかった犬[†13]のストーリーを語らなければならないことがあるということです。しばしば、私たちの仕事の価値が、事態が発生しなかったことにあると言える状況について説明しなければなりません。システムがダウンしなかったこと、障害が起きなかったこと、データ損失が防げたことなどです。否定的な、あるいは物事が設計通りに機能しているという説得力のあるストーリーを語るのは、ほとんどの場合、実際に起こった危機を説明するよりも難しいことです。

では、この難題にどう対処すればいいのでしょうか。私は、その答えはコントラストにあると思います。コントラストは、写真のネガを理解するための重要な要素です。このシナリオにおける私たちのタスクは、背景（負荷、依存関係の挙動、過去にダウンしたであろう状況、社会技術的背景など）に対して、対象（システムやその動作方法など）を鮮明に浮き彫りにすることです。ときには、関連する障害の説明から始め、問題が起こらなくなった時点で話を止め、何を変更したか、そしてその良い結果を説明することもできます[†14]。

コラム「レジリエンス工学再び？」で、私は「物事がうまくいった要因は何か。そして、どうすればもっと悪くなる可能性があったのか」といった疑問について議論する機会を持つべきだとコメントしています。ここにその機会があります。

> ### レジリエンス工学再び？
>
> レジリエンス工学という学問と、それに対する私の好意は、本書のあちこちに登場します。ネガティブな要素にまつわるストーリーを語るという議論では、レジリエンス工学について言及した講演で次のような話を聞いたことがあること

[†13] アーサー・コナン・ドイルの引用ですが準備のパラドックス（https://oreil.ly/0fhMc）をご存知でしょうか。ウィキペディアの記事は読まない方がいいかもしれません。悲しくなります【翻訳注：シャーロック・ホームズシリーズの「白銀号事件」のエピソード】。

[†14] 皮肉なことに、これは反実仮想的推論（つまり、起こらなかったことを使って起こったことを説明すること）の例であり、これについては10章で警告するつもりです。

を、またしても思い出しました[†15]。

- 障害に関する有用な質問項目は、「どうすればもっと悪くなる可能性があったのか？何が障害の悪化を防いだのか。何が起こらなかったのか」です。
- Erik HollnagelのSafety-IIの研究（そしてNancy LevesonのSafety-IIIのさらなる発展）は、もし障害が発生した1時間だけでなく、物事がうまくいっているように見える膨大な時間（ダウンタイムが発生していない残りの時間）にも焦点を当てたらどうなるかを探求することにつながります。障害に至った根本的な原因は何かを問うかわりに、「障害の前日、物事がうまくいっていた根本的な原因は何だったのか」という挑戦的な質問をするのが有効かもしれません。

課題2：ストーリーの展開

特に欧米の聴衆を相手に話をする場合、遅かれ早かれ遭遇することになるもう1つの難題は、信頼性の高い仕事は本質的にほとんどが直線的なものではないということです[†16]。一度倒したドラゴンが、ずっと倒され続けることは通常ありせません。SREの話も直線的であることを期待してはいけません。ある時点で、仕事の形はもっとやっかいなものであることがよくわかるでしょう。ときにはループがあったり（2章の育成フィードバックのループを思い出してください）、信頼性がジグザグしたり、季節的なトラフィックのために悪い月があったり、とさまざまに変化があります。

全体として悪い方から良い方へと完全に一直線になることはめったにありません。完全なグラフからズームアウトすると、子供がクレヨンで描いたような絵になる可能性が高くなります。これは、私たちが伝えたいストーリーを複雑にしています。しかし、それで良いのです。私たちが生きていくために選んだ、実存する真実なのですから。

私の知る限り、この懸念に対処する方法は2つあります。頭の中で問題を回避し、これから行おうとしている粗雑な単純化と折り合いをつける（理想的には、聴衆にそれを開示する）か、あるいは、より大きな絵の一部分や、特定の範囲について説明しているのだと明確にするかです。SREの領域に長くいればいるほど、基本的な現実が非線形

[†15] このうち少なくとも1つはJohn Allspawの講演であることは間違いありません。ですから、いつ聞いたか正確な記憶がないにもかかわらず、質問が頭に残るような良い講演をしてくれた彼の功績は大きいです。

[†16] 他の文化圏では、ストーリーが直線的な構造にしたがうとは限りません。

であることが際立ってくると思います。私があなたに望むのは、この現実を他者に理解してもらうための翻訳スキルが、あなたの意識と同じ速度で成長することです。

課題3：正しいレッスンを伝える

「英雄的な努力」ストーリーを強調することは、意図しないマイナスの結果を招きかねないため、慎重になってください。特に対外的な尊敬や評価を渇望している状況では、チームの1人がビルの側面から懸垂下降し、鎮火するまで30時間寝食を忘れて勇敢に炎と戦い続けた、というような物語に傾倒したくなることがあります。

しかし、「ヒーロー文化」を賛美することは、不健全で持続不可能な文化や組織の期待を構築することにつながります。「食事も睡眠も取らずに30時間」と聞くと、私はそれを組織のインシデントレスポンス手順の失敗として理解します。それは称賛されることではありません。「週末／休日／夜通し働き続けた」「チーム全員を叩き起こした」「週80時間労働」も同様の赤信号で、コミットメントや献身の証拠ではなく、問題点としてアプローチされるべきです。インシデントの読み上げの際にこれらのことを言う必要がある場合は、インシデント後のレビューで、他の修正項目とともに、それらを修正することを強調するようにしてください。

このトピックをよりよく理解するために、私が見た中でもっともパワフルな講演の1つ、Emily Gorcenskiの"The Cult(Ure) of Strength"（https://oreil.ly/JEUH_）を見ることを強くおすすめします。技術カンファレンスで私が泣いた2つの講演のうちの1つです。このセッションでGorcenskiは、私たちを「ヒーロー文化」の罠に陥れる壊れた考え方を見事に捉えていました[†17]。

課題4：適切な主人公を選ぶ

人に関連するもう1つのヒントです。SREを提唱するためのストーリーを語るときには、人間を忘れてはいけません。SQL Serverだけが障害ストーリーの重要な登場人物ではありません。SREに関するもう1つの本質的な真実は、私たちのシステムはすべて社会技術的であるということです。大規模で複雑なシステムは、孤立して動いているわけではありません。そのため、もしあなたのストーリーがピーピーと鳴る点滅するライトのついたものだけで構成されているとしたら、それはほぼ間違いなく不完全なものです。

[†17] それはまた、私が二度と障害の話を指すのに、**戦争**という単語を使うのを止めた話でもあります。

4.4　最後のヒント

　この章の最後に、SREの提唱だけでなく、あらゆる種類の提唱やパブリックスピーキングに当てはまるヒントを1つ提示しておきましょう。私は幸運にも、長年にわたって多くの講演やプレゼンテーションを行うことができました。私にとっての最高の講演とは、準備中やプレゼンテーション中に自分を変えてくれたものであることを学びました。あなたにもいつか同じ経験をしてもらいたいです。連絡をください。そのような話をぜひ聞かせてください。

第Ⅱ部
個人がSREをはじめるには

5章
SREになるための準備

　SREへの道は1つではありません。そのことを明確にする前に、「SREになりたいですか」というような話題には1文たりとも触れたくありません。この章では、SREになるための「前提条件」（括弧で囲んだのは、SREになるための道は1つではないし、必須のリストでもないからです）について説明します[†1]。さらに明確にしておくと、この章は、私が挙げたことをすべて知っていなければ合格できず、SREを名乗ることができないというようなテストを作成するものではありません。この章では、SREになるために必要な要素を探っていきます。6章では、既存の職務からSREになるための具体的なアドバイスをしていきますが、その前に舞台を用意しなければいけません。

　私はSREのための準備[†2]について提案することに全力を尽くすつもりです。それはSREに特化したもので、皆さんが期待するような現代の運用実務に必要な知識ではありません。**自動化**のようなトピックは（実際、この1文でだけ）一度しか言及しません。というのも、現時点では、運用に関連する職務に就くには、これらは当たり前のものだからです。

　"Fear of Cooking: The Absolutely Foolproof Cookbook for Beginners (And Everyone

---

[†1] パニックに陥るのを避けるため、この章には志を高めるという側面があることを前もって述べておきます。この章は、SREの世界に足を踏み入れる前に必ずこなさなければならないチェックリストではありません。最悪の場合、何も知らなかったということになるかもしれませんが、知らなかったことを知るのは良いことです。

[†2] この章では、SREで成功するために必要な知識や準備方法と、SREで成功するために必要な核となる人物像に重点を置いています。そのようなことに関しては、SREの心構えに関する2章を参照してください。「あなたは好奇心旺盛な人ですか」「どんな問題でも解決するのが好きですか」「奉仕する人生は魅力的ですか」などの質問で簡単な相性チェックを行い、自分の性質がSREの求める人物像とどのように合致するかを確認しましょう。

Else)"(1984、Houghton Mifflin）という、惜しまれつつ絶版になった、レシピなしで料理する方法を学ぶための本では、著者のBob Scher[3]は、自分は実際には料理はしておらず、料理のために食材を適切な状態にしているだけだと言っています。この章のテーマについては、私もだいたい同じような感じです。SREになるための条件を整えるために必要な情報を提供することはできますが、希望通りの料理ができることを約束することはできません。この枠組みを念頭に置いて、このトピックに飛び込んでいきましょう。

5.1 コーディングの知識は必要か

あなたの地元の都市計画企画室の地下にあるファイルキャビネットの、別の本の章の脚注に埋もれさせるのではなく、このトピックに関して私がもっとも頻繁に受ける質問について話しましょう。「SREになるにはコーディングの知識が必要ですか？」

手短な回答：はい、イェス、必要です。

何年もの間、私はこの答えに抵抗がありました。SWE（ソフトウェアエンジニア／開発者）と同じコーディング能力を持つSREしか採用しないという、よく知られたGoogleのポリシー[4]のような情報を前にしても、私はこの答えに抵抗がありました。私がこの答えに強く抵抗したのは、私自身のキャリアの中で、自分自身が運用の分野でそれなりの量のコーディングをしていたにもかかわらず、開発者やソフトウェアエンジニアだと自認していた時期がなかったからでしょう。私は、他人のコンポーネントを組み立てる統合スキルが、コーディングスキルに完全に取って代わるSREへの道があるかもしれないと信じたかったのです。

私は未来から振り返って（厳密には私の現在であり、したがって皆さんからは過去に向けてなのですが）SREにはコードが書けることが必須条件だと完全に確信したことをお伝えします。

理由は以下の通りです。

- 何かがどのように作られているかを知らなければ、それがどのように故障する可能性があるかを理解する能力は著しく制限されます。SREにおける**信頼性**という言葉

---

[3] 私のような年寄りにしかわからない楽しい事実。Bob Scherは元DECのエンジニアでした。
[4] その結果、2つの仕事を行き来することが比較的多いと聞いています。

は、ほとんどの場合、ソフトウェアシステムの信頼性を指しています。私が何を言いたいかはおわかりでしょう。

- 理想的には、(ある一定の深さの学習で) コードを学ぶことには、(アルゴリズム、ストレージ、パフォーマンス、労力、リソース使用などの) 効率性、エラー処理、抽象化、構成、アーキテクチャ、分解、統合、依存関係、ドキュメント、表現の雄弁さなどを学ぶことが含まれます。SREとしてうまく立ち回れるようになるには、これらの面すべてについて教育を受け、挑戦する必要があります。これらのことについては後で詳しく説明します。
- コードを学ぶことは、デバッグやトラブルシューティングの方法を学ぶのに役立ちます。コラム「長い時間をかけて得た教訓」に、私がSREになる前に学んだ個人的な教訓の例があります。
- コーディングの世界にある多くのツールやデータフォーマットは、今やSREの日々の生活に欠かせないものとなっています。もっとも簡単な例はソース管理ですが、JSONやYAMLデータ形式のように、私たちが当たり前のように使っているものもたくさんあります。

これらは、「SREになるにはコーディングの知識が必要である」という、説得力のある事例を構成する要素の一部にすぎません。

長い時間をかけて得た教訓

私の知っている人なら誰にでもこんな話があります。最初の計算機科学の授業で、翌日提出の課題のためにコードのバグを修正しようと、試行錯誤していたときのことを今でもはっきりと思い出せます。私はコードを実行し、バグを再現し、それを修正するためにソースコードに変更を加えました。プログラムを実行し、バグを再現し、また別の修正を試みました。これを何度も繰り返しました。何をやってもうまくいきませんでした。

これは恥ずかしくなるほど長い時間 (間違いなく1時間以上) 続きました。

ある時点で、私は「うっ」と声を上げながら、自分が実行しているプログラムの実行に使われているファイルとは別のソースコードファイル (まったく別のファイル) に変更を加えていたことに気が付きました。この1時間の間に私が行ったすべての変更は、私が実行しているプログラムとはまったく関係がありませんでした。

> その日、私はいくつかの重要な教訓を学びました。その教訓が数十年後に役に立つことがよくあることに驚くでしょう。あるいは、驚かないかもしれませんが。

　このケースを説明すると、たいてい次に返ってくる質問は、目に少し恐怖を感じながら、「どの程度のコードが書ける必要があるのでしょうか。スクリプトを書けばいいのか、それともOSを書ける必要があるのでしょうか。ソフトウェアエンジニアになる必要があるのでしょうか」というようなものです。

　これらの質問には答えるのが少し難しく、「コードの書き方を知っている必要があるでしょうか」という質問よりも少し状況に依存するかもしれません。本書の後半では、SREが組織の中でどのように位置付けられるかについて話をします。SREという頭字語にエンジニア（ソフトウェアエンジニアの意）やエンジニアリング（そのままの意味）があることを指摘する口先だけの答えの他に、「あなたはどのようなSREになりたいですか。あるいはあなたの組織はどうなりたいですか」と返ってくるかもしれません。私の部下は質問に質問で答えるのが異常に好きですが、この文脈で少し内省を促すのは妥当な回答でしょう。

　2つの異なる方法で説明しましょう。先ほど、コーディングに必要な考慮事項や概念の不完全なリストを挙げました。単純なスクリプティングにはこういったことが含まれます。私もエンジニア人生の中で、素晴らしいシェルスクリプトをいくつか見たことがあります[†5]。しかし、エンジニアリング的な考慮事項（効率性、抽象化、アーキテクチャ、分解など……）が、その活動の一部として期待されることはあまりありません。システムのこうした側面と格闘する理由となるようなコーディング経験がなければ、SREとしてシステムに関わることができるレベルも制限されてしまいます。これが1つ目の説明です。

　2つ目の説明は組織的なものです。本書の後半では、SREを組織というより大きな構造に統合することについて議論します。もしあなたの組織が、SREチームがシステムの

[†5] 私はここでスクリプトを卑下したり軽蔑したりするつもりはありません。私は昔、カワウソが表紙の600ページ以上の本を書いたことがあります（翻訳注：“Perl for System Administration”《2000、O'Reilly、ISBN9781565926097》、日本語訳版は『Perlによるシステム管理』《2002年、オライリー・ジャパン、ISBN4873110920》です）。エンジニアリングの心構えをスクリプトに持ち込めない、あるいは持ち込もうとしない、と言っているのではありません。むしろあなたにはそうした心構えは持っていて欲しいと思います。私が主張したいのは、**単純な**スクリプティングでは、通常、考慮すべきことは要件でも優先事項でもなく、したがって、その文脈ではあまり期待されないということです。

信頼性を向上させるために、そのシステムに対してコードレベルの変更を提案したり実行したりするべきだと考えているのであれば、コードを書けるようになるのが一番です。組織の結束の1つの指標は、SRE個人やチームが主要なソース管理リポジトリへの書き込み/コミットレベルのアクセス権を持っているかどうかです。これは、コードを熟知していなければ取得できない（あるいは**すべきでない**）ものではありません。

そこで、この節を締めくくる方法として、最初の答えに話を戻しましょう。コーディングの経験は、あなたやあなたの組織がどのようなSREポジションに就くことができるかを決める強い要因になる可能性があります。

5.2　計算機科学の学位は必要か

この質問に対する簡単な答えは「必ずしも必要ではないが、計算機科学（CS、Computer Science）の学位を持っていない場合、一部の雇用主は、あるCSの概念について、ごまかしが効く程度の実用的な知識を持っていることを要求する」です。

たとえば、SREの面接でビッグオー記法の質問をされたとしても、私は少しも驚きません。基本的には、処理すべき大量のデータが与えられたときに、どの程度効率的な処理ができるかを判断できるだけのアルゴリズム分析の知識があるかどうかを見ているのです。合理的な時間枠で終了するのに十分効率的なのか、それとも宇宙の熱的死[†6]までかかるのか[†7]、といった具合です。

さて、誰かが実際に職場にやってきて、あなたにビッグオー的な質問をするでしょうか。あなたの職場がそこまでエキサイティングになることはおそらくないでしょう。しかし、脚注で述べたシナリオが現実になる可能性は十分にあります。あなたが気にかけているサービスが現在の実装のせいでメルトダウンし始めていることに気づき、その対策を考えなければならなくなったときなどはまさにそうです。

知っておくべきCSの概念のリストは、「コーディングの知識は必要か」の節で述べたものに驚くほど似ています。ですから、これらのトピックについては、厳密なコーディ

[†6] 翻訳注：宇宙のエントロピーが最大となって、平衡状態となり、何も変化が起きなくなった状態のこと。

[†7] つまり、たとえばコードのスニペットがデータセット全体を1回以上（O(n)以上）繰り返し走査しなければならない場合、膨大な数のレコードに直面したときにはうまくいきません。SREは、少なくともこれをスケーリングの制限として警告し、理想的にはより効率的なものを考え出すことができるはずです。

ングの経験を通じて学ぶか、CSを通じて学問的に学ぶか、あるいは他の道を通じて学ぶかのいずれかです。それはあなたが決めることです。

5.3　基礎

「コーディングの知識は必要か」の節で、（不完全ではありますが）基本的なトピックのリストについて述べました。そこでは、コーディングに真剣に取り組めば、理想的な出会いがあるはずだとお伝えしました。それは重要なリストです。もしあなたがコーディングの経験やCSの勉強を通じて、まだそれらのすべてに出会っていないのであれば、この節では繰り返しませんが、ここにも繰り返し書いてあると考えてください。というのも、あなたは依然として、それらの出会いを自分で経験せざるを得ないからです。この節では、まだ説明していない基本的なことを見ていきましょう。

5.3.1　単一／基本システム（およびその故障モード）

基本的なことを抜きにはできません。SREは基本的なシステムとその仕組みを理解しなければなりません。オペレーティングシステムの概念、ネットワーク、パーミッション、プロトコル、そしてそれらがどのように機能しないのかといった基本を理解せずに、スケール可能な大規模なシステムを構築することはできません。これらの基本は、システム管理者が仕事をする上で把握しておくべきものと同じです[†8]。

5.3.2　分散システム（とその故障モード）

昔々、私たちがまだマシンルームのコンピューターに石炭を突っ込んで動かし続けていた頃、私たちは直方体の物体を指して「これが私のシステムだ」と言うことができました。これはノスタルジーを呼び起こすために言っているのではなく、非分散システムを扱う時代は、まれに例外があるにせよ、もう終わったということを強調したいのです。そのかわり、多くの場合、スケーリングの懸念に対応するために、私たちの生活は、明確にそのようにラベル付けされているかどうかにかかわらず、分散システムで満たさ

[†8] ここで注意したいことがあります。私は、ほとんどの人が認識していると思われる知識や専門知識を総括する言葉として、システム管理に言及しています。比較のために使っているわけでも、SREとの間に何らかの階層関係や進化の道筋を主張するために使っているわけでもありません。

れています[†9]。最近では、SREとしてマイクロサービスベースのアーキテクチャや地理的に分散したシステムを担当する可能性はかなり高くなります。フォールトトレランスやプライマリー/セカンダリーコンポーネントを持つシステムに携わる可能性は非常に高いです。

　このことを考えると、分散システムとそれがどのように故障するのかについて勉強するのに時間をかけるのが得策です。先ほどのプライマリー/セカンダリーコンポーネントを持つフォールトトレラントシステムの話題に戻りましょう。アクティブ/パッシブ、あるいはプライマリー/セカンダリーの構成で冗長コンポーネントを持つアーキテクチャをどのように構築するか、また、どのようなことがうまくいかないかを知っておく必要があります。

　次に来るのは、アクティブ／アクティブ、あるいは複数のプライマリーコンポーネントを持つものです。これは、書き込み操作をどこで行うか（フォールトトレランス、パフォーマンス、あるいは負荷分散のため）、また、これらのコンポーネント間でどのように調整するかという問題につながるかもしれません。

　そして、レイテンシー、コンセンサスアルゴリズム、分散時刻管理、データ一貫性の世界へようこそ……。

　この話題をまだ続けようと思えば続けられます。皆さんも続けられますよね。各ステップにおいて、作成されたシステムは、特定の方法で失敗する可能性があります。それらの失敗を特定し、デバッグし、修正し、改修するのはあなた次第です。この例では、ただ1つの側面（データ書き込み）を取り上げ、複雑さのノブを少し回しました。SREとしては、システムの他の側面を選び出し、分散コンテキストにおける障害について同様の推論ができるようになることが期待されます。

5.4　統計とデータの可視化

　私の脳が元気で神経可塑性に満ちていた頃に、学校で勉強しておけば良かったと後悔していることの1つが統計学です。本書のいくつかの箇所で、私は監視やオブザー

[†9]　分散システムは「複雑系」のサブセットにすぎず、SREは複雑系全般について推論できる必要がある、と主張したいのであれば、私はあまり抵抗しないでしょう。分散システムには、SREが理解する必要があると私が信じている、特有の故障モードの集合があるので、ここで分散システムを強調しているのです。

バビリティが、組織におけるSREやSREの役割の根幹となる活動／関心事であると主張しています。そのような方向でざっくりとした作業以上のことを行うには、統計に精通している必要があることを、私は身をもって学びました。アクチュアリー[†10]になれとは言いませんが、パーセンタイルのような概念、標準的な統計演算の集計／複合方法、トレンド、その他表面的ではない統計的なトピックについての知識は必要です。今日に至るまで、私は統計学がもっと得意だったらと思っています。

エンジニア向け、あるいは初めて統計学を学ぶ人向けの教材は数多くあります。自分に合った方法で説明しているものを見つけることをおすすめします。これらの資料に加えて、Heinrigh Hartmann[†11]がこのトピックについて書いた講義やホワイトペーパーを探すことをおすすめします。彼の書いた資料には直接SRE向けに書かれているものが多くあります。

統計学はデータの理解と操作に役立ちますが、データを効果的に可視化するための表現力という隣接したスキルもあります。SREが日常的に効果的であるために必要なスキルについて議論する際、このスキルはあまり重要視されません。なぜ重要かというと、ほとんどの状況において信頼性を向上させる能力は、客観的なデータについて具体的な会話をする能力を前提としているからです。そのような会話は、その会話に参加するすべての関係者がデータをどの程度うまく表現し理解できるか、あるいはうまく理解できないかということが、大いに助けられる、あるいは大いに妨げられるかの分れ目になるでしょう。データにはストーリーがあります（これについては後で詳しく述べます）。データのストーリーを上手に語れるようになりましょう。

データの可視化については、本当に優れた出版物があります。まずは、Edward Tufte[†12]が執筆、出版している本から始めるのが良いでしょう。

ひとつ忠告しておきます。ひとたび優れたデータ表現に注意を払うようになり、その問題点を発見できるようになると、残念ながら突然絶対音感を身に付けたような感覚になり、ありとあらゆる場所で調律のずれたピアノを目にするような感覚になるでしょう。この能力を身に付けるのはとても有望ではありますが、同時に、ミーティングで「いや、ここで折れ線グラフを使うのは意味がありません。なぜなら、これらの別々のデー

[†10] 翻訳注：アクチュアリーとは、確率・統計などの数理的手法を活用して、主に保険や年金に関わる諸問題を解決する専門職のことです。
[†11] 翻訳注：https://heinrichhartmann.com/
[†12] 翻訳注："The Visual Display of Quantitative Information 2nd edition"（2001年、CT. Graphics Press、ISBN978-0961392147）などの著作があります。

タセットには何のつながりもないし、一方を見せるのは誤解を招くからです」と言い出したりするようになり、周りの人が目を丸くしてしまうこともあり得ます。痛し痒しですね。

5.5 ストーリーテリング

この基本的なリストには奇妙なものが含まれているように思えるかもしれませんが[13]、ストーリーテリングのコツと技術に注意を払う必要があることについては、一言で皆さんを納得させられると思っています。

インシデント後のレビューやポストモーテムは基本的にストーリーであり、それは、いずれはあなたが語り、そしてうまく語らなければならないストーリーです。

納得いきましたか。さらに強く納得させるために、カメラを少し先送りして「今度障害の最中に、同僚や上司に起きていることを説明しなければならない、その説明するものがストーリーだ」とも言えます。あるいは、先ほどのデータの可視化についての議論に戻り、手元のデータを使ってストーリーを構築し、関連付ける必要性を説くこともできるでしょう。

人間はストーリーを通して情報を受け取るようにできています。Tufteの本を読めば、ストーリーが、信頼性に関連するような複雑で多変量な情報を伝達、受信、理解するための最良の媒体のひとつであることが納得できるでしょう。その結果、ストーリーテラーとして、またストーリーの聞き手として、より優れた人間になることが、あなたにとって最善の利益となるのです[14]。

5.5.1 良い人であれ

「良い人であれ」という節を設けるのは予想外だと思いますが、最後まで聞いてください。SREには、プライバシー、倫理、インクルージョン、平等（そして、これらの価値観が象徴する他の価値観）に関して、継続的かつ積極的に学び、個人的に改善し、

---

[13] この節を「共同作業コミュニケーション」とでも呼びたい気分でした。というのも、SREが「あくなき共同作業」であるという重要な目標を達成できるかどうかは、あなたのコミュニケーションスキルに左右されるからです。というわけで、この節も頑張ってください。

[14] プロの文脈でストーリーテリングのスキルを磨きたいなら、Nancy Duarteの本を強くおすすめします。（翻訳注：『Data Story: 人を動かすストーリーテリング』《Nancy Duarte、2022年、共立出版、ISBN9784320006126》）

ベストを尽くすことが求められています。

理由は次の通りです。

- 私たちは、地球上で最大かつもっとも重要なシステムの運営を任されています。「大いなる力には、大いなる責任がともなう」という漫画の決まり文句[15]は、今でも真実です。
- 多くの場合、私たちは、データの取り扱い、補償／代理、責任などにおける意図しない欠陥に気づくことができる場所にいる人間です。私たちは、この分野の問題を発見し、対処できるように、継続的に学び続ける必要があります。大きな組織にはプライバシーエンジニアがいるところもありますが、もしあなたの会社にいないのであれば、その分野の専門知識を身に付けるために何が必要かを考えてみると良いでしょう。
- ユーザーが利用しづらいシステムは信頼できません。ユーザーのプライバシーを保護しないシステムは信頼できません。代表的なサンプルではなく、単一の人口統計データのみを表すデータに依存していて、誤った決定を下すシステムは信頼できません。間違った代名詞や名前でユーザーに誤った対応をするシステムは信頼できません。まだこうした例を挙げ続けられます（そして、あなたもできると思います）が、私が言いたいことはおわかりでしょう。
- SREはシステムで考えます。そうすれば、制度的抑圧を特定できる立場になるのは当然でしょう。その時点で何が起こるかは、読者の皆さんの判断にお任せします[16]。

5.6　おまけ

この節では、SREに入門することを妨げるものではありませんが、いつかあなたが学ぶことになるであろういくつかのテーマについて触れます。

---

[15] 翻訳注：スパイダーマンなどのマーベル・コミックスなどで多用されていますが、それ以前に歴史的な文書で散見されています。

[16] 可能性のあるパスのひとつは、『SREの探求』(https://www.oreilly.co.jp/books/9784873119618/)の32章『運用と社会運動が交わるところ』で解説されています。

5.6.1 非抽象的な大規模システム設計（NALSD）

NALSD（Non-Abstract Large System Design）とは、大規模なシステムの設計と推論のプロセスを指す Google の用語です。もしあなたがシステム開発に携わりたいと考えている、あるいはあなたの組織が真剣にスケールできるシステムを必要としているのであれば、この節が「基礎」に置かれるように矢印を描いてください。スケーリングが当面の関心事でない場合は、このトピックを深く掘り下げる時間をすぐに確保してください。なぜなら、現在懸念があろうとなかろうと、いずれ必要な知識になる可能性が高いからです。

このトピックに関する良い情報を見つけるのは難しいかもしれません。『サイトリライアビリティワークブック』(https://www.oreilly.co.jp/books/9784873119137/)の12章がこれを扱っています。私は、「So You Want to Get an SRE Job at Google?」の面接の準備コースでこのテーマに関する部分の記述が役に立ちました。また、ブログ highscalability.com (http://highscalability.com) [†17] は大規模アーキテクチャに関する思慮深い記述で本当に役に立ちます。私はアーキテクチャの例を選び、時間を取って、**なぜこのコンポーネントがここにあるのか、<ランダムなコンポーネント> が失敗あるいは回復したらどうなるのか**にできる限り最善の回答を試みることをおすすめします。この演習は少人数で行うと楽しいでしょう。

5.6.2 レジリエンス工学

この話題に対する私の愛情は、本書の別のところで公言するつもりですが、ここでも言及に値すると思いました。**レジリエンス工学**は、主にコンピューター以外の領域やシステム（航空や医療など）における概念としてのレジリエンス（回復力、復元力）を、かなり長い年月にわたって研究してきた学問分野です。比較的最近になって、レジリエンス工学の考え方やアプローチが、SREコミュニティで本格的に脚光を浴びるようになったのは、レジリエンス工学が、私たちのシステムにおけるレジリエンスの重要な側面のいくつかを探るのにも役立つと認識されるようになったからです。『SREの探

---

†17 これを書いている今、ブログは移行中です。ですから、もともとTodd Hoffが1人で記事を書いていた時代と同様、偉大でユニークなリソースであり続けることを願っています。同じような目的で使えるリソースとして、Alex XuのSystem Design Interview books (and course) (https://oreil.ly/0bbVy) があります（翻訳注：日本語訳版『システム設計の面接試験』《2023、ソシム、ISBN9784802614061》など）。

求』(https://www.oreilly.co.jp/books/9784873119618/) の28章「SREの認知的作業」を確認し、このテーマに関するSREconでの講演をいくつか見ることを強くおすすめします[18]。このテーマに関する素晴らしい本や論文、学術プログラムもあります。レジリエンス工学は、レジリエンスと信頼性についてのあなたの考え方に、あらゆる方面から挑んでくることでしょう。

　小さな警告がひとつあります。「統計とデータの可視化」の節で絶対音感に関して私が使った例えと同様に、レジリエンス工学を学ぶと、業界の大半が（本当の意味は**フォールトトレラント**、**冗長**、せいぜい**堅牢**といったところなのに）**レジリエント**という言葉を使うのを聞いたときに、頭がおかしくなってしまうことがあります[19]。John Allspawの講演を聞いた後には、もう元の考え方には戻れなくなってしまいました。彼が講演の中で次のように言っていました。「レジリエンスとは、車が故障したときにスペアタイヤを積んであるということではありません。目的地までたどり着けるような交通手段を理解し、使いこなして、車が故障してもなお目的地にたどり着くことです」

5.6.3　カオスエンジニアリングと性能工学

　私がカオスエンジニアリングのファンであることは、過去の記事で明らかにしてきました（つまり「本番環境で何かを壊す」のではなく、『カオスエンジニアリングの原理』(https://oreil.ly/TDHEz) で説明されている科学的探求のこと）。ここで初めて性能工学とひとくくりにしたのには理由があります。ある時点で、あなたは受け身な生活にうんざりすることになります。障害がシステムに関して教えてくれたことに感謝するかもしれないし、また感謝すべきかもしれないですが、自分の理解力のぎりぎりのところで、システムがどのように振る舞うかを学ぶ別の方法があるのではないかと思い始めるでしょう。そこで、カオスエンジニアリングや性能工学の一部（負荷テストなど）を利用することで、質問する必要があることさえ知らなかった疑問に対する答えを得られます。実験と期待値（障害が発生することに変わりはない）に注意する限り、どちらもとてつもなく有用なツールになります。

---

[18] Adaptive Capacity Labsのブログ (https://oreil.ly/qhE-6) には、素晴らしいレジリエンス工学の記事が掲載されているので、確認してみると良いでしょう。

[19] John Allspawの講演は、これから述べるのと同じもので、私が初めてこのような不適切な言葉の使い方を知った瞬間でした。

5.6.4　機械学習（ML）と人工知能（AI）

　これもまた、SREには縁遠い、突拍子もない提案の1つだと思われるかもしれませんが、あまり人に話したことのない話をするので少し聞いてください。『SREの探求』を編集していたとき、私はSREとMLというテーマについて書いてくれる複数の寄稿者を探していました。その探索の中で、私は（名前は伏せますが）非常に大きなSNS企業でMLの運用面を担当している人物と話をしました。その会話の中で、その担当者はいくつかの異なる方法で、彼らにとってMLのワークロードは運用の観点からは他の種類のワークロードと変わらないと説明してくれました。確かに、モデルの生成やトレーニング、配布、評価については（おそらく異なるサイズのリソースを使用して）異なる扱いをしなければならないかもしれませんが、それ以外は同じ仕事で、時代が違うだけです。

　何年もの間、これがこのテーマに対する私のデフォルトの理解でした。そしてある日、知り合いの優秀なソフトウェアアーキテクトたちと議論しているうちに、この領域に対する見方が、もっと注意を払うべき重要な考慮事項を省いていることに気づきました。多くの（ほとんどの？）MLにおいて、システムを設計するときに私たちが依存したがる基本的に決定論的な方法では機能しないシステムコンポーネントがあります。かわりに、そのシステムの動作は、確率的な方法でシステムに流れ込むデータと結び付いています。以前は、私たちのコンポーネントは、私たちがプログラムしたロジックに基づいて、ある特定の振る舞いをしました。MLの世界では、コンポーネントが、供給されるデータから学習するモデルに基づいて振る舞いを変えるようになっています[20]。「ソフトウェア2.0」[21] と表現されるこのような発想の転換を耳にしたことがありますが、私がそのような大げさな言葉を使うことはないでしょう。このことは、私たちが信頼性について、これまでとはまったく異なる視点から考えなければならなくなったことを意味します。同様に、大規模言語モデル（LLM）ベースのAIシステムが広く利用できるようになったことで、この原稿を書いている今、私たちはこの分野におけるいくつかの激震

---

[20] これらのモデルが人間に理解できる形でどのように機能しているかを明らかにすることは、いまだにとても活発な研究テーマであり、解決されることはないかもしれません。私たちが構築しているシステムは非常に複雑であり、それを人間には理解できないという世界に、私たちはすでに移行しているという人もいるかもしれません。それを否定はしませんが、私はここにまだ考慮すべき重大な変化があると考えています。

[21] 翻訳注：Tesla社のAI部門シニアディレクターであったAndrej Karpathyが提唱した概念です。https://karpathy.medium.com/software-2-0-a64152b37c35

の真っただ中にいます[22]。

　その結果、MLやAIがSREの門前に現れたときに、そのテーマについて考えるためのいくつかの構成要素を持てるように、MLやAIの基本的なことであっても探求するのに時間を費やすことを強くおすすめします。この方向への素晴らしい一歩となるのが、Cathy Chen、Niall Richard Murphy、Kranti Parisa、D. Sculley、Todd Underwood著の"Reliable Machine Learning"（2022年、O'Reilly、ISBN978-1098106225）という書籍です[23]。

5.7　その他に何が？

　私がサイトリライアビリティエンジニアリングを非常に気に入っている点のひとつは、新しい状況や技術が発生したときに、信頼性に関する理解を調査し、明確化し、反復することを促してくれる点です。このようなことを可能にする前提条件のいくつかについて、私なりの考えを述べましたが、他にも気づいた点があるかと思います。この章に書かれていないことで、あなたがSREに関わる上で重要だと思うことを見つけた場合は、ご連絡ください。

---

[22] 私たちの新しいロボットオーバーロードにエールを送りたい。歓迎していいのですよね？（翻訳注：『Robot Overlords』というロボットに支配された地球を舞台にしたSF映画が2014年に公開されています。日本語タイトルは『スティールワールド』です）

[23] 日本語版は『信頼性の高い機械学習』（2024年、オライリー・ジャパン、ISBN9784814400768）

6章
…からSREになる

5章では、SREになるために必要な準備についていくつかの考えを述べました。もしまだ読んでいないのであれば、この章を読み進める前に読んでみると良いでしょう。しかし、5章では誰もがSREになるために同じところからスタートしなければならないと断言しているわけではありません[†1]。この章では、SREになるための一般的な出発点（あるいは離陸点）から、SREの世界に入るためのヒントを提供しようと思います。なぜなら、私は「ビッグテント」[†2]な視点でSREを考えているので、ここでは「一般的な」という言葉がカギとなります。この章では、私がもっともよく質問される入場ルートに焦点を当てます。

6.1 あなたはすでにSREですか

この章を始めるには奇妙な質問かもしれませんが、聞かざるを得ません。私の経験では、私が出会うほとんどすべての組織において、「SREに興味がある」というレベルを超えて、正式な認識やトレーニングがなくても、実際にSRE的な考え方で仕事に取り組んでいる人が少なくとも1人か2人はいます。彼らはすでに、自分が触れるすべてのものの信頼性を向上させるために、積極的に協働しています。彼らはミーティングで適切な質問をし、インシデント後のレビューを開始し、適切なツールを構築するなどしています。ときにはかなり公的な形でこれを行っていることもありますが、多くの場合、彼らは部署の片隅でひっそりと働いています。

[†1] 序文の冒頭にあるアドリエンヌ・リッチの詩の抜粋を読み直すいい機会でしょう。
[†2] 翻訳注：ビッグテント（big tent）とは幅広い信念や価値観をカバーすること。包括的。

もしあなたがそうなら、おめでとうございます。あなたはすでに内面的にはSREであるかもしれません。あなたの課題は、他の人にそれを認めさせ、組織にそれを体系化させることです。そうすることで、あなたはその役割を自分の考え方や業務の副次的な効果としてではなく、組織のバックアップやサポートのもとフルタイムでこなせるようになります。第Ⅲ部「組織がSREをはじめるには」の各章が参考になるでしょう。最後の提案として、SREコミュニティとのつながりを築きましょう。過去のSREconのセッションやSREに注目した他のカンファレンスのコンテンツをYouTubeで見たり、SRE関連のSlackチームやサブレディット[†3]に参加したり（詳細は付録C「SRE関連資料」に記載）、SREに注目したカンファレンスにオンラインで、あるいは実際に参加したりしましょう。あなたがしたいような議論をする素地のある仲間を見つけることは、非常に大きな支えになります。

6.2　学生からSREになる

もしあなたが大学生なら[†4]、私のアドバイスは、あなたの専攻によって異なります。それぞれの専攻に向けた話に入る前に、すべての大学生に伝えたいことがあります。

- インフラに近い仕事を探してみましょう[†5]。研究用計算施設があるセンター、カレッジ、学部は、手始めには良い場所です。計算機科学や工学のようなコンピューターを多用する学科（研究用計算施設もある可能性が高い）も、良い出発点になります。あなたの学校には、ほぼ間違いなく中央集権的なITサポートがあります。もし、そ

[†3] 翻訳注：ソーシャルニュースサイトReddit内における、特定のトピックに関する議論を目的としたサブフォーラムのこと。
[†4] 高校生や「生涯学習者」の皆さん、ようこそ！ この節は主に大学生を対象としていますが、皆さんにも良いアドバイスがあります。大学生にはあなたにはないチャンスがたくさんあることは、もうおわかりだと思いますが、粘り強く頑張ってください。皆さんが持っている意欲が、いずれあなたを私がもっとも好きなSRE予備軍の1人にしてくれます。この分野はあなたを必要としています。
[†5] インフラ系の仕事は、将来的なSRE活動のある種の役に立ちますが、他にもある。アプリケーションレベルの観点からSREにアプローチしたいと想像できるのであれば、信頼性の高いソフトウェアの構築に専念できる開発者の仕事を見つけるのも良いアイデアです。そのような仕事もこのような環境には存在します。

こに関連する仕事があれば、それも手始めには良い仕事になる**かも**しれません[†6]。

- 計算機科学部の計算施設とネットワーク環境を運営していた頃、私は前任者が始めた学生ボランティアシステムグループを率いていました（古くからの楽しい歴史については、Remy Evardによる論文"Tenwen: The Reengineering of a Computing Environment"（https://oreil.ly/eXn0-）を参照してください）。このボランティアグループは、学生にシステムプロジェクトに取り組む機会を与え、それらはしばしば大学で使用されるインフラの一部となりました。ときには、学生がそれらのサービスの運営を担当することもありました。また、このグループの学生を、より責任の重い役割として雇用することもよくありました。この話をここでするのは、あなたが幸運にもこのようなSREの経験への入り口となるような学生活動（またはハッカソンのような他の場）がある学校に通っているかもしれないと思ったからです[†7]。探してみてください。

- これらの提案のゴールのひとつは、寮の部屋や家に1人で座っていては通常得られないようなリソースやメンターシップ、コミュニティにアクセスできるようにすることです。それぞれ別のヒントを用意しました。
    - 大手クラウドプロバイダーは皆、学生たちが後々の収入源になることを期待して（皮肉な話ですが、事実です）、学生たちを取り込みたいのです。その結果、各社とも何らかの立派な「学生向け無料クレジット／アクセス」プログラムを提供しています。その中から1つ、あるいはいくつかを見つけ、それを利用してクラウド上にサンドボックスを作り、そこで自分の心をくすぐるあらゆるテクノロジーを動かして、遊べるようにしましょう。
    - 付録Cに挙げたSNSやオンラインコミュニティを通じて、ちょっとしたメンターシップやコミュニティを得られるかもしれません。さらに良いアイデアは、SREに興味があることを目的としたカンファレンス（オンラインまたはオフラインのもの）を探すことです（SREconは代表的な例です）。ほとんどすべてのカンファレンスには、学生が参加しやすいように、特別料金か全額補助／奨学金があります。大学は、学生のためにカンファレンスの費用を相殺するための

[†6] 中央ITグループでの仕事は、トランザクション系のシステム管理やヘルプデスクになる可能性が高いからです。私の感覚では、このような仕事の質は時代とともに低下していて、SREにつながるキャリアをスタートさせる場所としては不向きになってきています。

[†7] このグループの生徒の多くが多くの著名な雇用先へ就職したことに、（生徒自身の手柄ではありますが）私は少なからぬ誇りを持っています。

資金を確保していることが多いので、うまく頼めば無料で参加できるかもしれません。カンファレンスは、自分の考えをレベルアップさせる絶好の機会であり、就職活動をスタートさせる絶好の場所でもあります[†8]。

さて、次は専攻ごとのアドバイスです。私は、何を勉強しようが（専攻や研究テーマによっては有利になることはありますが）良いSREにはなれると思っています。以下は私の包括的でないアドバイスです。

- **計算機科学およびそれに隣接する学生**：講義に注意を払ってください。いいえ、冗談を言っているのではありません（と計算機科学専攻の経験者は語る）。たとえあなたにとってもっとも退屈な理論に関する講義だとしても、スケーリングや性能、分散コンピューティング、待ち行列理論、アーキテクチャの理解に役立つ授業を探し、細心の注意を払ってください。私は、これらの授業は必ず報われるとあなたに伝えるために未来からやってきました。
- **工学部の学生**：計算機科学専攻に変更しましょう。冗談です、冗談です（私を叩かないでください）！でも、もし自分の学部や学科に必要な計算機科学のクラスがなければ、そのクラスを履修して、工学部で得られる信じられないほど役立つ知識を補いましょう。そうすれば、計算機科学専攻の学生たちにエンジニアリングのことを1つや2つ教えられるかもしれません。
- **科学（あらゆる分野）**：科学的に問題にアプローチする方法について、非常に有益なトレーニングができることに加え、科学の世界でコンピューターの利用、それも大規模なコンピューターの利用に触れていない分野はほとんどないと言っていいと思います。私が考えているのは、計算生物学／バイオインフォマティクス、ネットワーク研究、実験物理学などです[†9]。そこにあなたの出番があります。そのような

[†8] カンファレンスのちょっとしたコツを紹介します。特に初めて参加する場合、他の参加者がすでに全員知り合い同士に見えることがあります。これは決して真実ではなく（常に新しい人がいる）、リピーターか、あらかじめつながりのある人たち（同じ会社から来たグループなど）を見ているだけなのです。学生や新人のための「歓迎」プレイベントがあれば参加するか、運営者のバッジをつけた人を見つけて、初めての人へのアドバイスを聞いてみましょう。その経験から、他の人たちを1人かそれ以上紹介してもらえる可能性があります。同じイベントに参加する仲間や知り合いがいるだけで、あなたの経験は格段に向上します。

[†9] 本書のレビューアーであるJess Malesは、大学院生が余暇を利用して運営する研究環境（これは想像以上によくあること）では、「大企業」、あるいは多くの運用のベストプラクティスに触れることは一般的ではないと指摘しています。ソフトウェアのライセンスやサポート契約も少ないかもしれません。このような事情に惑わされることなく、このような仕事への理解を深めてください。

コンピューターの利用を「正しく」行うために何が必要かを考え、そのためのコースを受講したり、（もしかしたら自習の）トレーニングを受けたりすれば、簡単にSREの入り口に立てるでしょう。

- 「文系」学生：私は、音楽家、芸術家、語学専攻者、建築家、ジェンダー研究の学生、倫理学者などを、ここでひとくくりにして軽んじようとしているのではありません。皆さん一人ひとりが、SREとしての仕事を推進し、豊かにする貴重なスキルやアプローチを学んでいると、私は確信しています。自分の研究分野でSREに貢献するもの[†10]を見つけ、それを徹底的に学び、実践してください。たとえば、5章において、私はストーリーテリングのスキルがSREにとって有益であることを示しました。ストーリーテリングのエキスパートを輩出する人文科学の研究領域をいくつか思い浮かべられます。

- そして、自分の専門分野をマスターすることに加えて、キーボードに向かい、5章で話したような技術的な知識を補うために必要なことをしましょう。ハーバード大学の無料オンラインクラス「計算機科学入門」（CS50x、https://oreil.ly/K8HZm）のようなクラスが役に立つでしょう。私は「知識を埋めてください」と少し軽々しく言いすぎたかもしれません。あなたにとって大変な作業の連続になることは知っています。しかし、辛抱してください。SREはあなたを必要としています。

6.3　開発者からSREになる

前章でSREに必要なコーディングとソフトウェアエンジニアリングについて述べたことから、ソフトウェアエンジニア（SWE）はSREのすぐ近くにあると思われるかもしれません。一部の組織（特にGoogle）ではそうです。しかし、ほとんどの人にとってはそうではないと思います。開発の世界に存在するインセンティブは、必ずしもSWEとSREの共通項に人々を向かわせるとは限りません。もしあなたが、あまり苦労せずにロールを変更したいと思うのであれば、移行への第一歩として、意図的にこれらの分野に焦点を移す必要があるということです。

どの分野からでしょう。まずはここから始めましょう。

[†10] もし何らかの理由でそれが何であるか特定できない場合は、私に連絡をください。私はまだSREとまったく関係のない研究分野を見つけたことがありません。

本番環境での動作

本番環境で、あなたのコードは実際にどのように機能するのでしょうか。これには、条件が完璧でないときの動作に関する質問も含まれます（データベースへの接続が開発環境より30%遅かったり、ネットワークが他のパケットをすべて通過させてしまったりしたらどうなるでしょう）。異なるバージョンのコードが同時に実行される可能性がある場合、コードの部分的なアップグレードをどのように扱うでしょうか。スケーリングとセキュリティはどうか。つまりインターネットがどんな入力でも投げつけてくる可能性がある場合、コードはどう振る舞うでしょう。スプリットブレイン（ネットワークが分断された場合）の状況はどうなるでしょうか。サマータイムは動作に何か興味深い影響を与えるでしょうか。依存関係が破綻した場合、コードはどう反応するのか、などなど（まだ考察のリストは始まったばかりです）。

障害モード

前の項目の重要なサブセットとして、あなたのコードがどのように故障する可能性があるか、きちんと把握していますか。処理不能になるまでにどれだけの負荷に耐えられますか。そうなったとき、どうすればそれが故障しそうだとわかりますか。

オペラビリティ／オブザーバビリティのための計装

ある時点で、他の誰かがあなたのコードがうまく動作しているかどうかを把握し、おそらく何かがうまくいかなければデバッグしなければならなくなります。これを簡単に、あるいは少なくとも可能にするために、あなたはコードに何を組み込んだでしょうか。

リリースエンジニアリングに関する考察

アップグレードは簡単にできるでしょうか。スキーマの変更？ ロールバック？ そのバージョンのソフトウェアは他のコンポーネントと緊密に結合しているでしょうか。依存関係はどのように処理していますか。

ドキュメント

SREを対象とした良いドキュメントをすでに書いたことがありますか（この場合、何が「良い」ことなのか、あなたは知っていますか）。『SREの探求』(https://

www.oreilly.co.jp/books/9784873119618/）の19章「ドキュメント作成業務の改善：エンジニアリングワークフローへのドキュメンテーションの統合」に、この質問に関するガイドがあります。

これらのことの多くが、「システムを構築することに加えて、システムの運用についてどれだけ考えているか」「自分が書いたコードをサポートする運用環境についてどれだけ考えているか」といった質問に集約されるようであれば、それは妥当な要約でしょう。しかし、ただ座ってじっくり考えるだけでなく、私が強くおすすめするのは、もし彼らが寛容であれば、あなたの組織内の運用の専門家の何人かをシャドーイングすることです。彼らと一緒に少し時間を過ごすだけで（特に、高負荷なシステムを見ることができれば、おそらく障害の1つや2つは起きるでしょう）、あなたの脳内で調整プロセスが始まるでしょう。もしあなたの会社が、社内のSREや少なくとも運用グループとローテーションする機会を提供しているなら（そしてもっとそうすべきです）、それに飛びつきましょう。

「しかし、私はコードを書きたいんだ！」と不満が残るなら、朗報があります。私は、少なくとも、運用しているシステムの周辺部分でコーディング作業を必要としないSREグループにはまだ会ったことがありません。誰も構築する時間を持てなかったり、「インフラコード」（プロビジョニングツールで使用される設定言語でのコーディング）の助けが必要だったりして、構築する必要のある（が、まだされていない）ツールは常に存在します。性能や信頼性の最適化を支援するためであっても、自分のサービスを提供できれば、関係者全員にとって有益なつながりが生まれます。もしあなたがSREのように考え、歩み始めようとするなら、開発者からSREになることは比較的容易です。

6.4　システム管理者／IT部門からSREになる

これは私が実際に歩んできた道であるため、私にとってもっとも個人的な節です。SREがシステム管理者からある種の進化を遂げたステップであることを暗示することなく、この道を説明するためにあらゆる試みを行うつもりです[11]。しかし、この移行には思考の転換が必要であり、おそらく思考の拡大が必要です。それに備えてください。

---

[11]　実際、私がSREについて人々に話し始めた当初は、ルドルフ・ザリンガーの『人類進化の行進図』に描かれた人類の進化のイラストを見せながら、「この関係は**これではありません**」と言ってこの話を始めていました。

システム管理者とSREの役割の違いについて説明する前に、まず何が同じかについて説明しましょう。まず、SREへの移行を希望する場合に役立つ、あなたの強みをいくつか見てみましょう。私がもっとも尊敬するシステム管理者の何人かは、人々を助けたいという思いからこの仕事に就き、そこに留まっています。私たちは物を作ったり、点滅する箱をいじったりするのが好きですが、最終的には、システム管理者はテクノロジーとそれを使わなければならない人々との間のギャップを埋めるために、奉仕するために生きています[†12]。SREも同じようなところから来ています。システム管理者とSREは、同じように「役に立ちたい」という願望を持っています。

この2つの運用職のもうひとつの共通点は、トラブルシューティングとデバッグのスキルを十分に発揮することです。それがなければどちらの仕事もできません。なぜなら、「ただうまくいく」ことにまつわる物理法則（というか、複雑性）は、どちらにも等しく当てはまるからです。このスキルは、デバッグの課題を通して意識的に磨けます。ウェブ上のコードデバッグチャレンジは比較的簡単に見つけられますが、SadServers（https://oreil.ly/7tc9t）にあるような[†13]、インフラスキルを試すため意図的に壊された仮想マシン（VM）やコンテナもあります。もし気に入ったものが見つからなければ、同僚とペアを組んで作ってもらいましょう。また、このようなチャレンジは面接やいくつかの資格では非常に一般的であるため、このルートを追求するインセンティブがたくさんあることにも留意すべきです。

この2つの共通点が特に重要だと思います。（理想を言えば）文書化の重要性、広範な技術とツールの理解、セキュリティとプライバシーを中心とした考え方、強い職業倫理など、他にもたくさんあります。システム管理者としてこれらすべての分野を実践し、向上させることは、SREへの移行をサポートすることになります。

ここまで挙げた共通点を考えると、「よし、あとは肩書きをフリップすればOKだ」と思いたくなるかもしれません。残念ながら、そう単純ではないのです。

[†12] 私はただ、中間にいるのは難しい立場であることを認めます。5章で紹介したEdward Tufteの講演に参加したことがあるのですが、そこで彼は、「もしクライアントがいなかったら、グラフィックデザインはとても素晴らしい仕事になるだろう」とさらっと言っていました。私はユーザーに対してかなり暖かい見方をしていますが、彼の言いたいことは理解できます。

[†13] 関連する話：私の同僚の1人は、キャプチャー・ザ・フラッグ（CTF）コンテストでチームが使用するワークステーションの構築を担当していました。そのマシンを準備する過程で、彼はそのマシンに（チームには内緒で）隠しVMをインストールしていました。その隠しVMは大会前半、眠っていました。そして2日目に突然目を覚まし、「家の中から」チームを攻撃し始めたのです。楽しい！

肩書きのフリップ、やってはいけない
（ある例外を除いて）

　この点は非常に重要だったので、はっきりと伝わるように本文から抜き出して書かなければなりませんでした。私は、システム管理者やDevOpsチーム全員が新しくSREの肩書きやチーム名を持つという、この肩書きフリップ戦略を業界で気の毒なほど何度も見てきました。

　はっきりさせておきましょう。**それはうまくいきません**。肩書きを変えるのは簡単かもしれないし、確かにSREと呼ばれるチームができるかもしれませんが、サイトリライアビリティエンジニアリングのメリットを享受することはできません。フォーカス、スキル、ミッション、優先順位、目標などを変更せずに肩書きを変更した場合、ほぼ間違いなく期待外れに終わるでしょう。

　企業が採用のために、より多くの、あるいは異なる候補者を惹きつけるために肩書きを変更することがあります。私の経験では、求人広告に「SRE」と書かれていても、それ以外の組織には何も変化がない場合、次の2つの方法のどちらかになります。(1) SREの経験がある人は、最初の面接の5分以内（またはそれ以前）にこのことを察知して辞退するか、(2) よく知らない人が応募して採用されるため、同じような人が増えるかのいずれかです。

　しかし、よりSRE的な役職になるために既存の役職名を変えたいという真の願望がある場合はどうでしょうか。私は、善意でなされたそのような変更に対しては、少しソフトなスタンスを持っています。しかし、ルールはほとんど同じです。前述したような文化的、戦略的、組織的な変化をともなわずに、その変化だけを単独で行うのであれば、私たちはどこにも行けない同じ道に戻ることになります。オライリーのSRE関連書籍でよく目にする「希望は戦略にあらず (Hope is not a strategy)」という格言が繰り返されるのには理由があります。

　組織がSREやその原則を導入して間もない場合には、よりソフトなスタンスが必要となります。SREを採用するための大きなプロセスの一環として肩書きが変わったけれど、状況がまだそこに至っていない場合、私はここでポンポンを持って応援しています。この場合の私の最善のアドバイスは（本書の他の箇所でも繰り返し述べられていますが）、この願望に到達するために（1人であれ集団であれ）自分自身に十分な時間と思いやりを与えることです。この種の変化は、結果が

> 出るまで常に予想以上に時間がかかるものです[†14]。しかし、あきらめずに続けましょう。

ここでの最初の一歩は、内面的なものでなければなりません。あなたの脳が反射的にSREのような考え方をするようにしたいのです。SREの心構えに関する2章をまだ読んでいないなら、今すぐ読んでください。もし読んでいるなら、それがあなたの目標地点なので、もう一度流し読みしてください。

これは、あなたにとって焦点の変更となります。これは、「あらゆるものを監視する」から「コンポーネントの観点ではなく、顧客の観点から信頼性を測定する」へ、「24時間365日すべてを稼働させる」というデフォルトから「適切なレベルの信頼性」へ、「トランザクション的なシステム管理」[†15]から「組織内のフィードバックループを育成する」へと考え方を変えることになります。

直前の段落が、よく言えば野暮な願望に聞こえ、悪く言えば、読んでいる多くの人にとって実現不可能なものに聞こえることは承知しています。あなたがこの文章を読み始めてから2つ分長くなった果てしないチケットキューを見つめている合間の息抜きとしてこれを読んでいることも知っています。また、監視システムから無駄な電子メールメッセージを2通受け取ったことも知っています(「メールが届きました！」)。私はあなたを脅したり、恐怖から肩越しにチラチラ見ざるを得ないようにさせるために言っているのではありません。私はその経験があるだけです。

では、現在の状況からSREの心構えへの一歩を踏み出すにはどうすればいいのでしょうか。あなたの組織の信頼性を向上させるために、どこに焦点を当てれば良いかを示してくれるデータソースがあればいいのですが。監視したいものと監視しているものとの差分を知る簡単な方法があれば……。

良いニュースは、まさにそのようなデータソースが存在し、あなたの目の前にあるということです。チケットキューは単なるトランザクション作業の束ではなく、信頼性の高い運用と機能停止の両方をもたらす要因の実に良いシグナルでもあるのです。

そのチケットキューは、(おそらくそのような意図はなかったでしょうが)適切なレンズを通して分析する時間を取れば、組織内の信頼性に関する豊富なデータ源となる可

[†14] 私が安心できる理由の1つは、DevOps Research and Assessment (DORA) の報告のようなデータがこれを証明しているからです。詳しくは11章の議論を参照してください。

[†15] この言葉を教えてくれた(少なくとも初めて聞かせてくれた) Tom Limoncelliに感謝。

能性があります。同様に、監視システムからのメールメッセージは、監視システムからの助けを求める叫びでもあります。これらのメッセージと、顧客の視点からシステムの信頼性を理解させるメッセージとの間の差分を判断できれば、正しい方向への大きな一歩を踏み出したことになります。

　私がチケットキューと監視メールについて言及したのは、考え方を変えるためのやや目立たないリソースの例だからです[†16]。ここでの基本的な考え方は、SREは客観的なデータを用いて、協調的な方法でシステムの信頼性を向上させようとするものです。あなたの手元にも、気づかないうちに多くのデータソースがあるかもしれません。もしあなたが魚なら、水について実に繊細な理解をしていると同時に、水について細心の注意を払っていない傾向があります。

　(SREの文献ではこのことをよく取り上げているので) あなたにとってより明白なリソースは、あなたの環境における障害です。多くのシステム管理者の環境では、インシデント後のレビューのようなものはありません。せいぜい、大規模な障害が発生した後に、何が起こったかを「議論」するために経営陣がチームと招集する、沈痛な、あるいは不機嫌なミーティングが行われる程度でしょう。しかし、障害の結果として起こるべきことはそれだけではありません。あなたは (理想的には同僚と一緒に) 状況を別に深く分析し、非公式な形で話し合いができます。

　はっきりさせておきたいのは、私はあなたが経営陣とのお決まりの非難の応酬に立ち上がり、本当のインシデント後のレビューとは何か、彼らがいかに間違ったやり方をしているかを教え込もうとすることを勧めているのではないということです。そのようなミーティングは、あなたが白昼夢のように想像しているようにはうまくいかないでしょう。私が提案する非公式な分析と話し合いは、冷静に対処すれば、改善への一歩となるでしょう。これを数回繰り返せば、経営陣にとって魅力的な、インシデント後の話し合いの代替方法 (10章で説明しています) につながる資料やノウハウが蓄積され始めるかもしれません。そして、たとえあなたが、より有益な方法で障害に対処できるように経営陣やマネージャーを支援することに成功しなかったとしても、少なくとも、あなたは自分自身を訓練し、社内の焦点を変え始めたことになります。小さな一歩の繰り返し

[†16] 本書のレビュアーであるNiall Murphyは、このチケット待ち行列のアイデアについて、私が過大な期待を抱いていないことを確認すべきだと指摘しています。チケットキューが常に有用なデータ源であるとは限らないし、真実のデータ源であるとも限りません。ここで重要なことは、SREへの移行には、シグナル源を探すために環境を見渡してみることが必要だということです。

です。

　もう1つ、障害やその他の信頼性に関連する議論にまつわる言葉遣いに細心の注意を払うことです。私は社会学者の子供なので、7歳頃に言語が現実を構築することを学びました。単純な例として、「根本原因」ではなく「成功要因」といった言葉を使うことで、状況に対する内的・外的な捉え方が変わり、そこから何を学べるかが変わってきます[†17]。それは驚くほどの違いを生みます（これについては10章を参照）。

特等席

　（レビュアーのKurt Andersenが促したように）どのような役職、あるいはどのようなカテゴリの人々が、SREになるために現在いる場所と必要な場所との間にもっとも明確なギャップがあるかについての、良い議論が必要です。たとえば、学生やSWE（開発者）は、SREに参入する技術者ではないプロフェッショナル予備軍よりも、現在地からSREまでのギャップが小さいかもしれません。このような議論は、役職XからSREへの道筋についての異なる考え方につながるかもしれません。この章で私が決めた、より具体的な分類法は、私にとっては有効ですが、より一般的な枠組みにも間違いなくメリットがあります。

　その議論から、現在、本番環境の障害に直接つながり、（理想的には）チケット待ちの列から運用指向の状況認識を持つシステム管理者のような人々は、（たとえ劇場の舞台が燃えていたとしても）信頼性を観察するための特等席にいることに気が付きました。

　このことはさらに、現在これほど明瞭な視界を得られていない人たち（SWEであれ、学生であれ、プロになる前の人たちであれ）、もっと後ろの席に座っている人たち、あるいは（舞台との間に）障害のある席に座っている人たちは、自ら舞台に近づくべきだということを示唆しています。

　SREを志すシステム管理者への最後のアドバイスとして、これを1人で行う必要はな

[†17] くれぐれも、この提案を、職場での丁寧な会話にSLI/SLOという言葉を何回紛れ込ませられるかで得点を得る、ある種の飲み会ゲームのように扱わないでください。また、経営陣との非難の応酬の場で「ビンゴ！」と叫ぶことも絶対にやめてください。私は冗談でこのようなことを言っていますが、信頼性に関連するトピックを議論するときに、自分や他人が使っている言葉に注意を払うだけで、あなたが享受できるメリットについては大真面目に話しています。

いということを指摘しておきたいと思います。5章やこの章の前の方で、同僚やグループと一緒にできる活動をいくつか提案してきました。大規模なサービスのアーキテクチャのレビュー、他人のインシデント後のレビューを記したブログ記事の精読、チケットキューの分析などです。友人の言葉を借りれば、「スタンドアローンのシステム管理者」なので、この道を1人で歩かなければならないこともあります。しかし、幸運なことに、ゲーム好きな人たちと一緒に仕事ができることもあります。そんなときは、彼らに聞いてみましょう。他の人と一緒に自分の考え方（そして潜在的にはチーム文化）を変えるのは、とても楽しいことです。

6.5　一般的なアドバイス

この章を締めくくるにあたって、この章では役職や専門分野で言及されていない、他のすべての人に一般的なアドバイスをしたいと思います。本書のレビュアーの1人であるJess Malesからの質問は、「たとえば、現在ネットワークオペレーションセンター（NOC）のスタッフ、デスクトップサポート、Windowsサーバーのスペシャリスト、UA/テストスタッフなどである人たちに何を伝えればいいのか」というものです。私の少し一般的な答えは以下の通りです。

6.5.1　技術職XからSREへ

皆さんには、質問で挙げられた役職の誰もが、たとえ現在そのようなレンズを通して自分たちの仕事を見ていないとしても、信頼性を深く気にかけていることをお伝えしたいと思います。信頼性とは無縁の技術的役職もあり得ると思いますが、これを書いている今、それを挙げるのはちょっと難しいです。つまり、これが最初のアドバイスです。信頼性とのつながりを見つけ、その方向に泳ぐ方法を考えましょう。どうすればいいのかがすぐにわからない場合は、本書に書かれている実践やアイデアのうち、読んでいて興味をそそられたものに気づくことです。何に興奮しましたか。そこから始めてください。

6.5.2　非技術職XからSREへ

Kurt Andersenは、この章のアドバイスがほとんど他の技術的な職務からSREに参入しようとしている人に向けられたものであることを正しく指摘しています。私が目に

する限り、SREを採用する企業はまず技術職から採用しています。信頼性に強い関心を持つ人が、この職務に就くための訓練（または自己訓練）を受けるための非伝統的な道は間違いなく存在します。そのような人たちには、この章の他の箇所で述べたような方向で、足場を見つけ、登り始めることをおすすめします。たとえば、営業の経験がある人は、（理想的には）顧客の問題を見抜く目を持っています。そのスキルを、信頼性を高めるための出発点として使ってください。

6.5.3　継続し続けるために進捗を記録する

　最後に、この章で私が明確に取り上げた人にも、そうでない人にも当てはまることですが、私の素晴らしい編集者であるVirginia Wilsonは、前進の勢いを感じられるように、自分の進歩を追跡することが本当に重要だと指摘しています。その感覚は、就職の面接がうまくいかないとき、既存の組織があなたのアイデアに無関心なときなど、行き詰まりを感じたときでも、あなたを後押ししてくれます。絶望の淵にいるときに日記に書いたり、自分に言い聞かせたりすることは、「**SRE本をもう1章読んだ**」や「**初めてSREのカンファレンスに参加した**」のような、ちょっとしたことで構わないのです。これらはすべて進歩です。

7章
SREとして採用されるためのヒント

この章は雇用主ではなく、完全にSREの求職者向けに書かれています。雇用者として貴重なヒントを得るために、ここでのアドバイスをリバースエンジニアリングすることは可能でしょうが、雇用についてはAndrew Fongによる『SREの探求』(https://www.oreilly.co.jp/books/9784873119618/)の素敵な2章がより直接的なルートかもしれません。この章では、求人情報をどのように評価するかについて話し、次に面接の準備と面接を成功させるためのアドバイスを行います。

> ### 範囲外の役職
>
> SREとして仕事を得る方法について話す前に、越えなければならない大きなワニの穴があります。できる限り繊細に記述しようと思います。本書には、夏の穏やかな日差しの雨粒のように、すべてのSREの仕事／実装が他のすべての仕事と同じではないことを示す、そこはかとないヒントが散りばめられています。この事実により、SRE分野のアイデンティティと自己定義の側面を意識させられます。どの仕事がSREで、どの仕事がそうではないのでしょうか。
>
> 私は、SREの真の定義やSREの仕事とは何かということを示唆することは避けようと努めてきました。私はこれからもその一線を守り続けるつもりです。とはいえ、肩書きをフリップする活動を通じてSREの仕事を「創造」することは、私の相対主義の限界を超えるものです。私はそのような仕事に就いている人を批判するつもりはありませんが、「それはSREなのか、そうでないのか」という私の内的なゲームにおいては点数が低くなってしまうでしょう。したがって、肩書きフリップによって創造された役職についてはこの章の対象外とします。もしSREで

はないと思われる、SREと銘打ったさまざまな役職の構成について深く知りたいのであれば、『SREの探求』(https://www.oreilly.co.jp/books/9784873119618/) の23章はSREのアンチパターンについて書かれたものです。

もしあなたがそのような役職に就きたいと考えているのであれば（そして、それはあなたにとって大きな力になるでしょう）、システム管理者／DevOps／ITサービス管理／ヘルプデスクサポートの領域における最新の考え方を確実にキャッチアップしておくことをおすすめします。この観点から始めるには、Jennifer Davisの著書 "Modern System Administration" (2022年、O'Reilly、9781492055211) が最適で、Jez HumbleとDavid Farleyの "Continuous Delivery: Build, Test, and Deployment Automation" (2010年、Addison-Wesley Professional、ISBN978-0321601919)†1のようなDevOps分野の「古典」がそれに続くでしょう。

7.1 求人情報を精査する

SREらしい仕事とそうでない仕事があることを示すには、最初からその違いを見分ける方法を少し説明しなければフェアではないでしょう。まず、SREの求人情報をどのように評価するかについて見てみましょう。求人情報の見分け方について一般的なアドバイスをするつもりはありません†2。それを手助けしてくれる求職リソースはたくさんあります。私がSREの求人情報に目を通すとき、その文章に何が含まれていて、何が含まれていないのかの両方を探します。

本文中では、（順不同で）以下の項目を確認していきます。

言及されている技術要素

以下はすべて「第一印象」の材料であって、何を求めているかにもよりますが、必ずしも仕事の良し悪しを選別するものではありません。

---

†1 翻訳注：日本語訳版は『継続的デリバリー 信頼できるソフトウェアリリースのためのビルド・テスト・デプロイメントの自動化』(2017、KADOKAWA、ISBN9784048930581) です。

†2 やはり私は居ても立ってもいられず、追加でコメントをしてしまいました。求人情報に「忍者」や「ロックスター」が出てきたり、男性ホルモン（「私たちはよく働き、よく遊びます！」）が少し多すぎるように見えたら、私は大急ぎで逃げます。これは基本的に「あなたの職場には有害な文化があると直接的には言わずに、有害な文化があると表現しなさい」と言われた場合の結果です。

探しているもの	確認できること
言及されている技術のモダンさ	さまざまな技術スタックの採用曲線はどのようになっているのか
項目のかけ合わせ方	環境はどの程度まとまっているか。たとえば、KubernetesとPrometheusの経験が必要というのはペアとして理にかなっているが、KubernetesとNagiosの経験が必要というのは、その環境がより「スプリットブレイン」である可能性が高いことを示唆する。
「チケットシステムの熟練度」についての言及	その環境はどの程度トランザクショナルなのか？チケット制の場合、その環境ではどの程度迅速に物事が進むのか？
ソフトウェアの特定のバージョン（「SuperCoolDB バージョン2.4」）	彼らは今、非常に具体的なことを必要としている。次に何が起こるか（アップグレードなど）は重要かもしれないし、重要でないかもしれない。
オンプレミスとクラウドの製品名と機能名の混在、ベンダーの混在、商用とオープンソースの混在	それらは1つの環境にいるのか、それとも他の環境にいるのか？ モノカルチャーになっていないか？ 生活に多様性や安定性を求めているか？
プログラミング／スクリプト言語についての言及	彼らにとってコーディングは少なくとも何らかの重要性を持っている。本書の序盤で、私はSREはさまざまな理由からコーディングの方法を知っておく必要があると述べた。
従来のIT技術に関する言及（例：「プリンター」や「プリントサーバー」など）	この仕事には、伝統的なITの要素がある、あるいは焦点が当てられている。
CI/CDと環境プロビジョニングツールに偏っている	以前はDevOpsポジションだった可能性がある。これまでの役割との差別化とSREの心構えへの転換が必要になるだろう。
監視技術の有無	もしあるとすれば、監視はこの役職とどのような関係があるだろう？（ヒント：あるはず）。
消費されるサービス（サードパーティー製またはそれ以外）	どちらかというと、依存関係の観点から「何に巻き込まれるのか」ということだ。ベンダーXでひどい目にあったことがあるのなら、Xで構築された環境は避けた方がいいかもしれない。

人と人とのつながり

ここでは、協力者や利害関係者についての兆候を探すことになります。これは「求人情報から漏れていないか」というような要素というよりも、もう少し吟味が必要な要素でしょう。このような話題は、職務内容から省かれ、面接での会話に追いやられることがよくあります。

規模または業績

大きな環境、大きな顧客基盤、大きな収益源、並外れたトラフィック負荷などを持つ組織は、求人情報でしばしばそれらを自慢します。私は、求人情報のこの側面について少し悩んでいます。規模が大きければ、これは有益な情報かもしれません。もしこのような自慢話が嫌で、もっと「人々を助ける」使命や、誰にサービスを提供しているのかの明確な表示を見たいのであれば、これも検討すべき情報です。本書の他の箇所でも、私はSREがこうした他者への奉仕という考えを中心に据えていると考えていることを明らかにしてきました。もしあなたがその理解と価値観を共有しているのであれば、求人情報の中にその組織がそれを認識していることを示すものがないか探してみましょう。

ダイバーシティとインクルージョン

私は本書の中で、健全なSRE文化にとってダイバーシティとインクルージョンが重要であることを何度も主張してきました。私は個人的に、雇用主がこのことを認識し、口に出してお金を出す意思があることを示しているのを、この目で確認したいと思います。人間的なつながりと同様に、これは広告から省かれてしまうことがあります。私は、その場しのぎでない方法でこの問題に取り組んでいる広告に好意的です[†3]。

求人情報を精査するには、SREに特化したものだけでなく、他にも多くの文脈的な側面があります。その会社や組織について（そして運が良ければ、特にSREの仕事について）何を聞いたことがありますか。肩書きフリップしていないでしょうか（たとえば、先週は肩書きの異なる同じ内容の求人が掲載されていた）。その求人が掲載されてからどのくらい経っているでしょうか。その会社のSREは大きなコミュニティに参加して（おそらくSREconで講演をして）いるでしょうか？

[†3] ……そして優しさ、つながり、尊敬、一般的な人間性。しかし、それはあくまで私の場合であり、SREに限った話ではありません。ダイバーシティとインクルージョン（多様性と包括性）は、最近ではすべての雇用主がチェックする項目だと決めてかかるといけないので、私は就職の面接で、自分と同じような人（白人、シス男性）だけで構成されるチームで働くことには興味がないと言ったとき、あるCEOに私が頭を何個も持っているかのような目で見られた経験があります。彼女が「待って、これはあなたにとって本当に重要なことなの？」と言ったのをはっきりと覚えています。私たちはその直後に面接を終えました……

> ## インシデント後のレビューを公表しているか
>
> 　この質問はダイナマイトのように危険であるため、専用のコラムに置いています（その素晴らしさと不安定さの両方があるため、注意が必要です）。求人情報を評価する1つの方法は、その企業が公表しているインシデント後のレビューを探すことです。良いレビューから得られる情報はとても多くあります（悪いレビューから不利な推論ができることは言うまでもありません）。技術スタックの詳細や、フォールトトレランスをどのように設計しているかなど、システムのアーキテクチャを直接確認できることも多いです。間接的には、トラブルシューティング、社内コミュニケーション、その他のプロセスを知ることができます。
> 　この情報が不安定であり、取り扱いに注意が必要であると言ったのは、彼らがインシデントに関してまだ少し生々しい感情を抱いている可能性があるからです。もし、あなたが本当に下調べをしたことを示そうとして面接でこの話題を持ち出したなら、あなたのコメントが誤解される可能性はいくらでもあります。そう考えると、私のもっとも控えめなアドバイスとしては、「間違いなく文脈を知るために、彼らのインシデント後のレビューを見に行くことをおすすめしますが、面接では自分からそれを持ち出さないこと」です。

　これらの質問に対する答えは、あなたがその役職に応募するのに有利か不利かを判断するのに役立ちます。それらにこだわるよりも、実際に面接のプロセスに進みましょう。

> ## すべてのボックスにチェックを入れる
> ## 必要がないこともある
>
> 　本書のレビュアーの一人であるJess Malesからのアドバイスは「すべての箇条書きを満たす必要はありません」です。あまりにも具体的で広範な「必須」技術のリストは、しばしば人々にそもそも応募しないような自己選択をさせる結果になります。職務記述書の作成には多くの課題がありますが、長すぎる「必要条件」が本当に絶対に必要なのかどうか、面接官に問う機会もあります。

7.1.1　SREの面接に備える

面接の準備の仕方は、役職や組織に大きく左右されます。SWE職と同じ要件を持つSRE職の面接に備えるには、コーディングスキルや計算機科学の知識を強化する必要があるかもしれません。

リリースエンジニアリングに大きく偏ったSREの仕事の面接に備えるには、テスト環境とCI/CDツールを使って充実した時間を過ごす必要があるかもしれません。そう考えると、何か一般的な提案をすることは可能でしょうか。職種の特殊性にかかわらず、SREの面接で話すべき4つの普遍的なトピックがあります。ここではそれらを取り上げ、それぞれのリソースを紹介します。

このトピックは5章と6章で説明したことと重なる部分があります。SREになるために調べるべきテーマについてのアドバイスは、面接を受ける際にも役立つものばかりです。そのため、ここでは簡潔に説明し、適宜それぞれの章を参照してください。

NALSD（非抽象的な大規模なシステム設計）

もしあなたが、何らかの形でスケールをともなうSRE職に応募する予定があるのなら（率直に言って、ほとんどのSRE職に応募することになると思う）、GoogleがNALSDと名づけたこの分野の知識を身に付けるに越したことはないでしょう。Googleに応募するつもりがなくても、NALSDの勉強はしておくべきでしょう[†4]。

リソース：『サイトリライアビリティワークブック』には、このトピックに関する素晴らしい章があります。SREconで行われた (https://oreil.ly/M4iqj) このテーマに関する良い講演がいくつもあります（YouTubeで自由に見られます）。また、Googleが公開しているSRE Classroom (https://oreil.ly/QNFhn) の資料やセッションもおすすめします。SREの面接のための準備に関するコースが少なくとも1つあります。これは有料で、NALSDの入門編としては適切なもの

[†4] ヒント1：大きなホワイトボードを見つけ、それとともに充実した時間を過ごしましょう。練習に役立つだけでなく、NALSDを含む面接では、対面でもバーチャルでも、ほぼ間違いなくホワイトボードの前に立つことになります。ヒント2：面接のNALSD的な部分では、常に時間をかけて、あなたが設計を依頼されているシステムのパラメーターを理解していることを明確にし、確認し、再確認すること。

です†5。

監視／オブザーバビリティ

SREにとってこのトピックが重要であることは、本書の至るところで述べられているので、ここではあえてこの点を強調することは避け、これまで述べてきたような理由から、簡単に面接に臨む前にこのトピックを把握しておくことをおすすめします。また、もっともよく登場する文脈なので「エンジニアのための統計学」もこのリストに加えるつもりです。

リソース：Mike Julianの "Practical Monitoring"（2017年、O'Reilly、ISBN978-1491957356l）やCharity Majorsらの "Observability Engineering"（2022年、O'Reilly、ISBN9781492076445）は、手始めとして最適です。SLI／SLOについて議論するのであれば、Alex Hidalgoの著書 "Implementing Service Level Objectives"（2020年、O'Reilly、ISBN9781492076810）を必ず読んでください†6。また、Monitoramaカンファレンスで行われた素晴らしい講演が、YouTube（https://oreil.ly/4yAyg）上で何年も前からオンライン公開されていて、実践的なガイドを提供しています。

また、SRE分野の現在の寵児であるオープンソースの監視ツール（この記事を書いている時点ではGrafanaとPrometheusが思い浮かぶ）のうち1つか2つを立ち上げたり、商用製品（クラウドプロバイダーやサードパーティー）にアクセスしたりして、それらすべてを試してみることも役に立つでしょう。理想的には、本番環境の監視に使用する構成を模倣するようにセットアップすることです。これを構築する間、あなたが遊んでいるさまざまなサービスがどのように似ていて、どのように違うのかに注意を払うことをおすすめします。基本的な統計学の知識を新たにするのであれば、このトピックに関する計算機以外の話題が中心のオンラインコースがたくさんあります。また、Heinrich Hartmannによる "Statistics for Engineers" ワークショップもおすすめです。YouTubeや

---

†5 ひとつは、"Grokking Modern System Design Interview for Engineers & Managers"（https://oreil.ly/5NrjJ）というコースです。もうひとつは、Alex Xuによる "System Design Interview" コース（https://oreil.ly/0bbVy）です。このテーマに関する彼の本も探す価値があります。

†6 翻訳注：それぞれ日本語訳版は『入門 監視』（2019年、オライリー・ジャパン、ISBN9784873118642）、『オブザーバビリティ・エンジニアリング』（2023年、オライリー・ジャパン、ISBN9784814400126）、『SLO サービスレベル目標』（2023年、オライリー・ジャパン、ISBN9784814400348）です。

彼のウェブサイト（https://oreil.ly/fqhLB）など、オンライン上の多くの場所で視聴できます。

実践的なコンピューティングの基礎

コンピューティングの基礎というのは、計算機科学、コンピューターアーキテクチャ、オペレーティングシステム、分散コンピューティング、ネットワーク、そして6章で言及されているコーディングの基礎を含む広い領域をカバーしていることを表現しています。実践的な観点というのは「現実の世界で応用されている」という意味です。例として、コンピューターアーキテクチャやオペレーティングシステムを見るとき、LinuxやLinuxカーネルがオペレーティングシステムレベルでどのように動作するかを理解することに時間を費やすのはたいへん有益でしょう。ネットワークについては、OSIモデルのようなものを学ぶのも良いですが、自宅の実験場で実際のネットワークプロトコルを勉強したり遊んだりする方がもっと良いでしょう。

リソース：6章に、オンラインCS50xクラス（https://oreil.ly/K8HZm）のようなたくさんのリソースがあるので、それを参照して、あなたの現在の知識レベルに最適なものを見つけてください。

トラブルシュート／デバッグ

障害のトラブルシューティングができること、そしてそれをやったことがあることを示す準備をすること。面接でシナリオを与えられ、どのように対応するかをロールプレイするよう求められる可能性は非常に高くあります。

リソース：インターネット上には、より良いトラブルシューターになるための学習リソースがたくさんあります。あなたはすでに、仕事で明示的に、あるいは日々の経験から、これらのスキルを身に付け始めている可能性がある（テック業界にいたり、関わっていたりして、その経験から逃れることは難しい）ので、それらの例を見直すのは良い考えです。

7.1.2　SREの面接で何を聞くか

おめでとうございます、あなたは一次選考に必要なものはすべてパスし、本面接に進みました。（前節で準備したおかげで）面接の質問にはすべて手際よく答えてきたあなたは、いよいよ相手に質問する段階に来ました。これは、その役職と組織が自分に

合っているかどうかを探るチャンスです。何を聞くべきでしょうか。

> ## 壊れた面接に備える
>
> 面接で何が起こるかを深く掘り下げる前に、1つ警鐘を鳴らしておきます。面接の途中で、自分が応募していると思っていた仕事が、実際には違う職であったと知ることになることを覚悟しておくべきです。
>
> 求人票と現場の現実が一致しない理由はたくさんあります。面接の際に、赤い旗のようなものが風になびいているのを見つけたら、それはおそらくそうでしょう。また、「ゴキブリ」の原理（ゴキブリを1匹見かけたら、ほとんどの場合、ゴキブリは1匹だけではない）がここでも当てはまることを思い出してください。気づいた瞬間にどうするかはあなた次第ですが、澄んだ目で慎重に行動することをおすすめします。

一般的な求職者向けの適切なアドバイスが世の中にはたくさんあるので、ぜひ参考にしてください。私はSREに特化した質問に限定して話をするつもりです。

以下は、会話のトピックに関するいくつかの提案です。注：1回の面接で10分や15分では聞ききれないほど多くの質問があります。戦略的に参照してください。あなたがもっとも懸念していることにもっとも直接的に対応するものを選び、選考中のさまざまな機会に分散させましょう。

監視システムについて聞かせてください

本書の冒頭で、私自身のインタビューでこの質問をし、意外な答えが返ってきたことを紹介しました。オブザーバビリティの役割、組織構造／協力体制／オーナーシップ、データに基づいてどのように意思決定がなされるか、そのプロセスにおいてどのように早期監視／信頼性が考慮されているか、その他もろもろについて、あらゆる情報を明らかにするための素晴らしい質問だと、私は今でも思っています。監視について質問する際には、何が語られ、何が省かれているかに注意を払うことをおすすめします。

追加の質問

- あなたの組織では、誰が監視の所有者ですか
- 現在使用されている監視システムの数はいくつですか

- 誰が（どのアプリ／サービス、チームが）これらのシステムにデータを送信し、誰が監視システムにアクセスしてデータを見ますか（見られますか）
- 新しいアプリケーションやサービスを監視に組み込むのは簡単ですか
- このシステムのデータを使ってどのような意思決定がなされますか
- このシステムから生成されるアラートはありますか（それらはどのように機能し、そして重要なこととして、人々はそれを嫌っていますか。アラートはアクション可能ですか）
- 現在のシステムに満足している点、満足していない点は何ですか

インシデント後のレビュープロセスについて聞かせてください

ここであなたは、彼らが失敗から学ぶことにどれだけ意図的で効果的であるかを感じ取ろうとしています。また、グループや組織の力学（場合によっては官僚主義的な部分も含む）を知ることができます。前述したように、これは信頼性を向上させるための重要な要素であるため、信頼性が組織の中でどれだけ優先されているかを知ることができるでしょう。

追加の質問

- 障害後にインシデント後のレビューを実施していますか（また、どのようなものですか）
- その目的は何ですか
- レビューに関わるのは誰ですか
- 障害の記録はどのようにしていますか。これらの文書を見返してみたことはありますか
- 最近の障害について、（あなたが共有できる範囲で）教えてもらえますか
- 障害はどのように調整されていますか（ツールはありますか。全員がチャットに入りますか。すべてのインシデントのための単一のチャットスペースはありますか）
- 過去Nヵ月の間に見たもっとも一般的な障害クラスは何ですか（たとえば、設定絡みの障害、カスケード障害、過負荷／リソース不足の障害、コードバグなどですか）

オンコールの設定を聞かせてください

このトピックは他のトピックほど重要だとは思いませんが、あなたの一般的な

経験とワークライフバランスの両方に重大な影響を与える可能性があるため、こっそり書き込んでおきます。また、その組織が一般的にどの程度人道的であるかについても、ある程度の洞察を得られます。

追加の質問

- この職種にオンコールの要素はありますか。手当はどうなっていますか。インシデント後の休暇はありますか
- 組織の誰がオンコールローテーションに参加していますか（SREだけですか。開発者もオンコールに入りますか。マネージャーはどうですか）
- オンコールの一環として、あなた個人が最後に「呼び出された」のはいつですか。もし一度もなかったとしたら、他の誰かが呼び出されことはありますか。その答えは何日、何週間、何ヵ月、あるいは何分という単位で測られますか
- 勤務時間中と勤務時間外では、呼び出しの頻度は同じですか

あなたの組織において、SREはどのような問題に対処するために存在しますか（あるいは現在対処していますか）

できれば、この質問に対する歯切れのいい答えを聞きたいところですが、期待しない方が良いでしょう。私の経験では、この質問に直接答えてくれる人はめったにいません。聞かれても、プロブレムステートメントを書いてくれることはほとんどありません。私はほとんどの場合「それが重要な点であることは間違いなく同意しますが、あなたの答えの中からは、解決しようとしている問題がよくわかりませんでした。SREが取り組もうとしている問題を教えてもらえますか」などと深堀りする質問をしなければなりません。

彼らはこの質問に対して良い答えを持っていない可能性があり、それ自体がその職種に関してあなたにとって有益な情報なのです。重要な警告として、コラム「質問はここでする」を参照してください。もしそうなったら「過去6〜12ヵ月でSREが獲得した『最近の勝利』は何ですか」といった質問に切り替えても良いでしょう。もしそれすら答えられなかったり、その期間での成功を明確に説明できなかったりするようなら、このポジションはあなたに向いていないかもしれません。

SREは組織内の主要なリポジトリにコードをチェックインできますか

ここでは、SREがアプリケーションやサービスの信頼性にどれだけ直接的な影響を与えられるかを調査しています。また、SREと開発者/サービスオーナーとの信頼関係や協力関係についても確認できます。この仕事に期待されるコーディングや、SWEとSREの役割の同等性についても学べます。

質問はここでする

このような対応の準備をしておくべき質問に対する、あり得る回答について警告しておくことは重要だと思います。「この職種に採用する人材には、あなたが尋ねているこれらの質問に対する答えを作ってもらいたいと考えている」と言われることもあるでしょう。そうすれば、その会社のSREへの取り組みの成熟度や、それを構築する上でのあなたの役割を知れるでしょう。

これがあなたのやりたいことだと仮定して（これは単純な仮定ではありません。すでに確立されたチームへの加入を希望している場合もあるでしょう）、あなたは、その特定の状況におけるアイデアの実現可能性を判断するために、調査の路線を切り替えるべきです。少なくとも、次のようなことを明確に理解したいはずです。

- ここに至るまでの歴史
- SREのために利用可能な組織的、制度的、人的、財政的支援の量
- この丘を登った過去の試み（SREの実践で過去に試みがあったか）
- 時間に関する彼らの期待。彼らは何をいつまでに達成することを期待しているのでしょうか
- このような努力の成功をどのように評価するのでしょうか
- この努力は組織図のどこに位置付けられるでしょうか。多くの場合、機能に関する作業・優先順位と信頼性に関する作業・優先順位との間で交渉が必要です。もし（計画された）SREの取り組みの背後にいる人たちと、機能的な仕事をする人たちが組織図上で離れすぎている場合（たとえば、ボールとストライクを判定できる人にたどり着くまでに、組織図を3階層登らなければならない）、その交渉には多くの仕事が必要になる可能性があります。それはあなたが楽しんでできることですか

> 面接の場面で返ってくるかもしれない「採用した人が責任を持ってそれらを解決してくれるだろう」という回答[7]について、こうした質問をしなければならないことは、実はやっかいな部分のすべてではありません。
>
> やっかいなのは「では、あなたならこれらの質問にどう答えますか」と質問される可能性があることです。基本的に、あなたは今、自分自身の難しい質問に答えなければならないように自分自身をはめ込んでいます。そのための準備をしておくことです。「あなた方の具体的な環境についてもう少し詳しく知らなければ、明確な答えは出せませんが、多くの環境では（おおよそ）Xを行っており、私ならまず……」と言えるように、少なくとも大まかな答えは頭の中に入れておきましょう。

7.1.3　勝利！

おめでとうございます！無事、採用されました！あるいは
残念ながら不採用でした！

もし後者であれば、（傷が癒え落ち着いた後に）SREの心構えを働かせ、あるシステムが期待に応えられなかった他の障害と同じように扱うことを強くおすすめします。滑稽に聞こえるかもしれませんが、この特別な仕事の採用プロセスについて、インシデント後のレビューを書くのも悪くないでしょう。これは良い練習になるだけでなく、何が起こったかを冷静に見つめ、この経験から何を学べるかを確認するのにも役立ちます[8]。

幸運を祈ります。私はあなたを信じています！

---

[7] 本書のレビュアーであるKurt Andersenは、このような状況はマネージャーやディレクター候補の方がはるかに起こりやすいと指摘しています。この章に書かれている情報は、そうした役割の候補者にも役立つと願っています。数年前、ある仕事の面接を受けたとき、時間の経過とともに自分がどのように進歩していくかを尋ねられました。若くて世間知らずの私は、キーボードから手を離し、ものづくりをやめることになるので、管理職にはなりたくないと答えました。もう何年も前のことですが、面接官が「ある時点で、あなたは人に物を作ってもらう立場になる」と答えたのを今でも覚えています。

[8] もしこの例を見たいのであれば、Michael KehoeのSREconでの講演"A Postmortem of SRE Interviewing"（https://oreil.ly/QdmYa）をチェックしてください。この講演では、採用する側への的確なアドバイスがあり、また、あなたにもそのプロセスについての洞察を与えてくれるかもしれません。

8章
SREのある一日

人々が、SREの一日はどのようなものかと尋ねるとき、ほとんどの場合、「SREが何であるかはわかったが、**実際には何をするのか**」と尋ねてきます。フェニックス・プロジェクト（https://bookplus.nikkei.com/atcl/catalog/14/P85350/）[†1]のように、半分フィクションのSREのキャラクターについてフィクションをまじえた物語を書くことで回答しても良いのですが、かわりに、この質問に直接答えようと思います。

そこにたどり着くために、まず隣接する質問に触れましょう。SREの平均的な一日とはどのようなものでしょうか。平均的な一日などというものが存在するのか、私はかなり懐疑的です。夜、家に帰ってきて、「ああ、平均的な一日だった」と思った記憶はありません。SREの仕事はそれぞれ大きく異なることがあります。しかし、そのようなことを差し引いて、仕事の中でもっとも良い日ともっとも悪い日を平均しても、平均的な一日のようなものを生み出せるとは思えません。

8.1 SREの一日のモード

神話的な平均的な一日を考え出すかわりに、日常的に行われている仕事の「モード」をいくつか見てみましょう。はっきりさせておきたいのが、これらのモードは説明的なものであり、排他的なものではありません。一度に複数のモードに入ることもあるし、それらの間を素早くシームレスに切り替えることもあります。もし参考になるなら、「ある瞬間に私たちが被っている帽子」と考えても良いでしょう。

[†1] Gene Kimら 著 "The Phoenix Project: A Novel About IT, DevOps, and Helping Your Business Win"（2013年、IT Revolution Press、ISBN9780988262591）（翻訳注：日本語訳版は『The DevOps 逆転だ！』《2014年、日経BP、ISBN9784822285357》です）

8.1.1 インシデント/障害モード

仕事では、その日のほとんど、あるいはすべての時間、インシデントに巻き込まれる日[2]があります。そのような日は、障害のない日とは質的に異なって感じられます[3]。ほとんどの障害には、恐怖、不安、ときには怒り、喜び、解決したときの安堵感など、さまざまな感情が混じり合い、闘争か逃走かといえる反応が起こっていることを感じていることでしょう。この感情的反応の深さと量は、多くの場合、障害の深刻度、インシデントレスポンスプロセスの成熟度、および障害に一緒に取り組んでいる人々と結び付いています。

あなたがオンコール担当なら、オンコールのローテーションの期間中、このモードになる確率はかなり高くなります。このモードでは、社内の計画ではなく、目の前の障害があなたの作業内容を決定するため、あなたが経験するものはほとんどすべて反応的なものとなります。

8.1.2 インシデント後の学習モード

私はこのモードをやや願望的にここに記しました。というのも、理想を言えば、ある程度回復した後(「回復とセルフケアモード」の項を参照)障害から学ぶために、障害の記憶をうまく見直すために必要な、さまざまな活動や頭の整理を始める機会があるからです。障害中に何が起こったかを振り返って、詳細かつ全体を明らかにしようとする調査期間があります。その場にいなくても他の人が理解できるように文書化する責任があります。この調査には、技術的な調査(監視システムのデータを探すなど)と人的な調査(同僚に話を聞き、彼らがいつ何を知っていたのか/理解していたのかを突き止める)が組み合わされる可能性が高いでしょう。また、そのテーマに関するインシデント後の学習会を運営したり、プレゼンテーションに参加する機会があるかもしれません。

---

[2] 残念なことに、何日も障害が続くと、「1日」の概念が24時間を超えてしまうことがあります。そのようなときには、自分自身と同僚を大切にすることを忘れないでください。

[3] この節では、障害が私たちの精神状態に与える影響について述べていますが、SREは、他の人々が障害をどのように経験しているかにポジティブな影響を与えられ、また与えるべきであると思います。

> **なぜインシデント後の学習モードは願望的なのか**
>
> 私はただ、このモードがあなたにとって願望的だとする理由がいくつかあります。
>
> あなたは、インシデント後のレビューに対するアプローチがあまり発達していない、あるいは場当たり的な組織で働いていることに気づくかもしれません。あるいは、あなた自身が組織のインシデント後のレビュープロセスをレベルアップできることもあれば、状況を改善できる立場にないこともあり得ます。
>
> もしそれが後者で、あなたの状況にとって理解できるものであれば、7章のSREとして採用されるための章を参照し、履歴書の更新を始めてください。それが少し極端すぎるというのであれば、失敗から学ぶことに関してより良くなる可能性を意識するだけでも、良い影響を与えることが多いと言えるでしょう。失敗から学ぶことについて書かれた10章から、物事を改善するためのアイデアを得られるかもしれません。

8.1.3　ビルダー/プロジェクト/学習モード

そうです、ときには腰を据えて物を組み立てたり、作り上げたりすることもあります。ときには 学ぶことに時間を費やすこともあります。以下に挙げるようなものも含めて、さまざまな可能性があります。

- SREタスクを実行したり、ユーザーにセルフサービスインタフェースを提供するためのカスタムアプリケーションやサービスのコーディング
- 新しい環境やインフラのプロビジョニング(多くの場合、Terraformなどの Infrastructure-as-Codeツールを使う)
- 監視/オブザーバビリティ/アラート設定の改善
- いくつかのサービスの廃止
- サービスの運営や利用からトイルを取り除く
- リリースエンジニアリングプロセスのある側面を改善する(おそらく、インシデントで学んだことをキャッチするためのテストを書く)
- 先週失敗したサービスの一部のコードを修正(前項目と同様)
- カオスエンジニアリングの実験の実施

- ドキュメントの作成
- いつか使うことを想定して新しい技術を学ぶ

これは私が思い付く限りの不完全なリストですが、手始めにはなるでしょう。あなたの組織や職務によって、個人的なリストは似ているかもしれませんし、まったく違うものかもしれません。

このリストを見直すと、大まかに楽しいことをたくさん挙げたことに気づきました。完全な情報開示のために言いますが、この仕事はいつも草原を飛び回る幸せなウサギばかりではありません。雑用やアウゲイアス王の牛舎[†4]の掃除に相当するような仕事をすることもあるでしょう。SREの「トイルを取り除く」という志が間違いなく発揮される場がここにあります。あなたのリストに加えられることを期待しています。

8.1.4 アーキテクチャモード

これは、私が世の中でもっと頻繁に起こって欲しいと願うモードであるため、もし現在の職種でそれがあなたにとって大きな願望であることが判明したとしても、私は完全に共感できます。理想を言えば、SREは、誰かが本番環境に何かを投げ込みたいときや、そこで失敗したときだけでなく、プロジェクトの計画段階からその専門知識と経験を発揮できます。ここでは、SREは設計や計画会議に出席し、「信頼性」の代表者として、また提唱者として行動しています。理想的には、セキュリティ担当者をプロセスの初期段階からこのような会議に招き、誰かが構築中のシステムのセキュリティに目を光らせていることを確認するのと同じような形で、このようなことが行われます。

SREの歴史が浅く未知数であったり、「ページャーに対応する人たち」としか思われていない組織では、このようなプロセスの初期段階からの参加はまれです。ですから、もっとプロセスの初期から関わるようになって欲しいというのが私の願いです。もしあなたがこのようなケースに当てはまるのであれば、インシデント後のレビューの仕事を正式な仕事にできるかもしれません。その際には、慎重かつ政治的に行動するよう強く警告しておきたいことがあります。(あなたがそれをどんなに真実だと信じていても)「この障害は、設計時にSREがいれば起こらなかっただろう」などという言葉を誰も聞きたくはないでしょう。

[†4] 翻訳注:3,000頭の牛を飼いながら、その牛舎を30年間掃除しなかったという逸話のあるギリシャ神話に登場する人物

もしあなたが現在、プロセスの早い段階で関与することが、あなたにとってとても遠いことのように感じられるので、このような考え方に深いため息をつく立場にいるのなら、どんな形であれ、進み続けることを奨励したいです[†5]。アーキテクチャモードには、信頼性を向上させる多くの可能性があります。単一障害点（SPOF）を世の中に顕在化する前に発見するという基本的なこと以外にも、できることはたくさんあります。たとえば、ベストプラクティス、標準的なインフラ構築ブロック、当初からの適切な監視などを作りたいと考えているのであれば、開発プロセスへそれらを注入するのに多くの場合で最適な場所でしょう。このアイデアについては、16章でさらに解説しています。

8.1.5　管理職モード

SREが常に個人貢献者（IC）であるとは限らないことを認識するため、ここにこの話を書き残しておきます。ときには人を管理したり、テックリードのような大きな管理的、監督的役割を担うこともあります。1995年のLISAカンファレンスで発表され、私が初めてマネジメントの世界に入ったときに慰められた論文があります。

"Something to Nothing (and Back)"（https://oreil.ly/O7TSX）では、著者のGretchen Phillipsはこう語っています。

> 昨年の秋、娘たちも一緒に事務所を訪れたのですが、一日の終わりに家に帰ると、娘たちはこう言いました。「お母さんは1日中話してばかりだったけど、お母さんの仕事は何なの？」って。私は娘たちに、ミーティングに行ったり、人と話したり、メールを読んだり（ときには返事をしたり）しているのだと説明しようとしました。しかし、こう言ってから、私も自分がもう何も「していない」ような気がしていることに気が付きました……1日にこなす仕事の量にかなり不満を感じていました。悲しいことに、私はマネージャーになっていたのです。
>
> この憂鬱な状態を誰もが望むよりずっと長く引きずっていましたが、ついに私は吹っ切れて、自分が何か、つまりミーティングに出たり、人と話したり、メールを読んだり（そしてときには返事をしたり）しているだけでなく、私がしていること

[†5]　SREと信頼性に関する秘密がここにあります。現実の世界では、SREを取り巻く課題は必ずしも技術的なものとは限りません。ときには高度に政治的な課題もあります。そこに行くのは嫌かもしれませんが、技術的な向上と同時に政治的な手腕も磨くのが得策でしょう。政治的な問題には政治的な解決策があり、技術的な解決策で解決しようとしてもほとんどうまくいきません。その違いを知り、それにしたがって行動しましょう。

は重要であり、私が使っているテクニックのいくつかは明らかに価値があると気が付きました。このことに気づいたのは、体調を崩して休んだ後に職場へ戻り（在宅勤務は不可能だった）、机の上やメールボックスの中に注意を要するものが大量に山積みになっているのを発見した後でした。そして、私のチームの技術者（システム管理者）の誰一人として、これらの事柄に手をつけていなかったのです。実際、いくつかのプロジェクトは私が次のステップに進めるのを待っていました。

だから、SREマネージャーとして、「あなたの1日はどのようなものですか」という質問に対する答えは、「ミーティングに行っています」かもしれません。

8.1.6　計画モード

SREとして、仮想の一日の一部は計画に費やされるでしょう[†6]。すべき計画はたくさんあります。

- アーキテクチャモードまたはビルダー／プロジェクトモードに関連する実施計画
- キャパシティプランニング
- 自己定義作業（チームとして何をすべきか、この組織におけるSREの目的は何か、SREでどこに行きたいか、など）

これはすべてごく普通のことなので、もっと面白いコラボレーションモードに移ろうと思います。

8.1.7　コラボレーションモード

本書を通じて、私はSREとは「あくなき共同作業」であると繰り返し主張してきました。しかし、実際にはどうなのでしょうか。この答えにはさまざまな側面が考えられます。というのも、共同作業にはさまざまな側面があるからです。私がそれをうまく説明できると考えている（本章ですでに述べた以外にも、たとえばアーキテクチャモードなど）3つの例を挙げてみましょう。

まず第一に、SLI/SLOの定義と実施（およびそれをサポートするための監視/オブ

---

†6　少なくとも私はそうなることを願っています。そうでない場合は（「「希望は戦略にあらず」であることを覚えておいて欲しい）、この章の後の方で、積極的か消極的か、バランスを取る必要性についての議論を参照してください。

ザーバビリティのための関連作業）というSREの実践には、（ほとんど[†7]すべてのケースにおいて）共同作業が**不可欠**です。開発者、プロダクト/プロジェクトマネージャー、利害関係者、ビジネスパーソンなど、同僚と協力して、システムの信頼性を推論し、SLI/SLOを作成できるようにシステムを十分に理解することは、深い共同作業です。

　2つ目の例は、組織によって異なる名前で呼ばれるレビュープロセスです。ほぼ同じ考え方が「プロダクションレディネスレビュー」「アプリケーションレディネスレビュー」「ローンチ前レビュー」、その他似たような名前で呼ばれているのを聞いたことがあります。これらがサービスや製品のライフサイクルの中でいつ行われるのか、また実際のレビューの内容には多少の違いがあるものの、基本的な考え方は同じです。SREは、新しいサービスや新しく改訂されたサービスが本番環境にデプロイされる前のある時期に関与し、そのサービスが本番環境で確実に稼働するために必要なものは何か、その標準にどれだけ近いかを判断する手助けをします。これは多くの場合、チェックリストやフォームに基づく活動です。SREは、標準的なチェックリストや書式をもとに、製品チームと何度も議論を行います。彼らは一緒に、計画されたサービスを立ち上げる前に、そのサービスのさまざまな運用面について検討します。

プロダクションレディネスレビュー／アプリケーションレディネスレビュー（PRR/ARR）がこの節にある理由

　PRR/ARRの例について、暗黙的ではありますが重要なことを指摘しておきます。この例は意図的に「コラボレーションモード」の節にあり、存在しない「ゲートキーピングモード」と呼ばれる節にはありません。このような実践をする場合、あなたやあなたと関わることになる人たちが、この活動をできるだけ共同作業として捉えることが極めて重要です。このような活動は、「私たちが恐れる、あるいはせいぜい歯を食いしばって我慢する要求事項」のカテゴリに入りやすく、そ

[†7]　「ほとんど」という言葉をここで使っていることを疑問に思ったと思うので説明します。SLI/SLOは、あなた自身、あるいはおそらくあなたのチームが所有し、利用する、完全に内部的なサービスのために作成され、他の誰とも話す必要がないこともあります。そのようなケースはまれで、おそらくあまり興味深いものではありませんが、存在します。もしあなたのSLI/SLOの仕事がこのような本当に狭いエッジケースに当てはまらず、他の人と共同作業をしていないのであれば、私は仕事の進め方をよくよく見直すべきだと主張する用意があります。

> れに関連するSREがゲートキーパーの役割を担うことになりやすいのです[†8]。
>
> このようなことが起こりがちなのは、そのプロセスが煩わしく、神経質で、特殊で、本番環境での信頼性の価値が不平等に共有されていると認識されている場合です。世間知らずと言われようが、私は心の底から、たとえインセンティブが必ずしもそれを支持しない状況であったとしても、ものづくりをしている人たちは、自分たちのコードが本番で意図した通りに動くことを心から望んでいると信じています。この共通の願望を利用しましょう。SREには、共同作業を強化するために、共感しながらコミュニケーションを取り、行動する義務があります。

私が最後に挙げたコラボレーションモードの例は、本書の他の箇所でも紹介していますが、これは繰り返すに値する真理に基づいたものです。SREは、他の人々が利用するサービスやシステムをサポートする仕事をしています。私たちは常に、顧客（社外または社内）の期待に応え、理解することを第一の目標としています。つまり、私たちは仮想的な一日の一部を顧客との共同作業に費やしている（あるいは費やすべきな）のです。では、実際にはどのように顧客との共同作業を行うのでしょうか。

すべてのあり得るサービス／製品のシナリオに対応する形でこの質問に答えるのは少し難しいので、基本的なことに戻って、それは顧客の話を聞くことから始まると述べておきます。質問は質問を生みます。では、SREはどのように顧客の声に耳を傾けるのでしょうか。これに対する同じく基本的な答えは、「監視業務を通じて」です。適切な質問をするために監視を利用すれば、監視はしばしば強力な情報源となります。また、SLI/SLOは顧客との継続的な共同作業を核とするものであることにも留意すべきです。

8.1.8　回復とセルフケアモード

これがリストの最後にあるのは、他のすべてのモードに付随するものであるためで、他のモードより重要性が低いからではありません。SREは魅力的で、すべてを飲み込む可能性のあるキャリアです。エキサイティングで興味深い仕事と、責任感や自己肯定観が組み合わさった、特に強力な生活を提供するものであり、そのために容易に無理をしてしまいがちです。これに加え、勇気のある「消防降下」や「ビルの側面を懸垂下降して窮地を脱する」といった英雄崇拝やロマンチックな評価をめぐる一般的な文化

[†8]　16章でより詳しく解説します。

的風潮が、SREを不健康で持続不可能な仕事生活に陥りやすくしています。こんなことをしてはいけません。

自分（と他人）を大切にしましょう

燃え尽きた人間は、信頼できるシステムを構築することも、効果的に参加することもできません[†9]。週60時間から75時間働いている人がいると聞いても（たとえそれが誇らしげに言われたとしても）、私はもはやそれを称賛されるべきこと、評価されるべきことだとは思いません。逆に、それを修正すべきシステムの失敗として捉えます。

私たちの仕事には、回復とセルフケアの時間が必要です。このことに関して私たちは先に挙げたような文化的なメッセージを受け取っていますが、これは完全に有効なモードなので、見過ごさないでください。もしあなたが管理職であれば、これがあなたの企業文化の一部であることを確認し、従業員が回復やセルフケアのために必要な時間をためらうことなく取れるようしてください。それがただ正しいことであるだけでなく、結果的にあなたの世界の信頼性を高めることにつながります。

8.2 バランス

こうしたモードの組み合わせが、多かれ少なかれ効果的な結果をもたらす方法について何も語らずに「SREはいろいろなことをやって、いろいろなモードに出たり入ったりするんだよ」（これは本当のことではある）とだけ言ってしまうのは、ひどい怠慢だと感じます。

SREにとって日常的に登場する正反対の性質は数多くあり、そのうちのかなりの数については、この章ですでに述べた通りです。以下はその一部です。

- トイルと永続的な価値を持つ仕事[†10]
- 受動的な仕事と能動的な仕事（受動的な仕事とプロジェクト仕事として議論されることもあります。消火活動をしているのか、サービスの信頼性を向上させるために

[†9] 私たちが構築するシステムのほとんどは、社会技術システムになります。レジリエンス工学は、このテーマについて多くのことを語っています。

[†10] そして、SREの文脈で使われる**トイル**という言葉の他の属性はすべて、詳細は『サイトリライアビリティワークブック』（https://www.oreilly.co.jp/books/9784873119137/）の6章「トイルの撲滅」を参照のこと。

コードを修正しているのか、ということです）
- 割り込み状態と「フロー状態」の比較
- 単独作業と共同作業
- 危機と非危機

　仕事の性質上、このようなリストを書き続けるのは簡単ですが、ここで少し立ち止まって、この文脈でバランスを論じることを少し複雑にしている実存的な真実について少し話しましょう。ポリアンナ[†11]になりきって、「すべての物事においてバランスを取るように努力しなさい」と、マイクドロップをするのと同じようなことをキーボードを使ったタイピングで言えればいいのですが、そう簡単にはいきません。

　人々は「すべてのSREは、最低50%をエンジニアリングの作業にあてていなければなりません」[†12]、あるいは「50%のプロジェクト業務」という言葉を引用したがりますが、たいていの場合、引用の残りの部分は省かれています。この場合、引用文は「いくつかの四半期あるいは1年を通して平均してみたときに」「安定してエンジニアリングに50%の時間をあてるのは、SREチームによっては現実的ではないこともあります。そのようなチームでは、ターゲットを下回る四半期もあることでしょう」と但し書きがあります。この引用は特にトイルに関するものですが、同じような発言は受動的な作業とプロジェクト作業の間にも存在します。

　ここで注意しなければならないのは、バランスを取ろうと努力することは素晴らしい考えですが、その努力を複雑にする状況的要因がしばしば存在することです。たとえば、私が何度も目にしてきた要因のひとつに、「初期のサービス」と「成熟したサービス」の経験の違いがあります。新しいサービスは、ほとんどの場合、よりノイズが多く、より受動的な作業を必要とし、より多くのトイルをもたらします[†13]。私がこの話を持ち出したのは、SREが自分の過失によらず、希望する種類の作業に費やす時間が50%未満になるというメタ状況にストレスを感じることがあるからです。ときには新しいサービスに対応しなければならないこともあります。ときには、より成熟したサービスが炎上しているため、その対処に乗り出すよう要請されることもあります。私の考えでは、こ

[†11] 翻訳注：ポリアンナ（Pollyanna）は米国の小説家エレナ・ホグマン・ポーターによる児童文学シリーズの主人公のことで、その性格から転じて「極端に楽観的な人物」を指します。
[†12] これも『SRE サイトリライアビリティエンジニアリング』の5章からの引用です。
[†13] その程度は、組織がどれだけ成熟しているか、本番でこのプロフィールのものを何度立ち上げたか、プロジェクトに携わる人々がどれだけ経験を積んでいるか、などにも左右されます。

うした状況要因は、サービスにとっての天候パターンのようなものです。私は、ある期間は大雨が降ることがあるとわかっているので、その事態に備えて精神的な準備をします。

物事が平準化するのが理想です。実際に平準化されなければ、そこでバランスを取ろうと努力する（あるいは別のポジションでバランスを取るためにやめる）ことになります。バランスの欠如は、あまり楽しくない方法で状況に応じて生じることもあります。なぜなら組織や自分の役割にまつわる背景には、トンネルの先に光を見いだせないような問題や欠陥があるからです。

私はこのことをオブラートに包んで話したくはありません。SREには悪い仕事もあります。もしあなたがその悪い仕事をしていて、それを辞める経済的柔軟性があるのなら、私はそうすることを支持します。あなたはSREで幸せになる資格があります。

この章をこのような悲しいトロンボーンの調べで終わらせるのではなく、これまでの悲観的な内容を再構成してみましょう。私がSREについて強く評価していることの1つは、このテーマをきちんと取り上げて、それについて明確な意見を提示していることです。本書の序盤で述べたように、SREは持続可能な運用を実践しようとしています。バランスはその重要な一部です。あなたがSREの実践において、良いバランスを見いだせることを願っています。

8.3　1日を良い日にする

このアトラクションから降りて、この章を終える方法として出発点に戻るために、選択肢を行使することについて一言述べます。この章では、SREの一日の中で遭遇する可能性のある事柄について、皆さんの理解を深めるよう努めました。また、バランスのような、あるべき（と私が考える）側面や資質を強調しようとしました。私の経験では、そのような資質や前向きな経験は、私たちがそれらに気を配り、意図的に取り組まなければ、必ずしも私たちが望むような方法や量では現れません。ぜひその道を選んでください。

9章
トイルとの関係を築く

　SREの文脈で「トイル」というテーマが頻繁に取り上げられることを考えると、このトピックがいかに不透明で、このトピックに関する文章や会話がいかに不正確で、開発や運用の実践からいかに切り離されているかは注目に値します。このテーマに関するもっとも優れた文章のいくつかは、Vivek Rauの『SRE サイトリライアビリティエンジニアリング』(https://www.oreilly.co.jp/books/9784873117911/)の5章「トイルの撲滅」と、より多くの著者による『サイトリライアビリティワークブック』(2018年、オライリー・ジャパン、https://www.oreilly.co.jp/books/9784873119137/)の6章にあります。この2つの章を未読であれば（どちらも英語版はオンラインで誰でも無料でアクセスできます[†1]）、この章に進む前に読むことを強くおすすめします。

　この章では、「トイル」に関する多くの記事が取り組んでいるこれらの章の蒸し返しを避け、かわりに、SREがこれらの基本を読んだ後に、「トイル」と微妙で健全な関係を築く方法に焦点を当てようと思います。そのために、定義を手短に引用し、それを足がかりとして私たちの探求を始めることにします。

　このプロセスの第1歩は、トイルについて議論する際の表現の精度を高めることです。私たちが「雪」という見出しでくくる天候について、ある文化圏がかなりの語彙を持っているのには、それなりの理由があります。雪の降り方が異なれば、異なる対応が必要となったり、少なくとも人々に異なる経験をもたらすことがあり得ます。ニュアンスの異なる方法でトイルについて語ることができれば、それにどう対応するかの選択肢が増えます。

[†1] 翻訳注：https://sre.google/books/

9.1　トイルをより正確に定義する

　私たちが避けるべき最初の罠は、**トイル**（嫌なこと）という口語的な理解に陥ってしまうことです。この点については、『SRE本』（https://www.oreilly.co.jp/books/9784873117911/）の中でVivek Rauが「Googleでの定義」という表現をしているのが参考になります。彼はその定義の中で、トイルの特徴として以下の項目を挙げています。

- 手作業であること
- 繰り返されること
- 自動化できること
- 戦略的であること
- 長期的な価値を持たないこと
- サービスの成長に対して$O(n)$であること[†2]

　Rauは、トイルとして認定されるために、これらの項目すべてをチェックする必要はないけれど、箇条書きの各項目が当てはまり、特徴が一致すればするほど、トイルである可能性が高くなると指摘しています。

　Rauは彼の章で、このように点と点を結んでいませんが、もしあなたが彼の言及したトイルの悪影響のいくつかを観察し始めたら、『SRE本』（https://www.oreilly.co.jp/books/9784873117911/）の5章「トイルの撲滅」において、トイルは「キャリアの停滞、士気の低下、混乱の発生、進歩の鈍化、前例の設定、人員縮小の促進、背信の原因」という影響を及ぼす可能性が、示唆されていることを思い出してください。ここには、トイルの識別を確認できる、現実的な結果がかかっています。ただ注意したいのは、この方法は遅行指標に依存しているということです。このような指標を見つけたときには、すでにダメージは発生しています（どのキノコが毒キノコか、味見して判別するのと同じようなものです）。

[†2]　計算機科学を専攻していない読者のために簡単に説明すると、この特性は、サービスの成長に応じて直線的にスケールする作業を表しています。たとえば、手作業で100ユーザーを追加するのに1時間、1,000ユーザーを追加するのに10時間、10,000ユーザーを追加するのに4日強かかるとしたら、それは線形にスケールしていることになります。一般的にSREは、可能な限りチームを（少なくともこのペースで）大きくすることなくサービスをスケールできることを切望しています。

> ## インシデントや障害はトイルか？
> ## チケットはトイルか？
>
> 『SRE本』(https://www.oreilly.co.jp/books/9784873117911/)では、「トイルの計算」の節（5章「トイルの撲滅」）で、Googleのチームがオンコール業務に費やす時間の長さが紹介されています。そこではオンコールはトイルの2番目に大きい原因として挙げられています（1番目は割り込み）。このことから、オンコールはトイルのエンジンであると結論付けられるかもしれません。基本的な質問をしてみましょう。「インシデント／障害はトイルでしょうか？」と、その副次的な「チケットはトイルでしょうか？」です。
>
> もし私が寛大であれば、「場合による」と答えます。もし私があまり寛大でなかったら、どちらも「多くの場合」トイルであると答えるでしょう。チケットによってもたらされるタイプの仕事は、Rauの定式に忠実な単なるトイルであることが多いです。以前のインシデントの繰り返しであるインシデントも、明らかにトイルです[†3]。しかし、それは興味深いケースではありません。
>
> さらに興味深いケースは、サービスの喪失につながる状況がこれまでになかったような斬新なインシデントです。また、オンコールの経験は、他では得られないシステムや本番環境についての教育を提供するものであり、貴重であるという主張もあります。おそらく彼らは、斬新なインシデントのオンコール経験を指しているのでしょう。斬新なチケットは、同じ考え方の低強度版であると考えられます。このことから、物事にはトイルと思われるまでトイルにならないこともある、という奇妙な結論が導き出されます。
>
> この錬金術を可能にする魔法の要素は、失敗から学びがあるかどうかです。これは、トイルのバケツから経験を弾き飛ばす永続的な価値を提供します[†4]。このように失敗から学ぶことを重視することは、SREが内面的に一貫している点の1つです。

[†3] そして、その繰り返しは、プロジェクトの作業努力が不十分であることを示す良い兆候となり得る、と主張できます。また、**トイルの削減**の定義を広げるのにも役立ちます。

[†4] この時点で、あなたはこう考えるかもしれません。「うーん、では、インシデント（およびチケット）のより多くの割合を斬新で学習的な経験にするためにはどうすればいいのだろう？」と。はい、確かにその通りです。

9.2　誰のトイルについて話しているのか

トイルを定義するとき、たとえその答えに一般的な前提があったとしても、省いてはならない非常にシンプルな質問があります。それは「誰のトイルなのか」です。私たちはこの文脈で、ほとんど常に**私たち**のトイルを指しています。つまり、顧客ではなく、システムの運用担当者が経験する運用上のトイルです。

本書の他の多くの箇所で、私は顧客の視点から物事を考慮すること、たとえば、顧客の視点からシステムを監視すること、顧客の期待を満たす尺度としての信頼性、などをすすめていることを考えると、この答えは少し変わっています。顧客のトイルを軽減することは、通常、製品管理や製品開発を形作る人々の権限に委ねられています。このルールには興味深い例外があり、これについては後ほど「トイルへの対処」の節で説明します。

> **顧客のトイル、SREの新境地？**
>
> 顧客のトイルの話に移る前に、私は2つの前向きな余談をしたいと思います。まず第一に、SREは、セキュリティやプライバシーのような、厳密には信頼性の問題ではないテーマについて、顧客の代弁者となることが多いように、顧客のトイルを軽減するための会議や計画策定プロセスにおいて、私たちも同じような力を発揮できる可能性があると思います[5]。私たちはトイルを発見することに長けています。
>
> 第二に、私の直感によれば、業務上のトイルと顧客のトイルには興味深い関係がありますが、これまでそれを探求する研究は不十分でした。
>
> どのような関係でしょうか。たとえば、プロビジョニングリクエストを提出するために、顧客は複数のステップを踏まなければならないというように、運用上のトイルがときとして顧客のトイルという形でさらされることがあります。顧客は3つの別々のリクエスト（コンピューター、ストレージ、ネットワーク）をしな

---

[5] 公正な警告：すべての顧客が、あなたと同じようにトイル削減の価値を認識するとは限りません。コストと利益のトレードオフを、顧客はあなたとは違った見方で考えるかもしれません。また、本書の技術レビューアーであるNiall Murphyが指摘しているように、チームが「手作業をこなすのが得意でコーディングが苦手な場合、それがトレードオフとして実際に意味を持つこともあり」ます。

ければならないかもしれません。これは運用上のトイルの関係性が反映されたものです（このような多段階のプロセスでは、最初のリクエストから最終的な処理までの待ち時間も非常に長くなりますが、これも副次的な効果にすぎません）。これはコンウェイの法則そのものではありませんが、共振周波数のように感じられるのは確かです。

このテーマに関して調査すべき新境地です。この件に関してご意見があれば、ぜひご連絡ください。

9.3　なぜSREはトイルを気にするのか

さらに根本的な疑問として、なぜSREはトイルと関係があるのか、そしてその関係はどのようなものなのか、という2点が挙げられます。

SREが信頼性への賛歌（あるいは哀歌）であふれるエンジニアリングの分野であることを考えると、SREがトイルとの戦いにこれほど大きく関与する根拠は、システムの信頼性に何らかの影響を与えることに強く根ざしていると思われるかもしれません。これは少し物議を醸すかもしれませんが、私はここに、それが真実ではないことをお伝えします。

このテーマに関するほとんどの記事は、トイルを改善するには自動化が必要であり、自動化によってミスが減り、ミスが減ることで信頼性が向上するという論証（あるいは、この主張のいくつかのバリエーション）を試みています。トイルはSREと実際に関係がありますが、自動化による信頼性がその原動力だとは思いません。最近の障害において、自動化が意図せず悪者になっているのを見たことのある人、あるいは自動化とそれがどのように失敗し得るかについて、より微妙な見方をしている人なら、自動化が信頼性の原動力であるという主張が実際にどれほど揺らいでいるかを見抜けるでしょう。通常、このような記事には、自動化が特効薬となる理論的なケースの例が挙げられています。しかし全体としては、私はそれを信じていません。ここで私から3つの提案をさせてください。そのうちの2つ目は、おそらくあなたが経営陣に伝えるべきことでしょう。

美学

これは私がもっとも信じているつながりです。SREがトイルを排除しようとす

るのは、それが彼らの美的感覚を傷つけるからです。わかりやすく言えば、彼らはトイルが優雅でなく、非効率的で、不必要で、最適でなく、ただただ不愉快だと感じているのです。これは、私たちの脳がどのように配線されているかを反映したものであり、絶対音感を持つことと、そしてそれがもたらす日々の問題（つまり、コンサートに参加してピアノの調律が狂っていると気づくと、基本的にほとんどの場合不愉快に感じる）にいくらか似ています。

お金

もっと優しい言い方があるでしょうが、人材にはお金がかかります。SRE（やSWE）のように高度な訓練を受けた技術者を採用し、給与を支払うには莫大な費用がかかります。組織には、高価な人材に世界と収益を前進させるような仕事、つまりトイルの対極にあるような仕事をしてもらいたい理由がたくさんあります。組織はバランスシート上、できるだけ多くのサービスを運営するために、できるだけ少人数の従業員を雇うことを望んでいるので、Rauのトイルの特性リストの最後の箇条書き（「サービスの成長に対して$O(n)$であること」）を避けることに大きな財務的関心を持っています。

時間の使い方／仕事の満足度

最終的にはお金に関することであるため、これは間違いなく前項のサブテーマですが、分けて強調するほど重要なことです。ここにも、トイルの二次的効果があります。たとえば、ほとんどの技術者は、トイルに1日中時間を費やすのを避け、開発に時間を費やしたいと考えているでしょう。したがって、チームの幸福とその結果の定着率は、大きく影響を受けるでしょう。また、過度のトイルは、他の（好ましい）仕事をするためのサイクル量にも悪影響を与えます。この章で紹介した文献やインターネットで見つけた他の文章を読めば、トイルは放っておくと軽い苛立ちからあっという間に本当の脅威へと変わることが納得できるでしょう。

この3つの推進力はうまくかみ合っています。SREはその体質からトイルに取り組みたいと考えており、組織の財務的な関心から、たとえそれが信頼性に重点を置いた職務内容とは直接関係なくても、この業務にインセンティブを与えることを喜んでいます（そしてトイルを減らしている人々も喜んでいます）。

9.4　トイルのダイナミクス：初期 対 後期

　トイルの定義と、そもそもなぜトイルを気にするのかについての率直な理解が深まったところで、トイルをシステムそれ自体として、よりニュアンス豊かに理解することに移りましょう。それでは、いくつかの異なる種類のトイルと、それがいつ、どのように現れるのかについて話しましょう。

　トイルとの健全な関係を築く上で邪魔になることの1つに、トイルがどのように去来し、顕在化し、変化していくのかについて、いささか粗野な話し方をすることがあります。通常、人々がトイルについて語る場合はおおよそ「トイルがあり、それを減らすために努力した」というものです。ここに欠けているニュアンスは、状況の力学です。そのような力学の1つが、サービスの成熟度とトイルの関係です[†6]。

　ほとんどの場合、新しいサービスにはトイルがともないます。なぜでしょうか。

- 新しいサービスは、監視とアラートのチューニングの過程にあります。その結果、「ノイズが多い」のです。
- システムの運用に必要なプロセスは、ほとんどの場合「非機能要件」に分類されます。つまり、サービスの存在意義として構築しなければならないコア機能の一部ではないということです。そのサービス／製品／プロジェクトは、何かをするため、あるいは顧客に何かを提供するために構築されています。サービスを実行するためにしなければならないことが、そのコア機能の1つであることはほとんどありません。設計段階において、そのような運用のテコが十分に考慮されていたのであれば素晴らしかったのですが、コアな機能にほとんどの注意が払われていたのは、おそらく適切なことだったのでしょう。機能要件を重視するあまり、他の要件が抜け落ちてしまうことは理解できますが、スケーリングに関する懸念が計画プロセスから抜け落ちてしまうことには、私はあまり寛容になれません。セキュリティに関しても同様です。多くの場合、トイルを軽減するために必要な自動化がコード化されるのは、(もし必要であったとしても)プロセスのかなり後期になります。ところで、このことは、本書の他の箇所で、開発の初期段階においてSREがその部屋にいることが重要であると主張していることの、もっとも強力な論拠の1つです。

[†6] Googleのブログ記事 (https://oreil.ly/Ichv5) にも、サービスの成熟度と信頼性の関係が書かれています。

- サービスを運営する上で、私たち自身の全知全能を信じたいのは山々ですが、システムが本番でどのように機能するかという環境あるいは文脈の側面が明らかになるのは、多くの場合、本番に入ってからであり、隠れた仮定や制限が私たちを苦しめることになります（つまり、1つのエンドポイントが100の異なる転送ルートを処理し得るということですか？ 素晴らしいですね！）。そして、水漏れの原因を見つけるか、より良いボートを建造することを期待しながら、一度にバケツ1杯ずつボートから水をすくい出す（これがトイルです）という立場になります。
- もう1つ、可能性は低いですが、「予想以上のことが起こる」バリエーションとして、サービスの顧客が、新しく構築されたサービスを予想外の方法で使い始めるというものがあります。多少作り話が混じりますが、現実に起こり得る例として、人々が新しい電子メールシステムを文書アーカイブシステムや大容量ファイル転送システムとして使い始めたらどうなるかを想像してみましょう[†7]。予想もしなかったストレージの割り当てや管理の手間が発生するかもしれません。

では、なぜこの「新しいサービスにはより大きなトイルがかかる」という力学が重要なのでしょうか。まず第一に、これによって私たちは現実的な方法でトイルにまつわる期待を設定できます。私たちは精神的に、より大きなトイルをともなう期間やトイル軽減のための準備ができます（そしてチームの約束に組み込めます）。それは、ただ雨に降られるのと、その地域の気候特性について理解した上で雨になるとわかっていることとの違いです。新サービスのトイルの軽減を将来の努力に頼れるのであれば[†8]、最初に立ちはだかるトイルは有限であると考えられ、その方がはるかに負担は軽くなります。

この力学が重要である第二の理由は、私たちが**初期のトイル**（サービスの初期に関連するトイル）と**後期のトイル**を区別できることを示唆しているからです。理論上、初期のトイルは、先に述べたように、サービスを成熟させるために行われる技術的な作業の一部として減少していきます。後期のトイルはもっとやっかいです。後期のトイルとは、新しいサービスを作る際に一掃されなかったトイルであり、そのトイルがチームの上に

---

†7 翻訳注：こうした意図した利用方法以外の方法で依存される例は「Hyrumの法則」として知られています。Hyrumの法則は次のような内容です。「十分な人数の API ユーザーがいる場合、契約の中で何を約束しても、それは重要ではなく、システムで観測できるすべての動作について、誰かが依存するようになります。」https://www.hyrumslaw.com/

†8 たとえば、あなたはエンジニアリングの計画や資源配分においてトイルの削減に取り組んでいる組織で働いているとします。もし、あなたの組織がこれと正反対だと知ったなら、それはもっと面白くない話です。

残り続けるか、(さらに悪いことに)そのサービスに不可欠なトイルであるかのどちらかです。後期のトイルの原因を特定することで、それを取り除くために必要となる潜在的なトイルを理解できます。

関連した観察内容で、次の節で重要となるは、**初期**と**後期**の対立が時間という次元の中で現れるトイルについて何かを語り始めることに注目することです。私たちが、このテーマへのニュアンスに富んだアプローチを実施する場合は、常にトイルを時系列的な枠組みで捉える必要があります。

9.5　トイルへの対処

トイルとの関係を築くための最後の節です。トイルとそれがどのように振る舞うかについて、より広く、より繊細な理解を得た今、私たちはそれに対して何をしようとしているのでしょうか。

トイルをなくすことについて書かれた(主にGoogle以外での)文献の多くは、次のようなストーリーを示唆しているようです。あなたの環境におけるトイルを特定してください。ある種の自動化またはセルフサービスメカニズムによって[†9]、それを排除してください。以上。簡単でしょう?

私は、これが独自の法則であると主張する準備はまだできていませんが、次のようなかなり確固とした仮定を宣言するのに十分強力な証拠があると信じています。私はニュートン流に、トイルは創造も、(この議論の目的にとってもっとも重要なことですが)破壊もできない[†10]、せいぜい変形できる程度である、と主張します。これを「トイルの保存」と呼んでも構いません[†11]。

これが何を意味し、なぜ重要なのかを見てみましょう。

[†9] 多くの場合、彼らは喜んで売り込んでくる。
[†10] 翻訳注:エネルギー保存の法則
[†11] Niall Murphyは、この文章をレビューした際に強い言葉でコメントを寄せていますが、その中で、トイルをなくすことはできないという私の主張に同意せず、私が省いてしまった補足というか例外を指摘しました。設計は直接的にトイルに必要なものを変えられます。だから、私の最初の発言を「根本的な設計の選択と変更以外では、創造も破壊もできない」と言い換えた方がいいかもしれません。そのような選択肢はあまりない(ですし私は、根本的な設計変更後は、もはや同じシステムではないと主張したくなるかもしれないですが……)のですが。

自動化がトイルに対するデウス・エクス・マキナ[†12]のような解決策であると私たちが語る物語では、通常、トイルがなくなったのではなく、トイルが変化したという不都合な真実は無視されます。

何に変わったのでしょうか。複雑さです。

さて、「手間を省く」ために実行されるコードの新しいレイヤーができたことで、私たちは新たな課題を抱えることになりました。そのコードの故障モードを管理し、計画時に考慮し、発見し、対応する必要があります。誤解しないで欲しいのですが、私は、あなたが目を見開いてトレードオフを意識的に受け入れている限り、圧倒的多数のケースにおいて、これは世界との賢い取引だと信じています。

私たちが作り出すセルフサービスの仕組みが、トイル（少なくとも私たちのトイル…「誰のトイルについて話しているのか」を参照）からの壮大な解放者であるという物語の中で、私たちは通常、トイルが取り除かれたわけではないという不都合な真実から目をそらしています。では、このトイルの変換に内在するトレードオフはどこにあるのでしょうか。これによって、最大限の分散／非集中システムへと移行し、各ユーザーがそれぞれ個別の紙コップのトイルを持つことになりますが、これには独自の課題（再び複雑さ）があります[†13]。以前と同じように、これらの課題に耐える覚悟がある限り、これは通常正しい選択です。

広い意味では、このすべてが重要です。なぜなら、トイルと健全な関係を築くためには、「トイルをなくす」ことで実際に何が起こるのかを明瞭な目で理解することが重要だからです[†14]。

[†12] 翻訳注：古代ギリシャの演劇において、解決困難な状況に陥った際に、絶対的な力を持つ神が状況を解決し、物語を解決させて物語を収束させた演出手法。

[†13] 私が、ほんの少しのトイルについて論じるとき、私は主に、開発者が社内のプロセス／ウェブサイト／ツールを使って何かを要求し、他のグループにそのリソースを要求することなくそれを手に入れられる、セルフサービスのプロビジョニングシナリオについて言及します。より大きなスコープのシナリオ、たとえば、完全に「あなたがそれを書いて、あなたがそれを実行する」シナリオの場合、レビュアーのKurt Andersenは、「システムの責任／所有権を作成チームに押し付けることの主な問題は、コードを書く以上のことを行う複雑さを管理できるようにすることである」と正しく指摘しています。

[†14] この疑問についてしばらく考えた後、私は**トイルの撲滅**という言葉自体に問題があるのではないかと考え始めています。また、害悪削減の観点からトイルについて考えることは、トイルをなくすことに取って代わる有用な方法なのだろうかとも考えています。

> ## トイルの保存を探る
>
> 　読者の中には（私もその一人なので）このアイデアをもう少し深く掘り下げたいと思う人が相当数いると思います。もしこのような小難しい話がお好きでなければ、どうぞご遠慮なく読み飛ばしてください。
>
> 　**質問1：どうしてトイルが生まれないのですか？初期のサービスは新たなトイルをもたらすと言いませんでしたか？**
>
> 　とてもいい質問です。サービスの構築において、ある種のアーキテクチャを決定するとき、私たちはそのパターンに内在するトイル（それは常にそのパターンの一部であり続けていて、私たちが創造したものではない）を利用しているのだと思います。たとえば、私たちのサービスが「ユーザー」や「アカウント」に別々のIDを持たせると決めた場合、宇宙がそのトイルを保管する部屋への扉が開かれたことになります。
>
> 　**質問2：サービスを書き換えてユーザーを持たなくしたとします。私はそのトイルを取り去って、破壊したのではないでしょうか**
>
> 　この質問に対処するために、私ならまずそのマジシャンに、複雑さの攻撃を受けずに（あるいは複雑さを別の場所に押しやることなく）このトリックをどうやって行ったのかを尋ねるでしょう。また、書き換えによって、同じサービスとして正確に表現されるシステムを作り出したかどうかにも興味があります（これは、元の質問を解体することでかわしていることは認めますが）[15]。
>
> 　この推測については、まだまだ探求すべき問題がたくさんあると思います。私は、SREコミュニティがもっとトイルの理論的側面を探求してくれることを切に願っています。

9.5.1　中級から上級のトイルの削減

　トイルの削減の議論のほとんどは、単一システムの例に焦点を当てています。その話はたいてい、「操作にX個の手作業が必要なシステムがあった。私たちはそのステップを自動化した。Xのリクエストの審査と承認にかなりの時間を費やしていたので、そ

---

[15] なぜか私は、この種の仮説がいかに破綻しているかを示すために使われる「祖母に車輪があれば路面電車になる」ということわざを思い出します。

の必要がないセルフサービスのシステムを作った。やったね」[†16] これらはすべて良い話であり、どれも称賛されるべきものです。そして実際、トイルの削減のレベルアップに必要なエンジニアリングリソースを割り当てるよう人々を納得させるだけの評判が蓄積されるまでには、こうした一連のストーリーをすべて蓄積する必要があるかもしれません。

このような単一システムの勝利から次のステップに進むには、環境からあらゆるトイルを特定し、排除する努力を重ねることです。たとえば、中央監視システムへの新しいサービスのオンボーディングが、伝統的に手間のかかる一回一回のタスクであった場合、新しいサービスオーナーが、監視システムに流れるテレメトリーを構築するのを簡単にするプロジェクトは、二重の勝利です。それは「正しいこと」を簡単にするだけでなく、あなたの環境における監視にまつわるすべてのトイルを飛び越えてしまいます。プロジェクトが成功すれば、新サービスの立ち上げ時には、通常のオンボーディングによる「初期のトイル」への貢献は必要なくなります[†17]。

以前、時系列的な文脈の中でトイルについて語ることの価値について述べたとき、単一システムでのトイルに対する取り組みからのさらなる拡大が示しました。エンジニアリングの能力は（現実的なことを言えば[†18]）非常に限られたものです。トイルについて考えるとき、時間について考えるなら、おのずと次のように重要な疑問が湧いてきます。「自分の有限な能力を、過去のトイル（後期）、現在のトイル（初期）、将来のトイルのどれに振り向けるだろう」より高度なトイル軽減の取り組みは、通常、これから抱えるトイルを軽減することを目的としています。一度にいくつかの時間的な方向性を組み合わせるのが一般的です（そしておそらくそれが望ましいでしょう）。

小規模なトイル削減作業から、中級から上級のステップアップとして、特筆すべきことがあります。それは、（通常、組織にとってのコストという観点から[†19]）環境におけるトイルを特定し、ついには定量化することを目的とした調査を実施することです。これによって、私たち全員が「見ればわかる」というところから出発して、標準/慣行、そ

[†16] これは、中央の組織からトイルを取り去り、複雑さをともなうすべてのユーザーにそれを分散させた例です。

[†17] とはいえ、**チューニング**に関連したトイルはまだ残っているはずです。

[†18] 理論的に、「いつでも人を増やせる」や「そうなったらいつでも人を動かして対処できる」といった魔法のような考え方で見るのとは対照的です。

[†19] 『サイトリライアビリティワークブック』の5章には、トイルとその現在の影響を定量化する方法に関する素敵な節があり、予算を管理する人々にとって非常に説得力があります。本書の13章には、予算の会話に関するさらに良い議論があります。

してビジネスが推論する方法を知っている貨幣単位へと導けます。このような取り組みは通常、人間に尋ねるか、コンピューターに尋ねるかの2つの方法のいずれかで行われます。調査、インタビュー、ワークシャドーイングは、最初のカテゴリに入ります。チケットシステムデータの分析、インシデント後のレビュー分類法、「手動」ツールの使用統計は、「コンピューターに聞く」データ収集の例です。

　私の経験では、人と話したり、人間から自己申告データを収集したりすることなく、データを収集し、分析したいと思うのと同様に、両方のアプローチが必要です。正しい質問をしていることを前提にすれば、調査は、機械データのギャップを特定したり、トイルに関連する人間の意思決定プロセスを発見したりするのに役立つ可能性が高くなります[†20]。「自動デプロイシステムが特定のユースケースに対応できないために使われないことがある」や「設定に手間がかかりすぎる」といったことを明らかにするのに役立ちます[†21]。

9.5.2　あなたはどうするつもりですか

　この章を終えるにあたり、個人としても組織としても、私たちは皆、トイルと関係を結ぶ必要がある（SREのようなものの）ことを指摘しておきます。その関係は時間の経過とともに変化する可能性があり、また変化していくでしょうが、それは当然、意図的なものであったり、意図的ではなかったりします。これはあなたが判断することです。

[†20] 私たちは皆、仕事を完遂したいと思っています。仕事を完遂するためなら、人は日常的に「目に見えない」トイルを厭わないことが大半です。どのように仕事をしているのか、人に尋ねることでそのトイルが明らかになるでしょう。
[†21] ここではっきりさせておきたいのは、このような場合の動作はログから見つけることができるかもしれませんが、その根拠を特定するのはまったく別のことだということです。

10章
失敗から学習する

本書には多くのSREのプラクティスが掲載されていますが、独自の章を設けているのはこの章だけです。失敗から学ぶことは、私たちの望む適切なレベルの信頼性をもたらそうとする、積極的なSRE実践の結節点にあります。最善の説明をするために、この交差点で出会う道を見てみましょう。

まず第一に、監視／オブザーバビリティがあります。これは、先に信頼性向上作業を始めるにあたって、もっとも重要なこととして挙げられました。このデータは、システムの現在の状態、つまり「現状」を明らかにしてくれます。

第二に、SLI/SLOのような作業計画プロセスがあり、これによって、私たちの意図や「あるべき姿」の目標を合理的な程度に明確にできます。

そして最後に、インシデントや障害（それにともなう対応策）があります。これらは（好むと好まざるとにかかわらず）、**あるべき姿**から**現状**がどのように乖離しうるか、あるいは乖離してきたかについてのデータを提供してくれます。

失敗から学ぶことに関する実践は、この岐路に位置します。失敗から学ぶことで、現在地から目指す場所へと反復するためのフィードバックループを作り、育成できます。しかしそれは、私たちが意図的でなければ起こりません。

10.1　失敗について語る

失敗から学ぶことに関連する具体的な活動を紹介する前に、それらの活動に役立ついくつかの包括的な考え方について議論することが重要だと私は考えています。レジリエンス工学に関する文献（本章で後述します）に明確に示されている考え方の1つは、失敗についてどのように語るかが、失敗への取り組み方や考え方に劇的な影響を与え

るというものです。表面的には、失敗とは特定の事実のパターンであり、それを表現したり、概念化したり、枠にはめたりするのに違う言葉を使ったからといって、特に変わらないように見えるかもしれません。

　私たちの分野で、その最たる例が「根本原因」という言葉の使い方です。何年もの間、私たちはインシデントが発生した後、失敗の根本原因を特定するために熱心な調査を行い、それを根本原因分析（RCA、Root Cause Analysis）にまとめていました。この節を読んでいる人のかなりの割合が、今日でもRCAを発表するために「根本原因」を探し求めている雇用主のもとに勤めているか、勤めていた経験があると私は確信しています。

　この用語の何が問題なのでしょうか。長年にわたり、レジリエンス工学コミュニティ（その領域を航空業界やその他の物理的にリスクの高い環境だけでなく、ソフトウェアにも広げてきた）の穏やかな後押しを受けながら、ほとんどの非自明なインシデントはそのように発生していないことが明らかになってきました。ほとんどの非自明なインシデントにおいて、私たちが指摘できる単一の因果関係を持つ単一の根本原因は存在しませんでした。複雑系は、驚くことではありませんが、複雑な方法で故障します[†1]。私たちは、この複雑さを認識するために、「根本原因」ではなく「一因」について理解するようになりました（そしてそれにしたがって話すようになりました）[†2]。

　この用語の転換がなぜそれほど重要なのかは、すぐにはわからないかもしれません。用語の転換によって、私たちは視点と枠組みの転換を得られます。インシデントを根本的な原因があるものとして話すことをデフォルトにしてしまうと、多くの場合、単一で統一された根本的な原因を見つけようとする行動を促すことになります。これは、「なぜなぜ分析」（次のコラムを参照）のような不幸な慣行につながります。

[†1] そう、この脚注は、Richard Cook博士の論文 "How Complex Systems Fail"（https://oreil.ly/F2sX3）を読むようにという、また別の呼びかけです。この論文は5ページしかありませんが、読めばきっと私に感謝することでしょう。

[†2] 最近、企業が「根本原因分析」文書を発表し、あるインシデントが起きたのは、**これとこれとこれ以外**の要因によるものだと指摘することは珍しくありません。私はこうした報告を見て面白いと思います。なぜなら、根本原因なのか、要因なのか、どちらかわからないからです。

「なぜなぜ分析」（そして、最初に「何」を尋ねない限り「なぜ」を尋ねてはならない理由）

もしあなたがこの考え方に触れたことがないのであれば、万が一のときに悲鳴を上げて逃げられるように、手短に説明しましょう。「なぜなぜ分析（5つのなぜ）」[†3]とは、インシデントの根本原因にたどり着くまで、（3歳児のように）何度も何度も「なぜ」と問いかけるべきだというプラクティスや指導のことです。内なる独白は次のような感じでしょう。

システムがダウンしました
なぜ？
サーバーが停止したからです
なぜ？
ディスクがいっぱいになったからです
なぜ？
ログファイルが大きくなりすぎたからです
なぜ？
ログファイルのローテンション機構が停止したからです
なぜ？
設定ファイルから漏れてしまったからです

ログファイルのローテーション機構が設定ファイルから抜けているのが根本的な原因です。すべての設定ファイルにログローテーションの設定があることを確認しましょう（**自画自賛**）。

このような、作為的ではありますが現実的な例を挙げれば[†4]、少なくとも1つの問題点を発見できるに違いありません。1つの因果の連鎖を追い求めることに労力を費やすと、インシデントを理解する（そして後にそこから学ぶ）ために不可欠な重要情報の全体像を、必ずと言っていいほど見逃してしまうのです。

観察した1つの事柄を深く掘り下げようとするのは構いませんが、その状況に

[†3] 翻訳注：トヨタグループの創始者、豊田佐吉が考案した手法。
[†4] たとえば、「システム上の何がディスクを埋め尽くすほどのログデータを送信していたのか？」という質問を完全に飛ばしているようです。重要な可能性があるのではないでしょうか。

おける他の要因を無視することを犠牲にしてはいけません。ときには、**なぜ**を繰り返す前に、**何**(つまり、**何が起こったのか**)の質問にすべて答えたことを確認する必要があります。

「なぜなぜ分析」は、単一の根本原因に焦点を当てることが、失敗から学ぶ上でいかに不利になるかを示す、特に明らかな例です。この用語を使うと、明確な因果の連鎖を1つ特定できたと思った時点で、インシデントを深く観察することを(潜在的にでも)やめてしまうことになりますが、これはアンチパターンです。インシデントや失敗についてどのように語るかは重要です。

10.2　インシデント後のレビュー

インシデント後のレビューは、多くの意味で失敗から学ぶための主たる実作業です。したがって、この節では時間をかけて解説します。インシデント後のレビューとは何か(そして何ではないか)、インシデント後のレビューの過程で陥りがちな罠(そして、それを回避する方法)、そしてインシデント後のレビューをさらにレベルアップさせるためのアイデアをいくつか紹介します。

呼び方について

呼び方について簡単に説明しましょう。インシデント後のレビューは、人によって呼び方が異なります。かつては(今でもそうですが)、これを「ポストモーテム(検死解剖)」と呼ぶのが一般的でした[†5]。その作業の目的へさらに強く傾倒したい人の中には、「インシデント後の学習レビュー」と呼ぶ人もいます。そして最後に、「レトロスペクティブ」[†6]や「回顧レビュー」と呼ばれることもあります。これらの用語はほとんど互換性があるので、この章では**インシデント後のレビュー**(Postincident Review、PiRと省略することもある)を使います。好きな用語に置き換えて読んでください。

---

†5　この言葉は最近少し廃れてきていますが、それはインシデントでは(原則的には)死者が出ないからでしょう。
†6　アジャイル界隈の人々と用語の用法について戦わなければならないので、私は使いません。

10.2.1　インシデント後のレビュー：基本

まず、インシデント後のレビューがどのようなものか、基本的なことを説明しましょう。

インシデントや障害が発生しました（ご愁傷さまです）。あなたやあなたのチームは問題を軽減しました。さて、インシデント後のレビューの時間です[†7]。

インシデント後のレビューとは、状況に対する共通の理解を構築し、その経験から可能な限り多くを学ぶことを意図して、インシデントとそれを取り巻く状況を調査し、文書化し、議論するプロセスです。レビューの後、今後、同様の事故が発生する可能性を低減するために実施すべき修繕措置を決定することも珍しくありません。

前段落には非常に多くのニュアンスが含まれているので、いくつかの質問に答えながら、一つひとつ分解していきましょう。

> Q：インシデント後のレビュープロセスはいつ開始しますか
>
> A：人間の記憶は薄れていくものなので、インシデント解決後、できるだけ早く、遅くとも24〜36時間以内が理想的です。これは言うほど簡単なことではありません。というのも、特にやっかいな、あるいは長引くインシデントの後では、チームは休みたいからです。ですので、ベストエフォートで早く実施しましょう。
>
> Q：障害のたびにインシデント後のレビューを始めるのですか
>
> A：この件に関しては意見が分かれるところですが（オペレーショナルエクセレンスの厳しさの一部としてこれを含める組織もある）、大まかなコンセンサスとしては、重要なインシデント（この言葉をどう定義するかは別として）が発生するたびに1回は実施すべきだということです。この答えに付け加え、もう1つの基準として、有益なことを学ぶ機会があるかどうか、を提案します。過去に調査したものと見分けがつかないような、新規性のない再発インシデントがあった場合、前回のインシデント後のレビュー（そのために、再び同じ状況に戻っている可能性もあります）から学んだことを実際に行動に移すために時

---

†7 ……かどうかは、この章のもう少し後で判断することにしましょう。

間を費やす方が、レビューを繰り返すよりも生産的かもしれません[†8]。

> ## インシデント後のレビューとは違うもの
>
> インシデント後のレビューとは何かを説明する中で、より明確にするために、私は、人々が定期的に混乱を示すのを見るので、インシデント後のレビューではないことをいくつか述べたいと思います。
>
> **アクション／修理項目のリストでもなければ、アクション／修理項目作成プロセスでもない**
>
> この章の後の方で、「どうするのか」という段階まで急ぐ人々について詳しく述べます。しかしここでは、インシデント後のレビューは、インシデントを徹底的に分析した後にアクションアイテムを書き出すことはできますが、本来は主に学習プロセスである、とだけ言っておきます。
>
> **文書や報告書ではない**
>
> 確かに、学んだことを書き留めておくことはベストプラクティスであり、他の人たちも（おそらく将来的に）知識を共有できますが、「月を指せば指を認む」[†9]のような過ちを犯してはいけません。このような報告書は（おそらく公的な謝罪の一環として）公に公表されることもあるので、その中で実際に何かを学んだことを証明するのが得策です。ここでもう1つ、プロのヒントを紹介しましょう。インシデント後のレビューを文書化するための標準化されたテンプレートがあれば、将来、集団的な経験をさらにメタ分析するのが容易になります。

[†8] ここにも議論に値するニュアンスがあることに注意してください。たとえば、以前に公にされたインシデントの繰り返しである場合、2回目のレビューを行い、顧客に公表する必要がある可能性が高いです。というわけで、頑張ってくださいませ……

[†9] 仏教の首楞厳経より。「人の指で月を指して（他の）人に示すように、その人は、指（の存在）によってまさに月をみるでしょう。もし、また指を観てそれを月の実体だと（理解）したなら、この人はどうして単に月輪を見失うだけで済む（と言える）のでしょうか」（翻訳注：『昭和新纂 國譯大藏經 経典部 第7巻 首楞伽経巻第二』《三井晶史 編、2009年、大法輪閣、ISBN9784804618340》より引用、およびその現代語訳）

> **因果関係を証明しようとするものではない**
> 私たちは、インシデントの決定的な因果関係を明らかにすることで、探偵小説を書いたり、殺人事件の謎を解いたりしようとはしていません。前述したように、インシデントはそれ以上に複雑です。加えて、他のすべてを排除して一元的な根本原因を追求するプロセスには、驚くほどの学びがあります。
>
> **責任をなすりつけようとしているのではない**
> このリスト項目については、別のコラムが控えているので、詳しい説明は少し後にしておきましょう。

10.2.2 インシデント後のレビュー：プロセス

それでは、レビュープロセスがどのように機能するのか、本題に入りましょう。最初の、そして間違いなくもっとも重要なステップは、インシデントの以前と以後（インシデントの前、最中、後に起こったこと）を含む、インシデントの詳細な時系列を作成することです。ここでのゴールは、何が起こったのかを十分に詳細に記録し、何が起こったのかについて（できる限り）詳細な共通理解を得られるようにすることです。インシデントに関する文書を読んだ後、そのときその場にいなかった人が、何が起こったのかを正確に理解できるようになるのが理想的です。時系列の共有、リアルタイムのレビュー、インシデント後のレビュープロセスを行うミーティングのスケジュールの立て方について、少し話をしましょう。

文書に時系列を作成する

共有される時系列は、読者が（時間的にも他の事柄との関係においても）物事がいつ起こったのかを理解できるだけでなく、次の項目を満たすだけの十分な詳細さを持つ必要があります。

- どのような決定がなされたか（そしてどのようなアイデアが却下されたか）
- 関係者が当時持っていたコンテキストのための情報（監視／オブザーバビリティデータなど）
- 誰が関与し、誰が関与していないのか（例：該当領域の専門家であるパットは休暇中だった）

- どのような資料（文書、人など）を参照したか[†10]

　理想的には、これらすべてを文書化する際に、直接的な裏付け情報を含めます。たとえば、インシデントに関与した人々が監視システムで3つのグラフを見ていたのであれば、インシデント発生時にそれらのグラフのスクリーンショットを含めることは、事実の後に状況を見て特定の決定がなされた理由を確認する人々にとって非常に有益です。インシデント発生中に、共有のコミュニケーションチャンネルで重要な発言がなされた場合は、それを含めます。基本的な考え方はおわかりでしょう。

　これは相当な労力のように聞こえるかもしれませんし、実際その通りです[†11]。優れたインシデント後のレビューでの時系列を作成するには、膨大な労力を要します。一人の人間が自分の経験を書き留めるだけでなく、必要なデータを得るためには、ファシリテーターが複数の人にインタビューをする必要があるかもしれません。しかし、広範なインシデント後のレビューを準備したことのある人の多くが口を揃えて言うのは、もっとも意外な洞察が、予期しないタイミングで調査プロセスからもたらされることがあるということです（「待って、何？そのデータポイント、今まで気づかなかったよ。ああ、それは実に興味深い、つまり……でも、もしそれが本当なら、どうして？それは2ヵ月前から？」）。

時系列／インシデントをリアルタイムで見直す

　文書化された草稿が完成し、話し合いの準備が整ったら、今度は同僚とリアルタイムでインシデントをレビューする番です。インシデントに関与した全員が（最低限でも）現実の部屋かバーチャルな部屋に集まり、情報を追加、訂正したり、文書化された時

[†10] 私は「どのようなリソースを参照しなかったのか」「どのようなことをすべきだったのか」とは言っていないことに気を付けてください。それでは、これから述べるインシデント後レビューの罠にはまりかねません。この考えをしっかり持っておくことが、後で重要になります。

[†11] 組織によっては、インシデント後のレビューを作成するための社内テンプレートやガイドを用意していて、これをもう少し簡単に、あるいは少なくとももう少し構造化できるようにしています。『SRE本』（https://www.oreilly.co.jp/books/9784873117911/）には、付録Dにポストモーテム文書のかなり簡素な例が載っています。ウェブで検索すれば、より詳細な例が見つかるでしょう。

系列や見解を見ながら読んでいきます[12]。経験豊富で中立的なファシリテーター[13]を同席させ、ディスカッションを誘導することを強くおすすめします。

> ## ファシリテーターとしてのSRE
>
> 経験豊富で中立的な立場でインシデント後のレビューのファシリテーションを行うことは、組織においてSREが担うべき優れた役割です。
>
> ディスカッションの良いファシリテーターになるには、ある種の人格、つまりある種のSREが必要です。このような場面では、強い人間力とSREの心構えの組み合わせが有効です。

このような話し合いがうまくいかない（あるいはうまくいく）方法については、これから説明しますが、その前に覚えておいて欲しいことがあります。ある出来事についてどのように話すか、具体的な質問の言葉に至るまで、私たちが学ぶことに大きな影響を与える可能性があります。**どのようにして**（何かが）起こったのか、あるいは**何が**起こったのかを問うことは、私たちが調査的な場所にとどまり、インシデントの間に何が起こったのかについてもっと知ることを促進します。**なぜ**と問うことは、私たちを発見から診断、そして将来のステップへと向かわせるのには逆効果となります。会議で**なぜ**と問うのは、プロセスの次のステップと連動するため、最後まで控えましょう。

翌日もまたミーティング

私がこれから提案することは、ほとんどの組織では起こらないことで、「ただそれを解決する」という部分にたどり着きたい人々を苛立たせることになるのはわかっています。しかし聞いてください。

多くの（ほとんどの？）組織では、会議で共有された時系列を話し合うことから、状

---

[12] 「文書に書かれている通り」というのは甘い発言だと理解しています。なぜなら、このような会議はレールを外れることもあるからです。特に、ファシリテーションが弱かったり、その場の個性が強すぎたりする場合はなおさらです。これが、私が複数の人とインタビューすることをすすめる理由の1つです。会議の力学が「最適でない」場合、全員の声を確実に聞くために役立つテクニックのひとつは、その場で発言する人に頼るのではなく、会議の前に個別にインタビューを行うことです。

[13] 個人的にインシデントに関与していない、あるいはインシデントと直接的なつながりがないという意味で**中立的**な立場ということです。

況を解決するためのアクションアイテムを集めるための計画的な会話へとすぐに移行します。多くの組織は、この部分をもっとも重要なものとしてプロセスの中心に据え、この部分に到達するために時系列のレビューを急ぎます。このことがいかに問題であるか、これからの罠について説明する節で（金箔押しをして）強調します。そこではアクションアイテムの作成を急ぐことが、ある意味で本筋を外れていることを納得していただこうと思っています。

かわりに、最初のミーティングは「何が起こったか」に専念し、翌日には「それに対してどうするのか」という質問に答えるために別の（おそらく小規模の）ミーティングを招集することをおすすめします。このインシデント対応翌日のミーティングは、アクションアイテムの作成を急ぐ気持ちを抑え、またキーパーソンには、今聞いたことを熟考し、より良い修復項目の提案をするための時間を少し与えます[†14]。

非難のないインシデント後のレビュー

どのSREの本にも、少なくとも一か所は**非難のないポストモーテム**についての記述があります[†15]。私の本の場合はこのコラムがそれです。

インシデント後のレビューを（恥をかいたり責めたりするプロセスではなく）学習の機会として実施するという目標は、今や運用を行っている人々の意識に広く浸透していると思いたいです。しかし、あるチームがこの素晴らしい慣習に倣わなかったという話を私はいまだに耳にします。というわけで、このテーマについていくつか言いたいことがあります。

解雇をしても信頼性は上がらない

障害につながるミスを犯した人を解雇しても、システムの信頼性が向上する

[†14] 翌日のミーティングがもっとも重要なのは、重大な、あるいは斬新なインシデントの場合です。「2回も会議をする時間がない」と不満を漏らす人がいれば、「より効果的な修正や、同じことを繰り返さないためのより良いシステム改革を行うために、より多くのことを学ぶことは、時間をかける価値があるのでないだろうか」という疑問が生じます。会議の席では、それよりも少し政治的なことを言うのが順当でしょうが、言いたいことはおわかりですよね。

[†15] 少し水を差すようですが、私はJ. Paul Readの主張には共感しています。人間は責任を負わせるようにできているため、かわりに私たちにできることはせいぜい非難に対して意識する程度です。この考え方の詳細については、非難に関するこちらの記事（https://oreil.ly/0-fLg）を参照してください。

> わけではありません。チームの規模が（おそらく重要な）1人分小さくなるだけです。これが一般的な慣行となっている環境の話を今でも耳にします。そのような場合、失敗から学ぶことは間違いなくありますが、ただ間違ったことばかりを学ぶことになります。
>
> 失敗した人を称え、その失敗から何を学んだかを発表し、他の人が利益を得られるようにする組織は、全体として実際に学ぶのに有利な立場にあります。

10.2.3 インシデント後のレビュー：よくある罠

ある出来事について話すために大勢の人がいる部屋に入ると、さまざまなことがうまくいかなくなる可能性があります[†16]。あるいは少なくとも、通常の「集団の中にいる人々」の問題を超えて、レビュープロセス特有のことがうまくいかなくなります。私は、こうした罠の一つひとつが（ありがたいことに同時にではなく）出てくるレビューに参加したことがあります。

これは、絶対音感を持つ人がライブを見に行くたびに、チューニングが狂っている楽器（ほとんどすべて）に気づくという、「絶対音感」の状況のひとつであることを警告しておきます。あなたも、さまざまな状況で何度も何度もこのような罠に気づき、腹立たしく思うことでしょう。こうしたことに気づき、穏やかで丁寧な行動を取ることが、こうした時の失敗からより良い学びを得るのにそれほど役に立たないと考えなかったら、私は気まずくなるでしょう。この章のすべての節の中で、この節がもっとも重要かもしれません。それぞれの罠について、何に気を付けるべきか、なぜそれが問題なのか、そして軌道修正して状況を改善する方法を説明するつもりです。

罠1：問題を「ヒューマンエラー」のせいにする

問題：ある状況で人間がミスを犯したことは紛れもない事実かもしれませんが、ヒューマンエラーや「パイロットのミス」と決めつけることは問題ではありません。問題は、人々が**ヒューマンエラー**というレッテルを貼って満足し、それ以上深入りすることなく先に進むときに起きます。

どうすればもっと良くなるか：このミスを犯すに至った個人的、制度的、組織的背景

[†16] 本書にこの現象を紹介してくれたNick Stenningと、本書にインスピレーションを与え、寄稿してくれたJessica DeVitaに感謝。

を特定することには、たいへん大きな価値があります。私たちは、その時その人が正しい判断をしていると思っていたことを前提としなければなりません。その決定的な瞬間、私たちが**ヒューマンエラー**と呼んでいる行動は、彼らにとって理にかなっていました。そう考えると、今、私たちが問うべきは、次のような質問です。「そのとき、その人は何を知らなかったのか？」「エラーメッセージ／監視ダッシュボード／ドキュメント／その他で何が欠けていたのか？」「そのとき、私たちのツールやプロセスはどのように不足していたのだろうか？」インシデント後のレビュープロセスにおいて、ヒューマンエラーで終わらせなければ、もっと大きな学びが得られる可能性があることが理解できると思います。

罠2：……できたはずだ、……すべきだった、…だろう、…できなかった、…しなかった（反実仮想推論）

問題：インシデント後のレビューで、人々がいつもこのようなフレーズを使っているのを耳にすることでしょう。「オンコール担当者はバックアップサーバーに切り替えられたはずだ」「開発者は設定を元に戻すべきだった」「SREがロードバランサーの再起動に失敗したとき……」。

ここで問題なのは、これらはすべて、起こらなかった出来事について述べたものだということです。起こったことを理解するために、起こらなかったことを語るのは、反事実的推論です。インシデント後のレビューは、実際に何が起こったのかを調査するために行われるもので、起こるべきであったというストーリーを展開することは、良く言えばその目的から逸脱し、悪く言えばインシデントに関与した人々を非難する方法です。

どうすればもっと良くなるか：何が起こっていたら良かったかではなく、何が起こったかに集中することです。もし自分が反実仮想的な推論に流れていることに気づいたら、できればそれを指摘し、かわりにインシデントの間に実際に起こったことに話を戻すようにしましょう。

罠3：インシデント発生時の決断を結果に基づいて判断する（規範的な言葉を使う）

問題：もしあなたが、人々が**急いで**、**うっかり**、**不十分**のような「批判的な」副詞を使い始めていることに気づいたら、あなたはおそらく、インシデントを説明する際に決めつけるような言葉に流れてしまったのでしょう。これは罠2の親戚で、というのも、

私たちはまたしても、彼らがやってもいないし、持ってもいないことで、状況や人々を判断してしまっているからです。

　私たちがこうした言葉を使うとき、人々が「間違った」ことをしたときに何が起こるかをすでに知っていて、とにかくそれをしたと仮定しています。しかし、その知識、つまり行動の結果についての知識は、後知恵で楽しむものでしかありません。物事の渦中にいた人々は、その行動を起こした時点では、その行動の結果を明確に知らなかったし、知ることもできませんでした。その瞬間に知ることができなかったたった1つのことをもとに彼らを判断するのは、不公平であり、何の役にも立ちません。

　どうすればもっと良くなるか：罠2と同じ対処法です。（完璧な、あるいは先見の明のある知識があれば）こうなっていたら良かったのに、と思うことではなく、起こったことに集中することです。当時の人々が何を知っていたのか、そして、個人的、システム的、組織的な背景的サポートがどのように欠けていたためにその決断が最適ではなかったのかを正確に把握しましょう。

罠4：機械の無謬性を想定する（機械論的推論）

　問題：これは罠1と周辺的に関連しています。罠1では、私たちは一個人と彼らが犯したミスを責めることで満足していました。あるインシデントについて、あたかも人間一般が常にミスを犯し、その人間性が問題の原因であるかのように語る人がときどきいます。Jessica DeVidaはこれをスクービー・ドゥー[†17]の誤謬と呼ぶのを好んでいます。「あのお節介な子供たちがいなければ、システムはうまく機能していたはずだ」といった具合です。ある人が犯した、頭の悪いミスがなかったら、マシンはまだ元気に動いていたかのように話すのをよく耳にします。間違った設定をプッシュしてしまった、間違ったノブを回してしまった、間違った配線を外してしまった、などなど。ここでは、人間はシステムの機械論的な完璧さを妨げるカオスエージェントとして描かれています。ここで問題なのは、現実の世界ではそれが通用しないということです。人間に欠陥があることを発見しても、システムの真の欠陥を発見することにはつながりません。

　私が聴衆に話をするときにこのことを示す1つの方法は、本番環境のシステムの責任者であれば手を挙げてもらうことです。そして、どれくらいの期間、まったく触れなく

---

†17　翻訳注：米国のアニメシリーズに登場する架空の犬の名前。

ても†18 そのシステムが正常に稼働しているかどうか、手を挙げてもらいます。少なくとも1日に1回……1週間に1回……2週間に1回……1ヵ月に1回……と、徐々に期間を延ばしていき質問を続けます。1日1回の時点で手を下げている人はほとんどいませんが、時間が長くなるにつれて、まだ手を挙げている人は（いたとしても）ほとんどいなくなります。

こうなる理由は、私たちが運営するサービスというのは、実際には、機械とそれに接する人間の両方からなる社会技術的構造だからです。現実には、人間は通常悪者ではありません。多くの場合、人間は適応能力（レジリエンス工学を思い出してください！）の源であり、必要な変更や予期せぬ問題が発生したときにシステムが機能し続けることを可能にします。

どうすればもっと良くなるか：もしあなたが、人間が責任を取るように仕向けられている状況に気づいたら、その立場の人々を中傷するのではなく、サポートするために何ができるかを問い、次に進みましょう。彼らを改善が必要なシステムの一部として考えるのです。システム自体のプロセスやリソースにどのような欠陥があるのか。これは、失敗からより総合的に学ぶことにつながります。

罠5：うまくいった点を無視する（学習機会の損失）

問題：インシデント後のレビューではめったにしない質問がありますが、それはまったく新しい学びの領域を開くことになります。インシデント後のレビューでは、私たちは物事がうまくいかなかった点ばかりに目を向け、うまくいった（あるいは普段からうまくいっている）点にも多くの学びがあることに気づいていません。

Safety-IIとSafety-III

4章では、Erik HollnagelのSafety-IIとNancy LevesonのSafety-IIIの研究に触れましたが、これは障害が起きている短い時間ではなく、期待通りに進んでいる残りの時間に焦点を当てることに大きなメリットがあることを示唆しています。物事がうまく機能している原因を学び、システムのその部分を強化できれば、インシデントを未然に防ぐことに大きな影響を与えられるでしょう。成功から学ぶ

---

†18　もし直接話す機会があれば、何百台もあるマシンのルートアクセスをすべて1度に失った日のことを聞いてみてください。いい時代でした。

ことで失敗について学べるという考えには、いまだに驚かされます。彼らの研究をウェブ検索することを強くおすすめします。それはあなたの視点を永遠に変えてしまうでしょう。

どうすればもっと良くなるか：通常、「これはどのように機能しているのか」、あるいは「このインシデントがそれ以上に悪化するのを防いだのは何か」といった質問をすれば、耐障害性と信頼性を向上させるために、すでにポジティブに作用しているいくつかの環境の側面を発見することがよくあります。インシデント後のレビューでこのようなメカニズムが明らかになれば、もう少しのサポートでさらにインパクトのあるアプローチができるかもしれません。

10.3　レジリエンス工学を通して失敗から学ぶ

5章では、レジリエンス工学が本書の何カ所かで出てくると書きましたが、さて、今回も出てきました。私は、SREに適用可能な方法で失敗から学ぶことに、これほど重点を置いている、あるいは得意としている学問分野を他に知りません。本書で取り上げるトピックの多くは、この学問分野とその関連研究に影響を受けたり、そこから学んだりしたものです。

あなたの関心を引くかもしれない話題の1つは、**レジリエンス工学**の定義です。David Woods は、"Resilience Is a Verb"（https://oreil.ly/PIBl1、一読の価値あり）の中で、レジリエンス工学を次のように定義しています。

> レジリエンスとは、システムが避けられない不測の事態に対応するために必要な能力のことである。適応能力とは、経験する出来事、機会、混乱の種類の将来の変化に対処するために、活動のパターンを調整する可能性のことである。したがって、適応能力は変化や混乱がその能力を求める前に存在する。システムはさまざまな適応能力を持っており、レジリエンス工学は、それらがどのように構築され、維持され、劣化し、失われていくのかを理解しようとするものである[†19]。

[†19] David D. Woods, "Resilience Is a Verb," in *IRGC Resource Guide on Resilience (Vol. 2): Domains of Resilience for Complex Interconnected Systems*, eds. B. D. Trump et al. EPFL International Risk Governance Center, 2018.

私にとって、これはレジリエンスという言葉の口語的な使われ方（多くの場合、**フォールトトレランス**の同義語として使われる）よりも深いレベルでレジリエンスについて考え始める方法を提供してくれるものであり、本当に魅力的なものだと思います。もしあなたがこの分野に興味を持たれたのであれば、この分野の文献を探されることをおすすめします。

> ### 私たちが「レジリエンス（回復力）」と言うとき、何を意味しているのか（そして何を意味し得るのか）
>
> 5章では、レジリエンス工学に精通することで、**レジリエンス**という用語が一般的にどのように使われているかに敏感になれると述べました。David Woodsからの別の抜粋で、その経験をより確かなものにしたいと思います。以下の分類法は、SREをより深く考え、実践する方法を垣間見られるでしょう。
>
> CookとLong[†20]に要約されているように、David Woodsはレジリエンシーという用語に以下の4つの意味を提唱しています[†21]。
>
> | 用語 | 表現されるシステムの振る舞い |
> | --- | --- |
> | 1. リバウンド | 混乱やトラウマとなるような出来事から立ち直り、以前の活動や通常の活動に戻る |
> | 2. 堅牢性（ロバストネス） | 増大する複雑性、ストレス要因、挑戦に対処できる |
> | 3. 上品な拡張性 | 不意打ちのような出来事がその限界に挑戦するとき、パフォーマンスを向上させ、適応能力を高める |
> | 4. 持続的な適応性 | 状況が進化し続ける中で、将来の驚きに適応できる |
>
> ほとんどのSREは、**リバウンド**とおそらくは**堅牢性**の間のどこかで仕事をしていると思います。もしあなたがこのことに興味を持たれたのであれば、Adaptive Capacity Labsの人たちの仕事やレジリエンス工学全般について調べてみることをおすすめします。

---

† 20　"Building and Revising Adaptive Capacity Sharing for Technical Incident Response: A Case of Resilience Engineering"（Richard I. Cook、Beth Adele Long、2021年1月、Applied Ergonomics 90）

† 21　"Four Concepts for Resilience and the Implications for the Future of Resilience Engineering"（David D. Woods、2015年9月、Reliability Engineering & System Safety* 141, 5-9）

10.4　カオスエンジニアリングを通じて失敗から学ぶ

　失敗から学ぼうとする私たちの努力を高めてくれるもう1つの分野は、カオスエンジニアリングです。カオスエンジニアリングは常に私を楽しませてくれます。なぜなら、失敗を生み出すことが（私たちの学習にとって）望ましいという考えは、何年も前に初めてこの話を聞いたとき、システム管理者の私にとっては非常に直感に反するものだったからです。このテーマについては本がたくさん出ているので[†22]、今回は簡単な紹介にとどめます。

　現時点では、ほとんどの運用専門家がカオスエンジニアリングについては耳にしたことがあると思います。しかし残念ながら、ほとんどの人はこの分野について、「Chaos Monkeyで生産現場のものを壊す」という初歩的な理解しか持っていません。このテーマについて人と話すとき、私は『カオスエンジニアリングの原則』(https://oreil.ly/5qcJa) のこの定義から始めるようにしています。

> カオスエンジニアリングは、システムが本番環境における不安定な状態に耐える能力へ自信を持つためにシステム上で実験を行う訓練方法です。

　私が強調したいキーワードは、**訓練**と**実験**です。これはカオスエンジニアリングが、あるシステムについての理解を深めるために計画された、意図的で科学的な方法（実験につながる仮説）による探求から成り立っていることを明確にしています。私たちはたまたま、失敗をこれらの実験における主要な材料として使っているだけなのです。

　カオスエンジニアリングの実験はなぞなぞではありません。むしろ、悪条件下でシステムがどのように振る舞うかを理解するために、答えのわからない質問を投げかけるのです。たとえば、「メモリが不足し始めたとき、システムはどのように機能しなくなるのか？」という質問はよく考えることでしょう。バックエンドのデータベースをオフにするとアプリケーションが爆発することがすでにわかっている場合、「データベースをオフにしたらどうなるか見てみよう」というのはカオスエンジニアリングの実験ではありません[†23]。

[†22] 実際、Casey RosenthalとNora Jonesの著書 "Chaos Engineering"（2020年、O'Reilly、ISBN978 1492043867）を読むことをおすすめします（日本語訳版が『カオス・エンジニアリング』《2022年、オライリー・ジャパン、ISBN9784873119885》です）。

[†23] しかし「データベースに障害が発生した場合、サービスはどのくらいで停止するのか？」という質問の答えがまだわかっていなければ、妥当な質問でしょう。

10章 失敗から学習する

『カオスエンジニアリングの原理』は、実験がこのような形にしたがうことを提案しています。

- 「定常状態」を、正常な動作を示すシステムの測定可能な出力と定義することから始めよう
- この定常状態は、統制群と実験群の両方で継続すると仮定する
- クラッシュしたサーバー、故障したハードディスク、切断されたネットワーク接続など、現実世界の出来事を反映した変数を導入する
- 統制群と実験群の定常状態に差があるかどうかを調べることで、仮説の反証を試みる

有名なNetflixのSimian Army（Chaos Monkey、Chaos Gorillaなど）は、カオスエンジニアリングのためのツールの方向性を示す最初の、そしてもっとも公的な一歩でした。その後、フォールトインジェクション（APIを介してシステムの特定のコンポーネントに障害を任意で正確に誘発する方法を構築する）やテストハーネスに関する研究が進み、このアイデアはさらに発展しました。このテーマに興味がある方は、カオスエンジニアリングの世界の現状を見てみることをおすすめします[†24]。

> ### ゲームをしませんか？（シミュレーション）
>
> カオスエンジニアリングの取り組みには、社会技術システムの**社会的**側面により傾倒したものがあります。これによって、ある不測の事態において人々がどのように理解し、反応するかを探れます。本文中の議論では、システムをより深く知るための機械による実験に焦点を当てましたが、これはある意味では人間による実験でもあります。
>
> このような失敗への対応から学ぶために、ディザスタのシミュレーションを実行するというアイデアには多くのバリエーションがあります。この種のカオスエンジニアリングの例としては、AmazonのGameDays（https://oreil.ly/Hg1_-）、GoogleのDisaster Recovery Testing（DiRT、https://oreil.ly/xmmF-）、『SREの探求』の20章で説明されているLaura Nolanのカードゲームのような卓上シミュ

---

† 24　翻訳注：NetflixによるSimian Army（猿の軍団）は大半がすでに退役プロジェクトとなっています。https://github.com/Netflix/SimianArmy

> レーションなどがあります。

10.5　失敗から学ぶ：次のステップ

　この章の締めくくりとして、インシデント後のレビューやカオスエンジニアリングの実験が終わった後に何をすべきか、次のステップをいくつか提案します。これらすべてに共通する重要なテーマは、ただ文書をどこかに置いて埃をかぶせるのではなく、学んだことを必ず何かに活かすということです。

「読書会」／「卒業ゼミ」

　以前にも提案したように、定期的に何人かのグループで集まり、社内外の過去のインシデント後のレビューを見直すことは、非常に役立ちます（そして実に楽しい）。これは、学んだ教訓を活かし、組織文化を構築するための素晴らしい方法です。

エンジニアリング・サプライズ・ミニ・ニュースレター

　もっといい呼び名があるかもしれないですが、たまに「カオスエンジニアリングの実験で発見した、予想外のクールなものをご覧ください」や「前回のロードバランサーの障害から学んだことトップ3」という簡単なメールを送ると、人々を惹きつけ、学んだことを共有し、失敗からさらに学ぶことに興味を持ってもらえます。

プロダクションレディネス、アプリケーションレディネス、デザインドキュメントのレビュー

　理想的なのは、学んだことのいくつかをソフトウェア開発プロセスに戻し、今理解している失敗を将来繰り返さないようにすることです。エンジニアリングレビューやこのようなミーティングは、学びを戻すのに良い場所です。この情報をもとに、人々が読みたくなるような参考文書（「キャッシュレイヤーを使うべきでない10の方法」）を作成するだけでも、組織がこれらの失敗から学べる可能性が高まります。

メタ分析と機械学習（ML）

　インシデントに関する文書のコーパスを入手したら、それを全体としてどうす

るかを決定する必要があります。より進んだ組織は、そこで見つけた情報を掘り起こすために時間を費やすこともあります（たとえば、『サイトリライアビリティワークブック』（https://www.oreilly.co.jp/books/9784873119137/）の付録C「ポストモーテム分析の結果」にあるような、その組織におけるインシデントの原因カテゴリの上位を決定するためなどです[†25]）。また、この種のコーパスにある情報を活用するためにMLを使う研究も、この分野でかなり行われています。

　失敗から学習するという領域には、非常に多くの興味深い仕事があります。あなたもこの取り組みに参加してくれることを願っています。

[†25] もしあなたがこの種の分析に興味があるなら、Verica Open Incident Database (VOID)（https://oreil.ly/QCmVA）は、インシデントレポートの公開コーパスです。あなたにとって興味深い情報があるかもしれません。

第Ⅲ部
組織がSREをはじめるには

11章
成功のための組織的要因

5章では、SREになろうとする個人が成功する可能性を高めるための一連の要因について解説しました。本章はその対となる章で、組織がSREの導入を成功させるための要因のいくつかを探っていきます。5章に詳しく書かれている個々の要素を体現している人たちを集めれば、あなたの組織で機能するSREチームが即座にでき上がる、と言うことができれば最高なのですが、残念ながら（それもひどい考えではないのですが）現実はそれよりも少し複雑です。

さっそく、組織におけるSREの成功に影響を与え得るいくつかの要因について説明しましょう。

11.1　成功要因1：何を問題としているか

当たり前のことのように見えるかもしれませんが、組織では次のような質問を読み飛ばしたり、聞き流したりすることが予想以上に多くあります。

> SREが対処できる可能性のある問題がありますか？

その昔、私はプロダクトマネージャー（PM）のトレーニングを受けたことがあります。それには良い面と悪い面がありました。そこでは「この製品が解決するために設計され、人々がお金を使いたがっている市場に蔓延している問題は何か」という質問をすることを教えてくれました（良い面）。また、その質問に対する最初の答えや回答が、実際には問題を構成しておらず、それゆえに再質問やリフレーミングが必要な場合を認識することも教えてくれました（悪い面）。たとえば、「御社の製品はどのような問題を解決するのですか」と聞けば、「この製品は、異なるクラウドプロバイダーのインフラを監視す

る方法を提供します」といった答えが返ってくるかもしれません。

しかし、それは問題提起ではなく、機能提起です。そこで私たちは最初に戻ります。「その製品が解決する問題を教えてください」(この繰り返しです) このような会話になったとき、私はたいてい本当の問題が明確になるまで質問をやめません[†1]。

私がこの経験を持ち出したのは、「SREが対処できる問題は何ですか」と尋ねたときに、まさに同じような動きに遭遇したからです。「SREが足りない」、「インフラを運用する人材が必要だ」、あるいは「グローバルに事業を拡大しようとしている」などは、問題提起ではありません。

以下は、SREに共有して結果を期待できるような、より問題の特定に近い内容です。

- 私たちは障害の対応に時間を費やしすぎている
- 私たちは、既存のシステムが機能しなくなることで、グローバル展開が失敗するのではないかと心配している
- 私たちは今、自分たちのシステムがどの程度信頼できるものなのかよくわかっていないので、変更してもいいのかどうか判断できない
- 私たちの従業員は、システムの運用に時間を費やしすぎている (つまりトイル)

時間をかけて、問題点を明確に理解し、SREの強み (と弱み) にどれだけ合致するかを確認してから進めましょう。

11.2　成功要因2：そのために組織は何をするか

私が「あなたの組織にとって信頼性は重要ですか」と人に尋ねるのをやめたのは、もうずいぶん前のことで、その質問が最後に口をついて出たのはいつだったか、実は覚えていません。その質問に対して、私が話した誰もが、絶対に、力強くうなずき、信頼性への愛を公言していることに気づきました。これは間違った質問だとわかりました。

正しい質問は、「そこに到達するために、組織は何をする気があるのか」です。

それを明確にするために、新しいSREの取り組みや、現在進行中の初期の取り組みの実行可能性を知るために、友好的な聞き込みの一環として私ができる質問をいくつ

[†1] あなたも本当の問題提起を得るためにこのように探りを入れるのであれば、イライラし始めることでしょう。相手が (理想的には) 答えを見つけ、ときにはその過程で考え方が変わるまで、優しく、しかし粘り強く接しましょう。

か挙げてみましょう。

- エンジニアリングに時間を割く気はありますか
- ロードマップに信頼性向上のための特別な作業を加える気はありますか
- 必要な時（常にとは言わないが、ある障害の後であれば間違いなく）、信頼性の問題に集中するために機能的な仕事から人を引き離すことを厭いませんか
- サービスレベル目標が達成されなかった場合、新しいリリースを遅らせることに応じますか
- インシデント後のレビューが場当たり的なものにならないよう、積極的に取り組もうとしていますか
- 彼らのオンコールスケジュールは、仕事が持続できるような人道的なものですか
- SREは開発プロセスの早い段階で適切な会議に出席していますか
- SREはソースコードリポジトリのようなリソースに直接アクセスでき、信頼性向上のための変更を行えますか

まだまだ続きますが、おわかりいただけたでしょうか。簡単な観察結果として、これらの質問はどれも根本的に技術的なものではありません。

私はSREを始めたばかりの組織と話すとき、SLIやSLOについては説明しますが、エラーバジェットについて詳しく説明することはほとんどありません。というのも、「本物の」エラーバジェットの実装にはポリシーが付随しているからです。具体的にはバジェットが超過した場合、あるいはより重要なこととして、バジェットが枯渇した場合に組織がどのような行動を取るかを規定するポリシーです。このポリシーは、組織という車が走るとき、信頼性のタイヤと信頼性の道路が接するもっとも明確な場所の1つであるため、この時点に至る前に合意されなければなりません（そして、実際にその時点に至ったときにも守られなければなりません）。

11.3　成功要因3：組織には必要な忍耐力があるか

Google CloudのDevOps Research and Assessment（DORA）から発表した"State of DevOps Report 2023"[†2]で報告されているように、信頼性への取り組みが最大のメリッ

---

†2　翻訳注：2024年8月現在 https://dora.dev/ より2023年版のState of DevOps Reportの取得申請が可能です。地域を日本にすると日本語版が取得できます。

トを発揮するには時間がかかります。すぐに勝利を手にすることは可能ですし、そうすることをおすすめしますが、しかし、そのカーブは一般的に「J」の字のような形をしています（レポート33ページ参照）。DORAのSteve McGheeは私にメールでこう言いました（許可を得て引用）。「これらの曲線は、能力（今どんな新しいことができるか）が本当に蓄積されるまで、結果（実際の信頼性）が本当には築かれないことを端的に物語っています。私たちはこれを『累積（cumulative）』と呼ぶこともあります」

カーブの上り坂に差しかかるまでの時間は、あなたが考えているよりも長くなりそうです。あなたの組織は、本当に軌道に乗るまで待つ準備ができていますか。

私にできる最善のアドバイスは次の通りです。

- あらゆる機会において、期待を適切に設定する
- 計画を明確に伝える（漸進的な進展を示すには、**段階**と**暫定**という言葉を使うと便利です）
- 少しずつ成功が近づいていることを、その都度必ず伝えること（そうすることで、待ち望んでいる人たちを助けられます）

11.4　成功要因4：共同作業できるか

SREはあくなき共同作業です。これは単に私たちが愉快でフレンドリーな人間だからというだけでなく、信頼性を効果的に向上させるには他に方法がないからです。クラウド、開発組織、ビジネス関係者に拳を振り上げても、そこまでしか行き着きません。目標とする信頼性に向かって反復するために、これらすべての当事者と協力する必要があります。当たり前のことに聞こえるかもしれませんが、私は組織の摩擦（たとえばサイロ化）や相互信頼と尊敬の欠如の話をいつも耳にします。

「成功要因2：そのために組織は何をするか」の最後いくつかの箇条書きと重複するものも含めて、「共同作業できるか」という質問に対する答えを決定する方法はいくつもあります。次のような質問もあります。

- SREは、大組織の採用基準や面接での質問について協力していますか（その結果、採用された人々が信頼性に関連する仕事ができるようになりますか）
- 開発チームのメンバーがSREの組織で働き、SREのメンバーが組織の他の部署で働くという「ローテーション」を設定したことはありますか（あるいは設定するでしょうか）

- 他のグループのオンラインコラボレーションツールのチャンネルやチームに招待されるのは難しいですか
- 組織内で誰がツール選定（監視やオブザーバビリティを含む）の決定を下しますか

11.5　成功要因5：データに基づいて意思決定を行っているか

　これも「組織は何をする気があるのか」という問いに似ていますが、この問いは、より詳細に掘り下げて検討する価値があるほど重要なものです。SREのベストプラクティスの多くは、信頼性に関連するデータの収集を注意深く意図的に設定し、それに基づいて意思決定を行うという考え方が前提となっています。財務担当者は、数字に基づいた行動をすでに経験していることは保証しますが、組織内のすべての部署が同じような経験や傾向を持っているとは限りません。

　先ほど指摘したエラーバジェットの点は、データで意思決定する例なのでここにも当てはまりますが、その前に、そもそもあなたの組織がデータ収集（監視とオブザーバビリティと読み替えてください）に熱心かどうか、確認しておくと良いでしょう。「Xを監視すべきか」という質問に対する答えが、「なぜ悩むのか、本当に信頼できることはすでにわかっている」「それは別のチームの責任だ」「もっと重要なことに取り組むべきだ」というものであれば、SREの採用には悪い兆候です。

　この前提条件を探るのにもっとも役立つ最初の質問は、すべて「では、あなたの監視システムについて教えてください……」[†3]で始まる会話の一部です。ここから、ジャーナリズムの標準的な質問へと枝分かれしていきます。**何を**監視していますか。**どこから**監視しますか。**どのように**監視しますか。**誰が**監視しますか。そして（おそらくもっとも重要なのは）**なぜ**それを監視しますか。

　土地勘がつかめれば、「この情報を使って何をするのか」を深掘りできるようになります。その瞬間は無表情になることを覚悟してください。多くの場合、最初の答えは「もちろん、何も問題がないことを確認するために見ています！」です。これは「ガラス越しに見る」ネットワークオペレーションセンター（NOC）の監視アプローチで、今でもかなり普及していて、監視システムと言えば、おそらく誰もが最初に思い浮かべること

---

†3　もし、そのような会話ができないのであれば、それは明らかにネガティブな指標です。

でしょう。

　これが最初の答えであっても落胆しないください。障害の種類や現在の監視設定の有効性について行った分析についてフォローアップの質問をすると、データ駆動型アクションのアイデアに近い答えが返ってくるかもしれません。そのときのあなたの仕事は、組織がこの方向でさらに仕事を進める意欲をどの程度持っているかを確認することです。

11.6　成功要因6：組織は学び、学んだことに基づいて行動できるか

　私は本書の中で、失敗から学ぶことについてかなり語っています。これはSREの考え方の重要な側面です。それがどのように（あるいはもし）日常的に現れるかは、SREが組織で成功するかどうかの強力な決定要因です。問題は、すべての組織がその方法を知っているわけでも、それを選択するわけでもないということです。少し奇妙に聞こえるかもしれませんが、もちろんどの組織も経験から学ぶか、少なくとも学ぼうとしています[†4]。運用分野に相当期間携わったことのある人なら、ほぼ全員が、現在または過去の雇用主が失敗から学ばなかったという話を少なくとも1つは持っていると保証します。

　以下は、この節で推奨される診断用の質問です。

- その組織は、いつ、どこで、失敗から学ぼうとするでしょうか。インシデント後のレビュー／ポストモーテム／レトロスペクティブを行っているでしょうか。
- 組織がこの活動を行う場合、インシデント後のレビューはどの程度形式的なものでしょうか。人々はこのプロセスを楽しみにしているでしょうか、それとも確定申告のような必要な雑用と見なされているでしょうか。
- 組織の誰がこのプロセスに参加していますか。その参加はどの程度局所的ですか。
- （もし行われることがあれば）障害が議論されるとき、その部屋には誰がいますか。その話し合いの内容はどのようなものでしょうか（たとえば、学習あるいは非難が

[†4] 口語的な慣用句ではありますが、私はここで「失敗から学ぶ」とは言っていないことに注意してください。計画外停止はそれ自体**失敗**なのでしょうか。SREのレンズを通して見ると（私が2章でエラーとの関係について述べたことや、複雑系について私たちが知っていることを考えると）、ここにはかなり深い哲学的な議論があります。

渦巻いているように感じられるかどうか)。人々はそのミーティングを終えて、気分が良くなりますか、それとも悪くなりますか。

- これらの活動の情報は書き留められますか。誰か過去の記事を見返したことがありますか(おまけ:そのコーパスの分析をしたことがある人はいますか)。
- 文書化されている場合、組織の誰がそれを見られますか。マネージャー層と共有されていますか(そして読まれていますか)。
- その後、一般公開されますか。微妙な質問:公開版はどの程度形式的ですか。内部版と外部版の間に大きな差はありますか。あなたがその経験から学んだことを、一般の人々はどのように見分けられますか。
- その過程で変更された(理想的には改善された)点を挙げられますか。
- 障害を直接経験する人々の輪の**外**で、チームやグループによって変更／改善されたものを挙げられますか。何か学んだ結果、他のチームが自分たちの行っていることを修正しました[†5]。

ここには、「まったくやっていないのか」→「どのようにやっているのか」→「うまくやっているのか」→「うまくいったのか」という段階的な質問の階層があることにお気づきでしょうか。もしあなたの組織がこのエスカレーターにすら乗っていないのであれば、それは赤信号であり、SREを組織に導入することを検討する前にいったん立ち止まるべきです。

11.7　成功要因7:違いを生み出せるか

当初、この節を「あなたはコントロールできていますか」と名付けるつもりでしたが、この質問は複雑系の社会技術的な現実と[†6]、変化をもたらすためには自分が主導権を握らなければならないという考え方の両方を裏切っています。もしあなたの組織のSREが信頼性向上に資すると判断した行動があれば、それはコード変更、インフラ変更、アーキテクチャ変更、課金変更などですが、彼らはそれを実現できるでしょうか。

---

†5　次の質問は、すべての組織が到達できるわけではない、あるレベルの組織統合を必要とする、代表チームレベルの質問なので脚注としました。質問はこうです。この学習の一環として新たなベストプラクティスが導入された場合、他の人がその由来を知れるように、あるいは何らかのヒントを得られるように、その障害に関する記述を引用するのでしょうか。

†6　本書の他のところでも述べましたが、もう一度言いましょう。"How Complex Systems Fail" (https://oreil.ly/lgJL5) を未読であれば、すぐに読むことを検討してください。

SREとは、より良い信頼性に向けて、注意深く、熟考し、制約を受け、管理された変化を行うことです[†7]。そのような変化を起こす能力がなければ、SREは単なる口先だけのものになってしまいます。私は他のSREと、組織構造、サイロ化、信頼関係の欠如、ポリシー、その他もろもろの理由により、自分の組織で何かを実行することがいかに困難であるかについて、もうこの質問を当たり前だと思わないようにするために、十分な会話をしてきました。

あなたの組織のSRE[†8]にとって、次の領域に対して変更を加えることがどれだけ難しいか、自問してみてください。

- ドキュメント(チーム、組織、製品)
- 製品または本番サービスのコード
- 開発、テスト、本番インフラ
- 監視、デプロイメントなどに使用されているツール
- 受動的な時間とプロジェクト時間の比率
- 開発・運営担当者の採用手続き(面接での質問など)

これは不完全なリストであり、各自の推測が必要かもしれません[†9]。これらのすべてが異なる文脈で同じように重要なわけではありませんが、もしすべてのスライダーを「不可能」にスライドしたのであれば、SREはあなたの環境にはマッチしない可能性が高いでしょう。

> ## すべてのソフトウェアを購入または購読する場合は
>
> SREに関するガイドの多くは、組織内にソフトウェアやサービスを構築する開発者がいて、SRE はその人たちとパートナーを組むことを前提としています。しかし、必ずしもそうとは限りません。もしかすると、あなたの組織は、使用するソフトウェアをすべて「既製品」として購入しているかもしれないですし、主にSaaS (Software as a Service) 製品を使用しているかもしれません。SREはこのような世界にも居場所があるのでしょうか。

[†7] 私たちはまた、言い回しにこだわりがありますが、誰にも言わないでください。
[†8] そして、**SRE** というのは、個人の貢献者、SREマネージャー、SREディレクターなどを意味します。
[†9] この疑問について深く掘り下げるには、この本の技術レビュアーの一人であるNiall Murphyによるブログ記事 "What SRE Is Not" (https://blog.relyabilit.ie/what-sre-is-not) を参照してください。

この問いに対する答えは、実は「あなたは違いを生み出せるか」という問いにあります。これに答えるには、まず、スタックの下の方にいるカメ (https://oreil.ly/mB0gz) を操作できる能力などめったにないという実存的な現実を脇に置いておく必要があります。たとえば、あなたがクラウドプロバイダーの顧客であれば、そのプロバイダーが決定した抽象化レイヤーで作業することに慣れており、「カーテンの向こう側」にはアクセスできません。

　つまり先の質問は言い換えると「違いを生み出すのに十分なレバー、設定、アーキテクチャ（たとえばキャッシュ／リダイレクションレイヤー、設定、診断インタフェースなど）にアクセスできるか。この状況で信頼性を向上できるか」といった質問になります。これらの質問に対する答えが両方とも「ノー」であり、「得られるものは得られるし、慌てることはない」と言われるのであれば、この状況ではSREはあまり役に立たない可能性が高いでしょう。

　ただし「まったく役に立たない」とは言っていないことに注意してください。というのも、SREは、ベンダーがデフォルトで提供していないものについて、ベンダーに求めるべきアドバイスができるかもしれないからです。SREは、より良い早期警告システムを構築したり、少なくとも適切なリスク評価を行うこともできるでしょう。

11.8　成功要因8：システム内の摩擦を見る（そして対処する）ことができるか

　これから説明するすべての要因の中で、私にはこの要因はまだ比較的悪質ではないと感じます。というのも、組織内の摩擦について適切な質問をするだけで、電球が点灯し続けることがよくあるからです。たとえば、「このサービスの障害に関するチケットをSREチームに提出し、ルーティング／エスカレーションするのにかかる時間は？」「このサービスの可用性に関する目標は？」といった具合です[†10]。「チケットがエスカレーションされるまでに合計2時間かかる」というような答えが返ってきたのに、あな

[†10] その際、各「9」がどれだけのダウンタイムを許容しているかを示す表 (https://oreil.ly/-ab-2) をテーブルの上に用意しておきましょう。9が4つ欲しい？問題ありません。**1年に52分のダウンタイムが許容できます。チケットを処理するのに1時間かかったのですか？（表を指さして）**あちゃ〜

たの目標が「サービスのダウンは10分以内」だったら、誰もが問題を理解します。

システム的あるいは組織的な摩擦を探し始めれば、たいていは簡単に見つけられます。障害に費やされた時間のおおよその分析も、摩擦を見つけるための簡単なヒントになります。

障害の文脈以外では、たとえば、信頼性に向けて反復することがどれだけ難しいかを判断する場合、次のようなフレーズで始まる質問は摩擦を露呈する可能性があります。

- ……には何が必要でしょうか？
- ……にはいくつのステップを踏めば良いでしょうか？
- 誰が……することが許されますか、あるいは……するためにはどのような承認が必要ですか。
- どのくらいの頻度で（デプロイや変更など）……？

このような質問をすることで、状況を理解するための道筋をつけられます。しかし、決定的な質問となるのは、「そして、関係者はこの状況を少しでも変えたいと思っているか」です。

過去の実績は将来の結果を保証するものではありませんが、組織の人々が過去に摩擦を減らした方法を例示できるのであれば、それは良い兆候です。

規制環境におけるSRE

もう1つの反論のコラムの時間です。この節の本文は、「摩擦＝悪」、つまり摩擦はSREの取り組みを妨げ、あるいは息の根を止めるかもしれず、SREを成功させるために、組織は摩擦を減らす努力を惜しまない必要がある、という考えにはっきりと傾いています。しかし、プロセスにおける摩擦は、意図的なものだけでなく、外部の力によって強制され、変えられないこともあります。では、規制産業の友人たちはSREから冷遇されているということでしょうか。

規制産業におけるSREチームのすべての成功例は、そうでないことを示唆しているように思います。私は金融やフィンテックの世界の人々と話したり、多くの講演を見たりしましたが、彼らはうまくやっているようです。これを可能にする方法は、制約された慣習のどれが義務で、どれが主に歴史的なものなのかを常に問うことに専念することです。一例として、ある変更が適用される前に、2つの

> 役割の承認が必要となる「懸念事項の分離」を強制するために、特定のプロセスが必要となる場合があります。このような場合、SREが関与するのは、このステップを省くためではなく、要件に忠実でありながら、このステップを完了するためのトイルを可能な限り取り除くためです。
>
> もしあなたがこのような業界にいるのであれば、SREconの同業者の講演をいくつか見て、彼らがどのようにこの輪を広げてきたかを見ることをおすすめします。

11.9 注意書き

このような章では、注意書きが必要なので、ここに書いておきます。たとえ、これらの要素を可能な限り組織内に提供したり、作成したりすることに熱心に取り組んだとしても、SREの取り組みが成功するとは保証できません（もちろん、最初の試みでは成功しません）。SRE導入を失敗させる方法はたくさんあります（実際、次の章ではそれらの方法について説明します）。これは特に組織レベルで言えることです。たとえば、「間違った」副社長が社内政治に勝った場合などです。

本書全体を通して（それについて明言はしていませんが）、私はこのような組織の「自然の摂理」からある程度身を守れるいくつかのアイデアを提案してきました。たとえば、SREの成果や価値について定期的に報告することで、組織の信頼性や「粘り強さ」を高められます。これ自体は、オリンポス山から落ちてくる稲妻[†11]のような攻撃からあなたを守ることはできませんが、あなたがビジネスコストを削減するための重要なパートナーであると見なされれば、標的にされにくくなるかもしれません[†12]。

11.10 組織の価値観がすべて

この章の締めくくりとして、Narayan Desaiが2017年にSREcon EMEAで行った

[†11] 翻訳注：ギリシャ神話の稲妻と雷の神ゼウスは、ギリシャ北部にあるオリンポス山に住んでいるとされています。
[†12] これを少し発展させると、SREはコストの抑制、リソースの効率的な利用、自動化や工数削減によるスタッフのコスト削減、障害時のコスト削減、開発速度の向上などに役立ちます。これらのことを実施しているときは、必ず他の人に伝えること（そして、実施していないときは、始めるのが一番）です。

"Care and Feeding of SRE"（https://oreil.ly/AfNls）という講演をご覧になることをおすすめします。この講演は、私がSREと組織の適合について考える上で形成的なものとなりました。この講演で、彼はGoogleでSREが成功した（あるいは可能だった）要素のいくつかを捉えようとしました。私は『SREの探求』でも本書でも、組織をGoogleと比較することについて注意を促していますが、彼の分析からは「組織の価値観がSREの成功のカギである」という重要なメッセージがはっきりと伝わってくるはずです[13]。この章の各成功要因の節にある質問は、明確には言っていませんが、信頼性やSREの野望と交差する可能性のある組織の価値観を明確にするためのものです。このことを念頭に置きながら、もう一度これらの質問に目を通すことをおすすめします[14]。

---

[13] Desai氏の講演の後、聴衆の一人が、彼の組織では、「X日にリリースを行うと発表したら、必ずその日にリリースを行う」という神聖な信条があると述べました。これは、サービスがサービスレベル目標を達成していない場合、リリースを中止するという一般的なエラーバジェットポリシーと即座に矛盾します。組織的価値観の会話が、いかに早く本当に楽しくなるか、おわかりいただけたでしょうか。

[14] このテーマに興味があるなら、社会学者Ron Westrumの研究、特にWestrumの組織類型（https://oreil.ly/Nd-L0）を見てみることをおすすめします。

12章
SREはいかにして失敗するか

　失敗から学ぶことの価値を繰り返し強調する本書の中で、同じ考えをSRE自身に適用するチャンスを逃すわけにはいきません。具体的には、SREの取り組みが実際の組織レベルでどのように失敗しているのかを、失敗が与えてくれた教訓を活かすことを念頭に置いて見ていきます。この章では、『SREの探求』(https://www.oreilly.co.jp/books/9784873119618/) の第23章「SREのアンチパターン」(Blake Bisset著) や、実際にあったエピソードなど、多くの情報源から引用しています。

　この文脈で私が言う「失敗」の意味について話しましょう。トルストイの『アンナ・カレーニナ』の冒頭の一節（「幸せな家庭はどれもみな似ているが、不幸な家族にはそれぞれの不幸の形がある」[†1]）が当てはまります。大雑把に一般化すると、この文脈での失敗は次の2つのうちのどちらかに当てはまります。(1) 組織がある種の免疫反応を持っていて、時間が経つにつれSREの取り組みを完全に拒否する、あるいは、おそらくもっと悲劇的なことが起きる、(2)SREが提供する利益や価値に近いものを受け取れず、SREは静かな絶望の生活を送る[†2]、のいずれかです。

　さて、SRE導入失敗の要因についてですが……。

12.1　失敗要因1：SRE創設のための肩書きフリップ

　簡単な話をしましょう。本書の他の箇所でも繰り返し述べていることなので、簡潔に説明します。既存の役職や募集ポジションの名前をSREに変更するだけで、SREチー

[†1] 翻訳注：『アンナ・カレーニナ』(望月哲男 訳、2008年、光文社、ISBN9784334751593) より引用
[†2] ちくしょう、ほとんどの人にとって、これが誇張表現であることを願うよ。でも、これほど悲しいこともあるんだ、ということを知るのに十分な人たちと話しました。

ムやSREの役割を作ることは珍しくありません。これは、採用の観点からそのポジションをより魅力的なものにしたり、組織内でのチームの地位を高めようとするために行われることもあります。なぜなら、**SREはシステム管理者**や**2次サポートエンジニア**よりもクールでフレッシュ、そして輝いているように聞こえるからです。ごく一部のケースでは、肩書きの変更は願望的なものです[†3]。組織は合法的にSRE機能を作りたいと考えていて、それを通貨のように鋳造しようとしています。肩書き変更後に組織が何をするかによって、それが成功につながるかどうかが決まります。

もし組織がこの時点から、価値観や優先順位、トレーニング、リソース、コミュニケーション、文化（いくつか挙げられます）についての本格的な作業を行い、役割を補充するための実質的な努力を行わなければ、**良くても**SREの取り組みが阻害され、ほとんど役に立たないものになってしまうでしょう。最悪の場合（率直に言って、これがもっとも可能性の高い結果です）、いつも通りのビジネスを続けることになり、その上に新たな皮肉が積み重なり、既存のチームの効果はさらに低下してしまうでしょう。

12.2　失敗要因2：3次サポートのSRE化

私があまりにも頻繁に目にする肩書きフリップのバリエーションの1つは、3次（またはその他の）サポートチームをSREチームに転換しようとするものです。その組織は、通常であれば同組織の1次サポートや2次サポートから受け渡される、より困難で実質的なサポート要求のエスカレーションを処理するシニアや上級者からなる既存のグループを、「SREチーム」と呼んでいます。これは、そのチームの機能やミッションに実際の変更はありません。

最後の一文が、ここでの失敗モードのカギです。問題は人材の経験レベルでも、インフラへのアクセスレベルでも、組織全体の問題に広く触れることでも、（理想的には）研ぎ澄まされたトラブルシューティングのスキルでもありません。それらはすべて、SREチームの一員となり得る素晴らしい要素です。ここで問題なのは、彼らが何のために生きているかということです。3次サポートチームは組織にとって大きな価値を持ちますが、組織をより信頼性の高い方向に導くフィードバックのループを作り、育成する

[†3] 何パーセントかわかればいいのですが、この分野での実際の研究を私は知りません。この発言は、残念ながら実際のデータではなく、私が長年にわたって収集してきた経験的証拠に基づいています。

ために存在するわけではありません[†4]。

> ## 二本足の椅子にご用心
>
> 潜在的な失敗モードについての簡単なメモ：この章ではこれまで、組織内の既存の人々を SRE に転換させることの危険性について話してきました。浅はかな試みは失敗する運命にあるため、この考えには落胆させるような言葉を使いましたが、私は希望へのドアを少しだけ開けておこう思います。注意と努力を払えば、このような SRE への転換は理論的には可能です。
>
> それは、そのチームが現在果たしている必要な機能を無視してしまうことです。薬物乱用カウンセラーやその道の専門家は、乱用された物質がその人にとって実際にどのような役割を果たしているのかには触れずに、単にその物質をその人の人生から排除しようとするのは賢明ではないと言うでしょう。もし誰かがヘロイン中毒であれば、ほとんどの場合、ヘロインはその人の人生において（あらゆる悪影響に加えて）何らかの目的を果たしているはずです。このことを考慮に入れずにヘロインを完全に断つのは、椅子の足を1本取り除くようなものです。
>
> 同様に、既存のチームをうまく再編成してSREの役割を担わせる場合、以前の機能が存在したのにはおそらく理由があり、組織としてそれをカバーする準備が必要であることに留意してください。このことが変革を成功させることをより複雑にしていることは承知しています。このような（より複雑な）お知らせしか伝えられず申し訳ないですが、私と不満のある同僚、どちらからこの話を聞きたいですか。

12.3　失敗要因3：オンコール、以上

ここでは矛盾したアドバイスになる可能性が大きいので、慎重にこの針に糸を通したいと思います。3章で、私は十分な実例があれば、インシデントとインシデントハンドリングからSRE文化を構築することは可能だと提案しました。正確に引用すると、

[†4]　これはセキュリティにも該当します。3次サポートチームは、セキュリティ上の問題が発生したときにそれを解決するかもしれませんが、セキュリティ関連の肩書きを洒落たものに変えたからといって、組織のセキュリティを向上させるという夢と希望を彼らに託すことはできないでしょう。

「(John) Reeseは、SRE文化を構築するための工場となる組織構造を構築したいのであれば、インシデントの処理とレビューに集中的かつ意図的に取り組む以外に方法はないと提案しています」でした。

このアドバイスによって、あなたはすべてのSREの仕事に駆けつけ、そのパートナーシップにおけるオンコールの役割を引き継ごうとするかもしれません。私は、この熱意を訓話で抑えたいと思います[†5]。これもまた、「浅はかなことは善の敵」の一例です。私は、この取り組みに関連するエンジニアリングリーダーが、その仕事の目的を誤って解釈したために、このアプローチが裏目に出たケースをいくつも見てきました。2章と3章では、オンコール業務の主な目的は、システムについてより深く学び、その知識をシステムの信頼性を向上させるために活用することである、と明確に述べてきました。

このことがわからなくなることがあります。エンジニアリングリーダーが、SREのオンコール業務の主な目的を、開発者の苦痛やコストに対するヘッジと考えることもあります。私は個人的に、SREがオンコールに対応することで、例外処理を安価に行えるのではないかと質問されたことがあります。そして「かわりに高価な開発者が機能開発に集中できるように……」といった具合です。私は、SREチームが失敗から学んだり、信頼性を向上させるためにシステムに変更を加える権限を与えられたりすることから切り離され、「ページャーを運ぶ」ことしかしなかった他の仕事も知っています。本書では、これらはどちらも失敗です。

しかし、誰の失敗なのでしょうか。この話に登場するエンジニアリーダーの失敗は、故意によるものかもしれません (「私はそんなことは知っているが、気にしない。ページャーを持つ私たち以外の誰かが必要だ」)。しかし、それ以上に可能性が高いのは、関わっているSREが、SREの価値に関する共通の理解のもと、人々を教育し、コンセンサスを形成する仕事が不十分だったかもしれません。

私がこのSRE入門書を書いたのには理由があります。SREをより深く理解することは容易ではないからです。エンジニアリーダーとの議論に本書の一部を持ち込めば、役立つかもしれません。できることなら、「オンコールで終わり」という状況は避けたいところです。SREはそれ以上のものであるべきです。関係者全員のためになり、組織にとって正しい方向で信頼性を高められるような形で、協力してルールを定義するので

[†5] もしあなたが、反論とともにバケツ1杯の冷水を頭から浴びせられたいと思ったら、『SREの探求』(https://www.oreilly.co.jp/books/9784873119618/) のNiall Murphyによる30章「オンコール反対論」を読むことをおすすめします。

す。

12.4　失敗要因4：誤った組織図

　組織の構造上、この状況に対処することはあなたの能力を超えているかもしれないことは承知しています。特に大きな組織では、そのような構造は、「あなたの階級よりはるかに上の」遠くの経営者層によって謎めいた形で決定されるかもしれません。そのような場合は、日々の活動において、あなたが望むよりも多くの摩擦を抱えることになるという有益な警告として受け取ってください。

　多くの場合、組織はエンジニアリングの努力をゼロサムゲームと考え、エンジニアリングの決定を「どちらか一方」として扱います。私たちの場合、開発者がソフトウェアに新機能を追加するために費やす労力と、信頼性を中心とした非機能の改善に費やす労力との間で、意思決定が行われることになります。このような判断は常につきまといます。たとえば「次のリリースでは、このピカピカの新機能に取り組むのか、それとも本番稼働中にメトリクスをよりよく出力できるようにコードをリファクタリングするのか」という具合です。私がここで取り上げている失敗要因は、実はこのような無限の意思決定ではなく、これらの意思決定を行う人と、彼らが組織図のどこに位置しているかということです。

　『SREの探求』を執筆中、当時Facebookのプロダクションエンジニアリングの責任者であったPedro Canahuati[6]にインタビューする機会に恵まれました。彼とプロダクションエンジニアリングが成功した重要な要因の1つは、製品に機能を追加するチームを運営している人と同じエンジニアリングリーダーに報告することだ、と彼が言っていたのをはっきりと覚えています。つまり、エンジニアリング部門がどの仕事を請け負うかについて「ボールとストライクを判断する」人物を見つけるのに、組織図の上層部まで行く必要がなかったということです[7]。

　これらの決定（ロードマップ、問題／危機への対応、資源配分、人員配置など）はすべて、健全な量の議論を必要とします。関係する人が多ければ多いほど、また、（情報

---

[6] 『SREの探求』(https://www.oreilly.co.jp/books/9784873119618/) の13章をぜひチェックしてください。良い章です。
[7] その人物は、理想的にはインセンティブのズレに対するヘッジとしても機能します。ある組織でSREがうまくいっていないことを議論する際に私が耳にする不満のリストでは、「信頼性よりも機能が常に優先される」がトップ3から外れることはありません。

が失われるたびに）上へ下へと情報伝達する人間が多ければ多いほど、意思決定は難しくなります。これが、私が言った「日常活動における摩擦」という意味です。しかし、すべての決定が「チェーンの上」を通らなければならないようなパターンが見られるなら、組織図のあなたのレベルでより早く収束をもたらすような変更ができるかどうかを確認するのが得策かもしれません。

12.5　失敗要因5：丸暗記によるSRE

　もしあなたが現在Googleで働いているのであれば、次の節に進んでください。それ以外の人々には警告です。Google社員や元Google社員が書いた優れたSREの本を手に入れ、そこに書かれていることをそのまま実行しようとするのは非常に簡単で、私はいつもそうした光景を目にしています。マイルス・デイヴィスはよくこう言ったものです。「もし私の言うことをすべて理解していたら、あなたは私になっていただろう。」同じように、もしあなたがGoogleのやり方ですべてを実装できたなら、あなたはGoogleになれるでしょう（しかし、あなたはそうでないことは間違いない）。GoogleとGoogle SREには、非常に特別なエンジニアリング文化と歴史があります。

　このことについては11章で触れましたが、この文脈でも役に立つので簡単に繰り返しましょう。SREの実装における組織の価値観の役割についてさらに詳しく説明するために、Narayan DesaiのSREconでの講演 "Care and Feeding of SRE" (https://oreil.ly/fsNel) を見る価値があります。この講演は表向きにはGoogleでSREがどのように成功したかについてのものですが、「SREは特定の価値観の反映である」など、実に重要な見解がいくつか含まれています。

　私は、Googleの書籍からインスピレーションを得て、そこに書かれているプラクティスのいくつかを採用することは可能だと信じていますが、それらの書籍のすべてを再現することは不可能です。そのため、SREに関する書籍に言及するときはいつも、批判的な目で読むようにと注意しています。SREは土壌によって育ち方が違うのだから、本の何章を実行できるかで自分を測ることなく、自分に合ったSREの実践方法を見つける必要があります。

12.6　失敗要因6：ゲートキーパー（門番）

　このトピックについては16章で解説していますが、SREの失敗という文脈でも議論

することが重要です。組織のSREがゲートキーパー的な姿勢に陥るのは、驚くほど簡単です。根拠があります（本番環境の信頼性を守る）。プラクティスがあります（プロダクション／アプリケーションレディネスレビュー、潜在的なエラーバジェットポリシー、本番環境への限られたアクセス）。インセンティブがあります（SREは希少なリソースであり「はい、そして……」や「はい、でも……」と言うよりも「いいえ」と言う方が簡単です）。歴史的な前例があります（変更委員会、コンプライアンス要件、ハードルとして見られる運用）。その他もろもろです。

この可能性を積極的に防御しない限り、目が覚めたときに鏡の中の自分に驚く可能性は高いでしょう。いったんゲートキーパーとして確立されると、この状況でSREが失敗する可能性は無数にあります。潜在的な摩擦に満ちた対立構造を作り上げるだけでなく、必要であればどこでも、物事を成し遂げるために人は「損害を回避するルート」を使うというのは単なる事実です。このようなことが起こると、SREの成果を得るのは非常に難しくなります。

12.7　失敗要因7：成功による死

組織に定着すると、SRE組織にすぐに過負荷がかかりやすくなります。（特にオンコールの責任も含めて）すべての本番環境の業務をSREに引き継ぐ[†8]と、チームのすべてのサイクルが消費される可能性があります。このような状況では、燃え尽き症候群が予想されます。

SREのチームや機能をスケールさせるのは難しいですが、その理由の1つは適切な人材を見つけるのが難しいからです。過負荷を防ぐためには、これに依存しないことが重要です。

Stephen Thorneは、講演 "Getting Started with SRE"（https://oreil.ly/3tj9f）の中で、SREグループにとって、作業量を調整し、必要に応じて押し返せることが重要であると指摘しています。そのための信頼できるメカニズムは、SREの採用計画にはほとんど含まれていません。

---

†8　本書のレビュアーであるKurt Andersenはこう指摘します。「このこと自体が警告のサインです。責任放棄はやがて責任からの絶縁に変わり、無責任な行動が生まれます」

12.8　失敗要因8：小さな要因の集まり

これは「千本の紙による切り傷での死」あるいは「カモにつつかれて死ぬ」節です。この節の小項目は、それだけでSRE採用の命取りになることはないですが、致命傷になる可能性は高いです。

ではライトニングラウンド[†9]とまいりましょう。

見えない仕事

SREチームが取り組んでいることやその成果を組織全体に適切に伝えなければ、SREチームは過小評価されがちです。運用（およびその他のサービス）の専門家は、物事がうまくいけばいくほど、信頼性の向上に責任を負っているにもかかわらず、自分たちの存在が見えなくなってしまうという奇妙な力学について、何十年も前から知っています。人々は、自動車が快調に走っているときに、整備士の仕事（あるいは自動車を製造する人々の仕事）がいかに素晴らしいものであったかを考えない傾向があります。私はこれを「あって良かった問題」のカテゴリに入れましたが、それでも対処しなければ問題であることに変わりありません。

「信頼性が高すぎる」罠

見えない仕事の問題には隠された罠があります。私のアドバイスを参考に、他の組織と成功についてコミュニケーションを取れば、長期にわたってより大きな成功を報告しなければならないというプレッシャーがかなりあることに気づくでしょう。誰もが、月ごとに右肩上がりのグラフを見せたがります。誰もが、物事がどんどん良くなっていることを示したいのです。多くの場合、これは信頼性の次の9を目指すこととして伝えられます。

これは、本書の冒頭で述べた、信頼性の**適切な**レベルに向けて努力するという基本的な考え方と対立することになりかねません。月次報告書で上向きの進歩を示したいという願望が、適切な信頼性レベルを超えてサービスを押し進める原動力になっているとしたら、これは問題です。

---

†9　翻訳注：制限時間内にできる限り多くの質問に答えるというゲーム。

どの程度の問題でしょうか。「サービスの信頼性が計画より高くなることが、どうして悪いことなのか？」と尋ねるかもしれません。これにはいくつかの問題があります。アップグレードされた水準を維持するために求められる、不必要なリソースやスタッフが必要になる可能性はさておき、より大きな問題は期待にまつわるものです。たとえあなたが、より高いレベルの信頼性へのコミットメントを明確に発表しなかったとしても、人々はそれに気づき、あたかも明確に発表されたかのように、あなたに依存し始めるでしょう。彼らは、あなた自身の信頼性と機能のために、あなたがその水準を維持することに依存するサービスやプラクティスを構築します[†10]。何らかの理由で、その暗黙の水準（おそらく新しいメジャーバージョンをリリースした）を提供できない週があると、組織の他のチームは大きな問題に直面することになります。あなたがずっと約束してきた水準でうまく提供できたとしても、それだけでは十分ではありません。あなたが依存しているチームは、その必要があると思っていなかったため、あなたの（合理的な）ダウンタイムを処理するために必要なメカニズムを組み込んでいないでしょう。そうなると誰もが苦痛を味わうこととなります。

この罠の典型的な例は、『SRE本』(https://www.oreilly.co.jp/books/9784873117911/) の4章「サービスレベル目標」で述べられている、Googleの分散ロックシステムであるChubbyでの経験です。

王国を救いに来たんだ（スーパーヒーローのポーズを取る）

> Richard ClawsonのSREconでの講演 "The Why, What, and How of Starting an SRE Engagement" (https://oreil.ly/a-soS) は、SREが間違った雰囲気を醸し出しながらエンゲージメントに入ることで失敗する可能性がある多くの方法について論じているので、見る価値があります。この文脈では、「私たちはSREであり、王国を救うためにここにいる」という態度でSREに参加したために、SREが失敗したという彼の話に深く注意して視聴することをおすすめします。これは陥りやすい罠であり、あくなき共同作業を行う能力を弱めてしまいます[†11]。

[†10] 翻訳注：これもHyrumの法則の一種です。
[†11] 翻訳注：SREにとってヒロイズムが悪である、という点はGoogle SREチームのAlexander Malmbergの講演でも指摘されています。https://sre.google/resources/practices-and-processes/no-heroes/

……不足

内省（失敗から学ぶ）、バランス（受動的な仕事とプロジェクト的な仕事、トイルと非トイルなど）、好奇心の文化、あるいは本書で言及されているような規定事項が欠けていることに気づいたら、その不足はいつかあなたを苦しめることになるでしょう。

顧客を忘れる[12]

これは、あらゆる種類の陰湿な場所に現れる可能性があります。私たちは、サービスを構成するリソースのパフォーマンス数値の調査に膨大な時間を費やしてしまいがちです。私たちはしばしば、顧客ではなくコンポーネントに焦点を当てた監視を設定します。SLI/SLOが、システムに対するユーザーの期待とはまったく正反対のところに設置されることがあります。このようなことが起こる場合、それは善意で行われることで、そのときのその人にとっては理にかなっていることなので、このことを指摘しながらあまり厳しいことを言うつもりはありません。私はただ、あることが顧客の視点をどのように反映するか、あるいは顧客にどのような影響を与えるかについて、常に自分自身や他の人に問いかけることをおすすめしたいと思います。それが習慣として深く根付くまで、これを続けることです。もしあなたやあなたのチームが、常に顧客の期待や経験について尋ねている人たちだと評判になれば、それは決して悪い評判ではありません。

楽しむことを忘れる

「楽しさ」は必ずしも企業のゲシュタルトの中にあるとは限りませんが、私はそれが1章で述べられているSREの定義の重要な部分を支えていると信じています。これは、運用業務を**持続可能**なものにする要素の一部です。私はSREへの取り組みや導入プロセスが、終わらないパーティーのようだったり、SREの生活が常に楽しいものだと言いたいわけではありません。しかし、もしあなたやあなたのチームが、ここ最近で仕事が楽しかったときのことを思い出せなけ

---

[12] 私の経験では、これと次の項目の最後の2つの項目は小さく、小さなスコープで発生するため、通常は組織の全面的な失敗として目に見えることはなく、むしろ小さなマイクロ失敗（™）として現れます。とはいえ、これらが十分に発生すれば、SRE組織は間違いなく道を踏み外す可能性があるので、用心してください。

れば、そのシグナルに注意を払うべきだと思います。これは重要です。楽しみが1つもないSRE活動は失敗でしょうか。おそらくそうではないでしょう。ある1つのSRE活動に楽しみがなかったら、それは失敗でしょうか。私は強くそうだと思います。

12.9　SREの失敗を「SRE」する方法

　本章の締めくくりとして、本章で取り上げた要因のいずれかが実際に目の前に現れたときにどうすべきかを述べます。私にとっての最初の問いは、「SREがすでに失敗したシナリオにあるのか、それとも失敗の過程にあるのか」です[†13]。これらのどちらの可能性についても、基本的な考え方は、SREの考え方とスキルを（そのときどきに応じて）できる限り適用することです。たとえば、SREが積極的に失敗している状況の中にいるのであれば、それはおそらく、システムが劣化した状態で稼働している障害の真っただ中にいるのとあまり変わらないでしょう。インシデントレスポンスとは、適切な人材を集めてトリアージし、必要に応じて緩和することを必要とする、協調的な対応のことです。SREの失敗は、あなたが遭遇するほとんどのインシデントよりもゆっくりと燃える障害かもしれません（そして、それはおそらく技術的な障害ではない）が、まだ同様に意図的な方法でそれに従事できる可能性が高いでしょう。

　もしあなたが「失敗してしまった」状況にあることに気づいたら（それはお気の毒なことですが）、私が考えているアナログ的なこと（障害が起きてしまったこと）、そしてその場合にSREが何をするのか（インシデント後のレビュー）は、すでに想像がついているのではないでしょうか。もし運が良ければ、あなたはこの丘で再挑戦し、そのレビューで明らかになった教訓を次のSREの仕事に活かせるでしょう。そうでない場合は、今回の仕事でも次の仕事でも、条件が整うまで再挑戦を待たなければならないかもしれません。

[†13] 以下の提案は、基本的な考え方を提供するために、非常に大まかな筆致で示されています。エンジンを再び回転させるための組織的なサポートの必要性、個人貢献者とマネージャーやディレクターの果たすべき役割の違いなど、細部は省略しています。インシデント後のレビューのような会議を1回開いただけでは問題は解決しませんが、SREのプラクティスと心構えを適用することで、たとえアナログであっても、かなりの助けになるかもしれません。

13章
ビジネス視点からのSRE

　SREは、サイトリライアビリティエンジニアリングの実践的な側面について語るのが好きです。私は、皆さんが個人として、また組織という文脈の中でSREを実施する方法についての実践的なアドバイスとして本書を手にしているのだと願っています。しかし不思議なことに、SREとビジネスとのつながりに関する情報は、文献やカンファレンスでの言説にはほとんど見られません。これはさらに奇妙なことです。というのも、SREに携わる誰もが、いつかはビジネスサイドの誰かと、自分たちの仕事内容や資金調達方法について話す必要が出てくるからです。さっそくこの空白を埋めましょう。私はこのトピックに関する2人の専門家を探し出し、あなたが尋ねたいと思う質問を彼らにしてみました。

　この議論に参加している人々を紹介します。

- Ben Lutch、元Google社のSRE責任者（10年間）。
- Dave Rensin、Google Customer Reliability Engineeringチーム[1]（Google Cloudの顧客がSREを実践できるよう支援するSREからなるチーム）の創設者であり、元ディレクター。

> ## Googleの経験は私の経験にどの程度当てはまるか
> 　まずこの質問を整理しましょう。というのも、私もまったく同じ疑問を抱いていたからです（実際、私は「世界にはGoogle以上のSREが存在する」という前提

---

[1] 翻訳注：CREについてはこちらの記事に解説があります。https://cloudplatform-jp.googleblog.com/2016/10/google-cre.html

のもと、1冊の本を編集・監修しました[†2]）。

Daveへの最初の質問は、「GoogleではSREが確立されていて、資金調達やその他のビジネス面は基本的に決まっているという印象を持っていました。あなたの経験は他の場所でも通用すると思いますか」でした。しばらくして、彼が笑い終わった後、Google社内でのビジネス上の会話が他の組織での会話と酷似していることが明らかになったので、Benにも議論に参加してもらいました。この章がその成果です。この章では、関連する部分についてはGoogleの歴史を持ち出しますが、以下のアドバイスは可能な限り一般的なものです。

13.1 SREについて伝える

13.1.1 信頼性についてビジネスを語る

Dave：私がいつも最初に考えるのは、ユーザーに提供するサービスの信頼性についてどう考えているかということです。信頼性はもっとも重要な機能です。もしあなたがそれを信じていないのなら（あるいは私があなたを説得できないのなら）、この会話をする意味はありません。会話はたとえばこんな風になります。

- 信頼性を気にしますか？「ええ、もちろん気にします」
- 御社のサービスの機能ですか？「はい」
- そのサービスにある他の機能と同じくらい重要な機能ですか？もし答えがノーなら、やめましょう。あなたにはまだその準備ができていないのです（そうなれば、私たちはあなたが間違っていることを教えなければならないかもしれませんが、それでも構いません）。

しかし、答えがイエスだとしましょう。会話を続けます。

- それをどのように考えていますか？「どういう意味ですか？」
- それをどうやって計測しますか？ほとんどの人にとって、その答えは「今日誰が怒鳴っているかによる」でしょう。

それはそれで構いませんが、もっと厳密に計測する方法があります。おそらく、なぜ

[†2] 翻訳注：『SREの探求』（2021年、オライリー・ジャパン、ISBN9784873119618）のこと

完璧が間違った目標なのか、それゆえエラーバジェットが必要なのかについて、短い会話をしなければならないでしょう。

哲学的にこの場所に到達できれば、あなたは素晴らしい状態にあります。あとは詳細です。

選択肢は2つあります。

- そのようなスキルは、機能開発者の間で築き上げると決めることもできますし、それはそれで結構です。それは完全に実行可能なモデルですが、彼らにとってはこうなります。あなたはオンコールに行くことになるでしょう、などです。
- あるいは、フロントエンドエンジニアとバックエンドエンジニアがいるように、プロダクションエンジニア、つまり何かをスケールさせながら運用するということがどういうことなのかを本当に理解している人材も必要だと判断することもできます。スケールするものを構築するためのスキルと、スケールするものを運用するために必要なスキルはまったく異なります。ただそういうことなのです。これは哲学的な選択です。

信頼性が機能であることに同意するのであれば、そのどちらかを決めなければなりません。

- 開発者はその方法を学び、本当に上手に実施する必要があります。それはつまりページャーを持つということです。
- あるいは、専門的なソフトウェアエンジニアを雇い、エンジニアとしてシステムを保守しなければなりません。

どちらを選ぶかはあなた次第ですが、2つ目に挙げたエンジニアリングをしなければ、1つ目を手にすることはできません。どちらを選ぶか言ってください。もし2つ目の選択肢、スペシャリティエンジニアの道を選ぶのであれば、あなたは今SREをやっていることになります。私は、SREは信頼性という機能に特化した機能開発者だと考えたい。

まずは製品の責任者と話すことから始めてください。最初にエンジニアリングに相談しようとすると、製品のサポートなしに仕事を依頼することになります。

13.1.2　SREを売る

Ben：私たちはSREを売り込まないように注意しています。私たちは一般的に、SRE

チームを持つことは痛みをともなうと言います。しかし、それは今とは異なる苦痛になるでしょう。システムの健全性を維持し、顧客のことを考えるために、そうしなければ気が進まないようなことをさせることになります。私たちは皆さんに不快感を与えることになります。それを受け入れなければなりません。だから、顧客に理解してもらいたいという売り込みの気持ちも少しはあるけれど、「私たちは本当に強い意見を持っていて、顧客にある方法を強制するつもりだ」という気持ちも少しはあります。全員がSREに同意していることを確認しなければなりません。

　高いレベルで言えば、これは健康的な食事や運動をするようなものです。彼らは自分自身でそれを望まなければなりません。顧客、つまりあなたが一緒に働いている製品チームに強制することはできません。彼らにも、すでにある程度の理解がなければなりません。そして、あなたが最初にすべきことは、ビジネス関係者（あるいはあなたが話している窓口になる人）が、何を得られるのか、なぜこれが、他の方法では閉ざされていた扉を開く、希少で重要な能力なのかを、少しは理解していることを確認することです。なぜなら、もしあなたが信頼できず、人々がそのサービスに依存し、信頼しなければ、決して開くことのない扉がたくさんあるからです。信頼性とは、ボタンをクリックしたときにサービスがそこにあるということだけではありません。あなたのデータがそこにあり、責任を持って確実に取り扱われるということを意味します。障害発生時には、率直かつ迅速な方法で知らされます。

　SREを誰かに押し付けなければならないと感じるのであれば、それは十分な仕事をしていないか、適切なグループに展開されていないかのどちらかです。SREについて話している相手がワクワクするような価値を発信できるようになりたいものです。「より多くのものを作ることができ、より信頼性が高く、人々に愛されます。競争に直面しても、機能やウィジェットを追加し、他のものと統合できます。この人たちのおかげで、収益であれユーザーの幸せであれ、私のビジョンを達成できるのです」。あなたが話している人たちの目的を理解し、その目的を達成するためにSREが適しているのか、またどのように適しているのかを理解しなければなりません。もし誰かを脅して選択させたら、あなたのチームは将来悲惨なことになるでしょう。人を脅して選択させることはできません。

　Dave：私は人々の選択肢を守り、彼らの主体性を維持することを信条としています。ですから、財務担当者や従業員数を管理する人、テクノロジーに関心のない人と話をするときは、いつもこう言います。「いくつかの結果のどちらかを選択することになり

ます。もし資金を提供しなければ、こうなると私たちは考えています。その理由はこうです。この水準まで資金を提供すれば、こうなると私たちは考えます。別の水準まで資金を提供した場合、などなど」。もし彼らがより多くのユーザーやシステムの利用を望むのであれば、ここにシステムのスケーリングポイントを示します。この使用量に達した時点で対処しなければ、ダウンタイムに見舞われることになります。ビジネス上の選択をしてください。私たちは、あなたがどんな選択をしたとしても、その結果に喜んでしたがいますが、私たちの責任は、あなたが十分な情報を得た上で、明確な目で選択ができるようにすることです。

できるだけ客観的に真実に近いものでなければなりません。脅すのもダメです。「おそらくこれで乗り切れますが、後々チーム離脱のリスクがあります。これが私たちのおすすめです。理由はこうです」という形でなければなりません。そして、Benが言うように、あなたが話している相手が本当に気にしている観点で数値化する必要があります。プロダクトマネージャーと話しているのなら、それは機能ベロシティかユーザー獲得でなければなりません。財務担当者と話しているのであれば、それはおそらくユーザー獲得か、ユーザー獲得にともなう収益成長でしょう。収益指標のようなものに簡単にたどり着けないなら、あなたは指標についてまだ十分に考えていません。あなたはまだ、この会話をするための仕事をしていません。

成功するチームは「はい、もし……」と答えるチームです。要求が可能である条件を説明するのがあなたの仕事です。「はい、このシステムを2週間で10倍のユーザーを処理できるように再設計することは可能です。もしそのコードに詳しい20人の開発者を、今日すぐにその問題に割り当てるられるなら、ですが。それは可能ですか。ああ、不可能ですか、わかりました。では**何が可能ですか**」

あなたはその場にいる大人として、皆の熱意を抑えるためにいるのではありません。それはあなたの仕事ではありません。SREは簡単に濡れ衣を着せられてしまいます。それはあなたの仕事ではありません。あなたの仕事は、彼らの夢が実現するためにはどのような条件が必要かを伝えることです。そして、それが実現可能な条件かどうかを話し合います。なぜなら、ときに会話の中で、「熱力学の第三法則を一時停止すれば、あなたのやりたいことは絶対に実現できる」と考える自分に気づくこともあるからです。そういう場合は、「だから……それは今この瞬間には不可能かもしれない」と言わなければなりません。

SREを売り込む際、人々がSREをコスト回避、つまり「障害には多額の費用がかかる」

という漠然とした主張をするのは、基本的に保険の主張です。それは、具体化されていない、将来的なリスクを主張しようとする弱い議論です。誰もがこのような売り方から始めます。実際のデータを収集することで、どれだけのエンジニアリングが必要かについてエンジニアリング的な議論をする方がはるかに良いです。

たとえば、1つのインシデントを選び、その問題を修正するために使用された1つの機能スプリントを選びます。二度と同じことやそれに似た事象がx件発生しないようにするための作業範囲は何でしょうか。これははるかに良い出発点です。

13.1.3　成功をビジネスに還元する

Ben：基本的には、ビジネスにとって重要なパラメーターを調べます。サービスはどのようにスケールされる（サイズ、ユーザー数、ユーザーごとに保存される情報量など）のでしょうか。サービスの成長と成功のために、製品チームが重要視していることがあります。SREのコストとビジネスが重要視していることとの比較で、その数字が常に小さくなっていることを証明できるようにしたいのです。SREを5人配置すれば、サービスは1000倍大きくなり、倒れることもないとします。これは投資だと言える指標です。これは、SREチームがスケールさせることに長けており、他の場所から専門知識を導入しているという論文と一致しています。これはスケール方法を常に再発明しているわけではありません。実際、Googleにはトラフィックが1000倍になり、フットプリントが1000倍になり、14人から16人になったチームがあります。それは、単に見せびらかしたいのではなく、あなたが気にかけていることなのです。

Dave：私はまた、SLOやSLOの遵守といった観点で経営者に伝えたいという、素朴な傾向があることに気づきました。彼らはそんなことには関心がありません。エンジニアリングチームは気にするかもしれませんが、ビジネスオーナーは間違いなく気にしません。彼らが気にする言葉で話す必要があります。

シニアエグゼクティブとSREチームに期待することについて話すとき、私たちは腰を据えて予算を設定します。その経営幹部が、製品の信頼性に不満を持つ顧客との対話に費やしても良いと考える時間は、月に何分でしょうか？ もし幹部がその時間をゼロだと考えているのなら、その幹部はダメな幹部であり、この製品は失敗に終わるでしょう。経験豊富なリーダーは、不幸な顧客と話さなければならないことがあることを理解しています。では、そのための月あたりの妥当な時間はどれくらいでしょうか？ それがエラーバジェットです。

Diane GreenがGoogle Cloudを経営していた頃、彼女と私ははっきりとそう話し合いました。顧客とそのような不快な会話をするために、月に何分割くつもりですか？それはゼロより大きくなければなりません。そうですね、その時間は計測できます。カレンダーに書いてあるので、わかりますね？もしそれを下回っていれば、チームは全体として仕事をこなしていると広く感じられるし、それを大幅に上回っていれば、何かが壊れていることになります。

　これは、すべてのリーダーが理解し、測定できる指標です。

13.1.4　SREグループの成功を他者に証明する

　Dave：SREの成功を他人に証明することがゴールではありません。あなたは自分の方向性を間違えています。そのように質問することは、SREが自分たちの存在を正当化し続ける会話を望んでいることを前提にしています。それは私たちが望む会話ではありません。私たちはむしろ存在したくないのです。私たちはむしろ、（少なくとも専門的な意味で）私たちの専門知識を長期間必要としないシステムを望んでいます。私たちは、あなたの問題を解決して別の仕事に移ることを望んでいます。なぜなら**常に**別の仕事は存在しているからです。

　私たちはいつも経営者たちとこのような会話をします。ときには、「今年の成功は、私の素晴らしい開発者たちのおかげではないと、どうしてわかるのだろう」と真摯に語る経営者もいれば、「この人員数をすべて取り戻して、私の開発者たちのために使いたい。そうすべきだと思いませんか」と批判的な経営者もいます。

　しかし、どのようなケースであれ、答えはまったく同じです。「では、試しにあなたの開発者をページャーローテーションにして、（SREの）チームを別の場所に配置転換したらどうでしょう」。これができたら素晴らしいことです。私たちにとっては成功です。GoogleではSREの需要に事欠かないので、最終的には私たちもそうしたいと思っているからです。そして100回中99回、経営者は「いやいや、それは気が進まない」と言います。では、なぜあなたはそれを快く思わないのですか。あなたの心からの意見を聞かせてください。

　SREは（あるいは優れたSREは）自分の存在を正当化しようと会話に臨むことはありません。彼らは、そのサービスのために仕事をし続ける必要がない道を考えようと会話に臨むのです。少なくとも年に1回（おそらく2回）、すべてのリーダーとする重要な会話だと思います。常に最終的には必要とされなくなることが私たちの目標だということ

を伝えましょう。そして、それに少しでも近づいているかどうかを年に2、3回確認するのです。

もうひとつ、それなりに成熟したSREチームは、以前発生した障害のヒヤリハットリストと、その発生頻度を減らすか小さくするためシステムに施した変更内容を保管しています。これも進捗を示す1つの方法です。つまり「障害が発生し、システムを変更しました。おそらく、過去にあと7、8回は起こっていたかもしれないけれど、障害は起きなかっただけということです」と言えます。

13.2　SREの予算編成

13.2.1　最初の予算要求

Dave：「SREチームに資金を提供したい」という抽象的な話をする人はいません。それはいつも、「現在の機能作業では達成できない、私が達成しようとしていることがある」ということから始まります。たいていは、システムに深刻な信頼性障害が連続して発生し、顧客がそれに気づいて怒っているからです。SREの会話はほとんどいつもそこから始まります。「どうすればこの穴から抜け出し、二度と戻らないようにできるのでしょうか」

そして、誰かがSREという概念を発見し、「これだ。私たちにはSREが必要だ」と言います。資金提供者への最初の提案には、たいてい1つか2つ、本当によく練られたプロジェクトが含まれています。たとえば、4ヵ月間3人のスタッフが必要で、これが具体的な利益です。そして次の質問は、「これは単発のプロジェクトなのか、それともこのプロジェクトとその次のプロジェクト、さらにその次のプロジェクトのために3、4人のチームが本当に必要なのか」というものです。このような要望が、SREを始動させます。

分散システムの創発的な特性は、コードを書くエンジニアよりも速く成長します。なぜなら、これらの特性は、(a)コードベースの変化、(b)ユーザーの変化、(c)ユースケースの変化の結果だからです。そのため、たとえコードを変更しなかったとしても、システムを正常に稼働させるため継続的にエネルギーを投入しなければなりません。このため、予算の観点からは、信頼性作業は他の機能とまったく同じです。信頼性作業を開発作業に対する税金と見なすべきではありません。税金ではないのです。それ自体が一種の機能作業なのです。

13.2.2　資金調達について語る

　Ben：チームの資金調達について論じる2つの方法は、サービスの成長傾向に紐づいています。1つ目は、サービスによっては規模が大きくなり、どんどん大きくなるものがあります。そのような場合、SREチームの規模はあまり大きくしたくありません。実際、理想的にはチームは最小限の規模にとどまるのが望ましいです。

　問題がどんどん大きくなるにつれて、つまりサービスの規模がどんどん大きくなるにつれて、最小限の制約を設けるという目的は、必ず伝えておきたいことの1つです。これはSREにとって魅力的なことで、彼らの仕事はより面白くなり、より多くの範囲をカバーできるようになるからです。また、インフラがどのように構築されているかということも重要で、インフラに何かを追加しても倒れることはないという自信にもつながります。

　私たちが資金調達について話すもう1つの方法は、何かが2倍大きくなるのではなく、長期的な成長を遂げるというもっとも一般的なものです。それは、何かを追加することです。1つの製品が2つになったり、機能が追加されたり、別の製品と融合したりします。このような場合、複数の部品の相互作用に注意を払う必要があります。ある垂直的な部分については、それなりに研究されているかもしれません。コンパクトな人数でそれをスケールさせる方法を明確にできます。しかし、製品や機能の追加、他のサービスとの相互作用など、長期的な変化をともなう状況はやっかいです。これらの摩擦点は、物事がもっとも壊れやすい場所です。そして、お互いの陣営に足を踏み入れている人間はいません。

　SREの説明の一部であり、製品部門が私たちのところに来る理由の一部でもあるのですが、SREを接着剤として使いたいのです。特に、うまく設計されていなかったり、機能する部分同士の連携がうまくいっていなかったりするときには。2つのシステムが突然相互作用する必要が出てきます。たとえば、このウィジェットは検索にひっかかるようになったけれど、そのために設計されたわけではないというような場合です。この縦断的な成長は、チャンスであると同時に、「2つの偉大なエンジニアリング組織が、これまで接触する理由のなかった2つのものを独自に構築し、それがうまくかみ合わなかったので、これからあなたに気の進まないことを行ってもらうつもりです」というような会話を始める機会でもあります。

　基本的なアプローチは、「絶対に障害が起きない」という約束をしないことを中心に据える必要があります。人々は、「SREがすべての問題を解決してくれる」「本番環境で

問題が起きることはない」という話を求めています。本番環境と関わりたくない人たちは、あなたにそう言ってもらいたいのです。彼らは、ただ機械に10円玉を入れ、6ヵ月後にまた10円玉を入れればいいという話を求めています。彼らはあなたにこのような甘い言葉を言ってもらいたいのです。売り込んでもらいのです。

SREをどのような形で取り入れるべきかについて人に話を持ちかけるとき、このような約束を売り込む罠に陥らないようにすることが本当に重要です。そのような約束をしてしまうと、人々はただうなずき、熱心にその話に耳を傾けるだけになってしまいます。そうならないように注意しなければなりません。「あなたが成長しそうにない、あるいは長期的にスケールしそうにないやり方をしているから、私たちはあなたに多くの痛みを与えることになるのです」と言えるようにならなければなりません。一般的に、私はビジネスパートナーとの時間のバランスを、彼らの期待を下げるか、彼らの期待を修正することに費やしているように感じます。ビジネスパートナーに商品を売りつけるというよりは、「これがあなたの手にするものであり、これだけがあなたが手にするものです」、そして「これがうまくいかない可能性のあるものであり、これがうまくいかないものです」ということを伝えます。

13.2.3　契約延長の会話

Dave：最初の会話は、ほとんどの場合、痛みの既往歴に関連しています。チームをスタッフとして雇い、彼らの作業する手が速くなると、あなたの痛みは軽減し始めます。物事はより信頼できるようになり、誰もが幸せになります。そして誰かが戻ってきて、「痛みがなくなった。なぜこんなことを続けなければならないんだ」と言い出すのです。

だから、いくつかの方法があります。私の最初のアプローチは、頭のいい人たちに、彼らが操作する環境には静的な部分はないと指摘することです。システムを利用するユーザーを増やしたいのであって、減らしたいわけではありません。つまり、ある時点で、あなたがまだ知らないスケーリングの変曲点にぶつかることになります。ユーザーは常に、昨日と今日でシステムの使い方を微妙に変えています。

その結果、システム内にエントロピーが発生します。だから、最低限の努力をし続ける必要があります。さもなければ、エントロピーが支配し始め、元の状態に戻ってしまいます。今、あなたが抱く疑問は、「この努力の量は適切なのか？多すぎるのか、少なすぎるのか？」ということです。これらは実に合理的な質問です。私がSLOやエラーバジェットのことで人々を厳しく非難するのは、この質問に答えるには定量化できる方法

が必要だと考えるからです。私の経験では、エラーバジェットはそのための最良の方法です。エラーバジェットをゼロにはしていませんが、かなり下回っています。それが会話の指針になるでしょう。

エラーバジェットのしきい値に達しているのであれば、ある種の効率的フロンティア[†3]で動いていることになるので、SREの労力を調整することには慎重になるべきです。もし本当にエラーバジェットのしきい値を下回っているのであれば、人員が過剰ではないかについて真剣に話し合うべきです。

Google社内では、プロダクションエクセレンス（ProdEx）と呼ばれる演習を実施しています。これは、四半期に一度、すべてのSREチームを持ち回りでレビューするものです。私たちがいつも見ている指標の1つは、「エラーバジェットの消費はどうなっているか」です。もしエラーバジェットより多く消費しているのであれば、ある種の難しい話になります。エラーバジェットのぎりぎりを定常的に消費している場合は、「かなりいい仕事をしているね」という会話になります。もし、エラーバジェットよりかなり少ないエラーしか出していないのであれば、人員過剰ではないか、パートナーに人員削減を要請すべきではないか、といったことを検討することになります。

エラーバジェットよりも消費が少なかった理由はたくさんあります。もしかしたら、あなたが行った設計が、あなたが思っていたよりもずっとインパクトのあるものになったかもしれません。やりましたね！あるいは、あなたの製品のユーザー成長が、あなたが考えていたようには加速しなかったかもしれません。残念！それでも、なぜ余分なリソースを費やす必要があるのでしょうか。というわけで、持続的な会話は、あなたがそのスペクトルのどこに位置しているかによって決まるのです。

組織、特に技術系、中でも上級職は、固定的なものではありません。副社長が行ったり来たり、ディレクターが行ったり来たりします。ある文化に人が入ってくると、まず自分のスタンプを押したくなります。それは本当に健全なことです。常に疑問視されているのが、SREの資金調達です。特にハイテク企業では、コストの2大要因はインフラと人件費です。人員増のコストは、コンピューター1台増のコストよりもはるかに高いのです。

さて、あなたは新任の副社長か何かで、会社に入ってきて、この製品、あるいは製

[†3] 翻訳注：効率的フロンティアとは金融用語で、あるリスクの水準で最大のリターンを獲得できるポートフォリオの集合を指します。ここでは転じて、SREの労力に対して最大の信頼性を得られている状態を指しています。

品のこの部分を受け継いだとします。そしてこのように言うわけです。「さて、私は30人分の人件費を払っています。名目はSREとなっています。これは何をするものですか」

その答えは、「物事を動かし続ける」というようなものでしょう。「どのように運営を維持するのでしょう」とあなたは質問します。「自動化され、スケーラブルであることを確認するためです」。つまり、コスト力学を理解し始めると、「これだけの自動化を実現したのなら、なぜまだ従業員が必要なのだろう。その人員を削減すれば、もっと多くの機能を開発できるのではないですか」というように考えるのがごく自然です。このように、離職とコストのダイナミクスが組み合わさることで、基本的には四半期に1度、少なくとも年に2度は話し合うことになります。

13.2.4 資金調達モデル

Ben：当初、SREは検索など、Googleの存続に不可欠な1つか2つの分野だけに適用されていました。SREが始まったのは、収益の流れを失い、サービスを失えば、収益を失い、評判を失うからです。当時のGoogleは規模が小さく、それを許容できる状況にはありませんでした。皮肉なことに、SREの規模がもっと小さかった頃は、SREは収益のすべてを生み出すものに付随していただけだったので、売り込みやすかったのです。SREの価値は実に明確でした。なぜなら、本番環境の世界で物事がうまく整理されていないことがもたらす結果は、会社にとって即座に実感できるものだったからです。

Googleが成長するにつれて、懸念事項も変わってきました。「これは評判を落とすことになります。これはこの先影響を及ぼすでしょう」という箇所も出てきました。トレードオフは目先のものではなく、実存的なものでもありません。ですから、「これは人材を投入する価値があるか」ということをもう少し考えなければなりません。今日実施する価値はないかもしれないし、痛みをともなったり、製品自体が遅くなることはないかもしれませんが、長期的な目標のためには必要なことなのだ、と説明しなければなりません。長期的な目標とは、「より多くの製品をリリースし、より多くの製品をスケールさせて、より複雑でオン・オフが少ない信頼性に関連するコストを本当に調整できるようにするには、どのように本番環境を構築すればいいのか」というようなものです。

これは機密事項ではないと思いますが、GoogleでSREがスタートした当初は、中央集権的な資金援助を受けていました。基本的には、技術インフラ（TI）全体を統括

する人が、「よし、SREに100人分の人員を提供するから、SREを運営する君たちは、Googleにとってもっとも重要なことに沿った形で、その人員をどこに分散させるかを考えてくれ」と言ったようなものでした。

そして、失敗できないことがいくつかあったため、どこに人を配置するかを決めるのはとても簡単でした。2012年にTodd Curtissと後を引き継いだとき、最初の頃に起こったことのひとつは、中央集権的な人員配分がなくなったことでした。TIを運用する人物は、「私からこれ以上SREの人員を増やすつもりはありません、つまり中央からのSREの増員はゼロです。各製品領域から人員を集める必要があります」と言いました。

ですからその時点で、私たちの組織とは直接関わりのない副社長に対して、彼らの貴重な人員をSREの組織を運営するために提供することが、彼らの製品、サービス、収益、評判にとって実際に良いことであることを示さなければなりませんでした。当時、Toddと私は「ああ、それは本当に最悪だ」と思っていました。なぜなら、私たちはサービスを運営することに夢中で、10人の副社長と個別に交渉したり懇願したりしたくなかったからです。しかし、それは実際には障害にはなりませんでした。というのも、私たちはすでに十分なところまで来ており、製品責任者たちはすでにSREの価値を確信していたからです。製品を開発している人たちは、信頼性に関わりたいと思っていましたが、ページャーで起こされるのは嫌でした。私たちは中央からのSRE人員の提供がなくなるまでに、その価値提案が本当に明確なものであるというところまで到達していました。私たちは、インシデントの処理方法を熟知し、コードベースを知り、すべての主要開発者と協調作業ができる、世界中に分散するチームを持っていました。

各製品領域の担当者と話をしたとき、私たちは非常に単純明快に話をしました。資金を出せばこうなります。資金を出さなければ、こうなります。という具合です。脅しではなく、ただ「これがノブのゼロの位置です。これがゼロでできることで、これが100でできることです。その間にあるものは何でも選べますよ」という感じです。何週間も一人で待機するようなことがないように、臨界量を確保するのに十分な規模のチームを持たなければならないので、そのノブには何段階かの刻みがあります。

13.3　SREの調整

13.3.1　関与のモデル

Dave：私たちには段階的な契約モデルがあります。オフィスアワー[†4]でのコンサルティングモデルがあり、これは前後にSREの関与があるものを対象としています。たとえば、「SREがサポートする準備ができていないサービスがあります」といったような質問に回答します。ふらっと立ち寄れるオフィスアワーモデルと、それとは別にコンサルティングモデル（私たちが来てコンサルタントとして活動する）があり、私たちはいつもそれを行っています。もしかしたら、あなたのサービスはSREの専任サポートを受けるべきところに到達するかもしれないし、そうでないかもしれませんが、どちらでも問題ありません。私たちはプロダクションレディネスレビューと呼ばれるものを行ってきました。これはSREが提供するサービスで、私たちがサービスに入って検査し、SREの基準で運用可能かどうかを判断するものです。

それから、スウォームモデル[†5]もあります。経験豊富な3、4人のSREスタッフが四半期にわたって開発チームの調査を手伝いますが、ページャーは開発チームが持ち続けます。これはあまり一般的ではありません。それから、あらゆる割り切り方があります。すべてのチームが1つのサービスだけに専念しているわけではありません。

Googleでは、SREチームのゴールは、自分たちの仕事をなくすことであり、ほぼ四半期ごとにすべてのチームにそれを求めています。あなたのチームはどこまで近づいていますか、と確認します。それが私たちの成功の指標です。問題の原因にたどり着き、夜中に人々を叩き起こすような本当に緊急なものの多くを自動化したとき、日中の開発者のためのチケット処理に取り組めるようになります。彼らは本番環境の仕組みを十分に理解しているし、障害が起きた場合には、私たちが提供する一連のサービスがあります。それはとても幸せなことです。

Ben：そこにはちょっとした歴史があります。設立当初、SREは本当に大きな影響を与えるような大規模なサービスにしか関わっていませんでした。SREチームは高価で、私たちはまだ物事を解明しておらず、運営には多くのオーバーヘッドが必要でした。そ

[†4]　翻訳注：オフィスアワーとは、もともとは大学で、学生からの質問に応じるために、教員が必ず研究室にいる時間帯のことを指していました。転じて、あるテーマの専門家に自由に質問できる時間のことも指すようになりました。

[†5]　翻訳注：swarmは「（虫などの）群れ」という意味です。

のため、あるサービスがGoogleにとって本当に重要なものになるまで、SREを配置することはありませんでした。しかしその結果、Googleは大規模で分散しているため、所有するサービスも大きく異なっていることに気づきました。基本的な部分は共通でしょう。SREの原則の1つは、**いかにしてスケーラブルに本番環境を構築し、リソースを共有し、人々が開発を続けられるようにするか**ということです。私たちが資金を提供しているのは、単に本番環境の小さな島々というわけではありません。私たちは、待てば待つほど、それぞれのSREチームが、他のSREチームとはまったく異なるものに取り組んでいることを発見しました。これはGoogleにとっても、SREにとっても良くないことでした。つまり、多くの開発が重複し合いながら、意思疎通のない形で行われていたのです。そこで私たちは、SREやSREチームをフルコミットさせられないようなサービスに対して、どうすれば早期に関与できるかを話し合うブレインストーミングを始めました。またSREを必要としないように、あるいはSREを獲得するための道筋がとても簡単になるように、どうやって物事が設計され構築される過程に影響を与えられるかについても考えていました。

彼らには、SREがアサインされているかどうかに関係なく、本番で使えるものを作ろうという意思を示した人たちが一緒に働き、アドバイスをしていました。この旅は、いくつかの非常に成熟したチームに資金を提供することから始まりましたが、実はそれが適切なモデルではないことに気づきました。大声で次のように言って回った年もありました。「もしあなたがSREを持ちたいと思うのであれば、あるいは24時間365日、サービスをより良くするためにソフトウェアを書く手助けをする専門的なサポートを望むのであれば、早い段階でSREを巻き込む必要があります。SREを早い段階で関与させなければ、本当に重要なことが蒸し返されることになり、私たちはあなたを助けられなくなります」

13.3.2　なぜエンベデッドモデルではないのか？なぜ別組織なのか？

Ben：その理由の1つは、初期の歴史的な選択によるものですが、多くのサービスを構築する場合、統一された本番インフラを持つ方が信頼性の面で有利だと考えるからです。その方が、より迅速に製品を開発できます。個人としての人間や、より大きなチームの一員としての人間を分断したり、テクノロジーを分断したりすると、それは難しくなります。20人のうちの1人がSREを担当するようなチームでは、SREはより難しい提

案となります。分断されていなければ、「SREが必要なら、私たちのサポートが必要なら、こうしてください」と表現するのはもう少し簡単だと思います。

多くの人がX、Y、Zの正しいやり方を研究している組織の一員であり、10人の専門家がそれに取り組んでいる場合、その織り成すつながりが個人をより強くします。チームには、自分たちの周りに境界線を引こうとする自然な傾向があります。そのため、他チームの選手を起用するのは難しいでしょう。中心的な原理との結び付きは、時間の経過とともに薄れていく傾向があります。なぜなら、それは彼らがいる場所で見ているものではないし、彼らが毎日一緒に働いている人々でもないからです。

Dave：そのような人たちのキャリアプランニングはどのようにしていますか。私の場合、20人の開発者のチームで、1人か2人のSREがSRE的なことをしています。1人か2人が昇格を望むようになると、昇格に見合った報酬を得られるものに引き寄せられるのは自然なことです。そして、そのチームは、それはまさに開発チームのような特徴を持つことになります。

もう1つ、みんなが覚えていないか、あまり話題にしないことですが、GoogleにSREができる前は、SysAdminというチームがあり、それは単なる伝統的な運用チームでした。私たちがSREを導入した理由は、それがスケールしないことがわかったからです。現在私たちが考えているように、SREが運用チームにならないようにするにはどうすればいいか、多くのことを考えました。ページャーを元の人に返せるようになったのは、大きな光明でした。たとえば「あなたは契約を守らないので、私たちは辞めます」と言えたのです。SREチームがそれを発動することはめったにありません。このようなことが、この9年間で3回ほどしかが起きませんでしたが、実際に発生し、皆それを記憶しています。

長い間、「SREは独立した組織でなければ実施できない。だから、この人たちをまとめて、複数のサービスで交替できるように、互いに共有できるようにしよう」と考えていました。同僚や仲間と比較して評価されるように、自分たちのやっていることに共通点があることを支持します。彼らには独自のジョブラダー[†6]があり、他のチームに取り込まれるのを避けるために、それに照らして評価できます。またジョブラダーによって、SREがゆっくりと軌道を低下させ、ただの運用チームとなって地球に落下しないようにできます。

---

†6　翻訳注：企業内で特定の職種に対し、職位と職能と職責を等級ごとに定義したもの。

それはあなたにとって正しい選択かはわかりません。それは本当にあなたの企業文化と規模によります。

13.3.3　ページャーモンキーやトイルバケツの罠を避ける

Ben：ページャーモンキーのような状況、つまり、SREがいつでもページャーに対応してくれるという理由だけで評価されるような状況は、実際に起きています。エンジニアリーダーに話を聞くと、SREの関与から得られるものとしてそうした行動を期待しているようですが、それを口に出しては言いません。インフラを自動化したり、より少ないエネルギーでより早く障害を解決できるような、より一般的なインフラに移行したりする方法について、誰かに話をすることは何度もあります。そして人々はうなずき、彼らの頭上にフキダシが浮かんでいるのが見えことでしょう。「（ドルマークがピカッ！とひらめき）私のフロントエンドエンジニアからページャーを奪えるぞ」という具合に。

人々には建前と本音があります。人々の率直さにはばらつきがあります。しかし、ページャーを取ってくれる専門家が大勢いるかもしれないという事実は、本当に、本当に説得力があります。そして、ページャーモンキーが欲しいからとは限りません。ページャーを持つのはストレスがかかりますし、システムをよく理解しなければなりません。そしてプレッシャーに慣れていなければなりません。あなたの監視下で障害が発生すると、指揮系統の上の全員からチャットメッセージが届きます。そして、自分のチームや他のタイムゾーンだけでなく、他のインフラや隣接するシステムとも関係を構築しなければなりません。そのためには多くのエネルギーと時間、そしてトラブルシューティングやシステムの改善、社交への意欲が必要です。ある意味、「ページャーを取る」というのは、単に「このデバイスが音を出したら反応してください」というだけでなく、本当に興味深く、良いことの略語でもあります。そこにはスペクトルがあります。

誰かが「私の人員を持っていってください」と言うとき、それは非常に大きな要素になります。多くの場合、チームのエンジニアが「私にはこれは手に負えそうにない……私のせいでGoogle検索が落ちるのは困る。どうしたらいいのかわからない……」と言うからです。だから、これが本当に得意で、火事にさらされても物事を改善できるようなチームに資金を提供してもらえないでしょうか。このとき、ページャーを取るという大きな要素がありますが、悪いことばかりではありません。

もう1つは、ページャーに関してです。ページャーに関してチームと話すとき、私は興奮します。世界最大級の本番環境に参加できます。実際に実験場に参加できます。

それらを混ぜてみて、どう壊れるか見てみるのです。そして、教科書や制約のある環境では決して見られないような理由で大規模なシステムに障害が発生したときに何が起こるかについて、暗い部屋でいくら1人でコーディングしても、本当の準備はできません。何かを作ることは抽象的ですが、それを動かすことは本当に楽しいし、多くの人にアピールできます。実際に動かすことで、なぜそれが正しく作られなかったのかを認識できます。

それはごく限られた人たちだけが経験できることです。ソフトウェアを書くのは簡単です。それをこの規模で動かすのは本当に難しいことです。いじってみたい、分解してみたい、分解したら元に戻したいという欲求は、エンジニアリング独特の組み合わせです。好奇心旺盛で、「そういうものだ」という答えを鵜呑みにしないのです。あなたの目の前で崩壊するかもしれないのだから、そのソフトウェアを理解しなければなりません。それは本当に説得力があります。

13.4 SREチーム

13.4.1 人数の選択

　Ben：当初、そこに精度があったと言えば嘘になります。競売の開札のようなものでした。基本的に、私たちの責任の一部は、これだけの人数を割り当てたら、これだけの見返りがありますよ、と言うことでした。その後、人数が多すぎる、あるいは少なすぎると言われるかもしれません。最初の頃は、誰もが計算不足でした。私たちは、これだけの人数がいればこうなるというメニューを並べているようなものでした。しかし、人数も固定的なものではありません。ですから、1月に出した数字が8月の最終的な数字になるとは限らないという前提で計画を立てていました。多いこともあれば、少ないこともあります。

　組織を作ろうとする傾向がありますが、それは正しいことではないと思います。正しいのは、交換条件（得られるものに対する人員数）を理解し、その上で情報に基づいた選択をすることだと思います。「ゼロになったらどうなるんだろう」と無理矢理にでも自分に言い聞かせられるようになることです。恐竜のように絶滅するわけではありませんが、ビジネス的には、ゼロでどうやって生き残るのでしょう。1つの結果に完全に偏っているように見えるのではなく、単に異なることをした場合の結果を提示しているのだと思えるような絵を描けるようになることです。これらが、私たちが精通していなけれ

ばならなかったことでした。

　1人も潰れてしまわないだけの人数が必要です。システムの運用に十分な時間を費やし、システムの修理に十分な時間を費やせるような仕事であるためには、十分なタイムゾーンに十分な人数が必要です。誰かにとって魅力的なキャリアであり、お金を払う価値があるものでなければなりません。立ち止まるポイントを間違えたり、チームを小さくしすぎたりすると、常に火消しに追われてしまい、人々は燃え尽きてしまいます。システムを改善することもなくなってしまいます。また、ソフトウェアエンジニアやソフトウェアエンジニアリングが得意な人を採用しても、「これではソフトウェアエンジニアリングをしているわけではない」ということになってしまいます。人々がやりたいと思うような仕事にするためには、十分な限界質量を確保しなければなりません。つまり、彼らを火の中に放り込んではいけないということです。ということは、最低限の人数が必要なのです。

　だから、最低人数しかいないときは、責任も最低限にしなければいけません。「もし誰も集まらなかったら、今やっている5つのことをするかわりに、3つのことをします」と言いましょう。売り込みすぎはよくありません。なぜなら、誰も集まらなかったり、惨めな人たちばかりになってしまうからです。それが第1段階です。「人々のために良いキャリアを用意しましょう」というのも、離職者が絶えないのであれば、それは組織で費やすエネルギーとして大きなものであるからです。

　人々がスプレッドシートを見て、最終的なゴールについて考える傾向があるように思います。「こんな組織にしたい」というように。でも、チームと話をすると、「コミュニケーションを取るのが大変だから、これ以上人数は必要ない」と言われることもあります。ですから、13人か14人以上のチームサイズは選びません。そうしないと、学ぶべきことが多すぎますし、相互のコミュニケーションも多くなりすぎるからです。なぜこの数字なのかを考えるとき、それは、人々が何か新しく興味深いものを拾い上げ、それを会社にとって価値あるものに改善できる必要数はどれくらいかということです。一般的に、そのような数字はかなり小さくなります。

　人を増やすか減らすかの結果を計る場合、ベストプラクティスは、仕事をしているチームの人たちと多くの時間をかけて話をすることだと思います。この話をするとき、3人のグラデーションがあることが大半です。通常、1人だけというような数字を求めるのであれば、おそらく本当に長期的な視点に立っていないでしょう。しかし、何かのために50人を求めるのであれば、概数で数えています。だから、チームと相談して、

こう言うのが一番良いでしょう。「人員に関して、私にどうしてもらいたいですか。半年後にこの仕事に変化をもたらすことを妨げているものは何ですか」チームから感覚を得ることは、一般的に最大のシグナルとなります。

　Dave：「なぜこの会話をするのだろう」と自問してみましょう。それはいつも、最近の痛みや現在進行形の痛みに関連しています。わかりました。どんな痛みがありましたか。痛みに対する耐性はどれほどですか。「この3ヵ月の間に、顧客の30%に影響を与えるような障害が3回ありました」(これは作り話です)。わかりました。どれくらいの時間軸で、どれくらいの割合の顧客に影響を与えるような障害なら許容できますか。「永遠に、ゼロ割の顧客にゼロパーセントの影響がある状態が続くのを見たいです」。いいでしょう。しかし、そんなことはあり得ません。物理的に不可能なので、それが不可能だということを知らないのであれば、この会話をこれ以上するつもりはありません。

　そうだね。もう一度やってみましょう。どんな数字ならより適切でしょうか。そしてそれが最初の数字になり、それは間違っています。そして、あなたはそれが間違っていることを知っています。しかし、それでいいのです。私はむしろ、今より少し間違いの少ない最初の数字が欲しいです。その数字に近づくために最低限必要な人間の数はいくつでしょうか。そして、最初にするのは、私たちが話したことが何であれ、この3つを測定するためのかなり軽量なプロセスを設定することです。それを毎月報告します。

13.4.2　SREチームがトラブルに見舞われた場合、それをどう知るか

　Ben：警告のシグナルには2つの形があります。

- 1つはチームレベルであり、開発者が決してオンコール対応したがらない、というのがシグナルです。それはしばしば、このエリアが悪化しているというシグナルです。開発チームには、オンコールに対応することを快く思わない、あるいはそのような体制が整っていないと感じる文化があります。これは私たちが見てきた局所的な問題です。それはますます悪化していくでしょう。
- そしてもう1つは、実存的な問題です。Daveが言うように、SREチームの目的の1つは、自分たちがもう必要とされないようにすることです。もしチームが、もう必要とされなくなるくらい物事がうまくいくようになったら、チームは（意識的にやっているかどうかは別として）守ろうとする生命力を持つ傾向があるということに対処しなければなりません。

Dave：先ほど、四半期ごとに実施しているプロダクションエクセレンス（ProdEx）と呼ばれる演習についてお話しました。四半期ごとに全チームで実施するわけではありませんが、最低でも年に2回は全チームで実施します。私たちが見るのはエラーバジェットの消費量です。つまり、エラーバジェットが大幅に余っていて、SLOを悠々と達成している場合は、チームがかつてほど必要とされていないという警告サインです。そのチームを見に行くべきなので、見に行ってみます。かなり厳しく調べます。もちろん、明らかにSLOを達成できていないチームも探します。SLOを達成していないチームも、SLOを常に上回っているチームも、同じように厳しく見ています。それは、あなたがSREとしての仕事をしなくて良くなってきているという意味での警告のサインであり、人々は自分の役割に安住してしまうので、もっときちんと話し合うべきかもしれません。そして、それは居心地の悪い会話になりかねません。

このリストには、いくつかの失敗モードも追加しておきましょう。私がときどき目にするもう1つの警告は（社外から来た、より伝統的な運用との関係に慣れているリーダーを採用したときに起こることですが）、SREが徐々にただの雑用係になっていくのを目にするときです。これは、開発者がオンコール時間以外にSREと一緒に行うプロジェクト作業の質が低い場合に見られます。SREが自分たちでプロジェクト作業を考案しなければならなかったり、製品のコア機能を追加したいときにそれを妨げられたりするのを目にするようになります。このようなことは、開発チームがSREを単なる見栄っ張りの運用要員であるという文化を徐々に採用し始め、SREを開発チームの仲間に対して二級市民として扱い始めていることのシグナルとなります。そしてある日突然崩壊するまで、時間をかけてゆっくりと茹でガエルのようになる可能性があります。だから、本当に目を光らせておく必要があります。

13.4.3　チームの健康状態を示すアラートノイズ

Dave：アクション可能なアラートの割合は重要です。そこで私たちはSREに、「何件のアラートを受け取りましたか。その負荷は？そして、そのうちの何パーセントがアクション可能なものでしたか」と聞いています。

Ben：この状況における2つの質問は、「あなたの監視システムがどの程度改善される必要があるのか、そしてあなたが監視しているシステムがどの程度改善される必要があるのか」です。どちらも極めて重要です。ノイジーなアラートが大量に発生している場合、SREはどうでもいいようなことを追いかけていつも走り回っていることになる

からです。あるいは、SREが「90%はどうでもいい」というようなタコツボを作り上げてしまっています。どちらもひどい失敗モードです。また、サービスがどの程度計装されているかも重要です。

アラートの負荷は低いけれども、重要なこと、つまり「壊れることで面白くなる重要なものが常に3つある」というような状態は、本当に良い状態です。誰もがシステムを理解しています。システムは成長しているので、新しい方法で壊れます。理想を言えば、それは常に毎回異なる方法で壊れます。しかし、アラートグラフが四半期ごとに増加しているのを見たら、チームがある時点で持続不可能な状態に陥っていることがわかります。過負荷か、トイルの過多、あるいはケア不足のいずれかになりますが、どれも良い結果にはなりません。

13.4.4　SREの昇進

Ben：昇進のために証拠を示すときが来ると、多くの場合、製品開発に特化した仕事をしている人は、「こんなものをローンチしました」や「こんなものを作りました、その結果はこうです」というように、はっきりと具体的な成果物を持っています。多くの場合、SREの仕事には物事が起こらないようにすることが含まれています。そのため、昇進や成果物の構築について考える際には、昇進のための推薦書を読む人が、起こらなかったことの価値を十分に理解し、高く評価できるように教育する必要があります。昇進審査委員会はSREについてあまり知らないかもしれません。ですから、昇進の際には常に、「私はこんなものを作りました、その結果はこうです。これによる収益はこれくらいです」というような推薦文に対して、SREの仕事の価値をわかってもらうような教育を行う必要があります。

13.4.5　チームを解散する

Ben：私がSREチームの解散で目にした理由は、第一に、多くの人員を必要とせず、高い信頼性でサービスを運営するための経済的な方法を見事に実現したからです。「このサービスを維持するために、この大陸やこのタイムゾーンに7人は必要ない」と言えるのは、ある種の理想的な結果です。つまり、たいていの場合、私たちがうまく仕事をこなし、実際に全力を投入する意味がないほど問題を抑制できたからなのです。

あまり良くない状況では、人間関係の問題で解散します。ほとんどのビジネス関係において、サプライズは良いことではありません。そのため、開発チームや製品チームと

コミュニケーションを取るのが正しいアプローチです。SREがしばらく前から、運用業務がチームの能力よりも速く増えている、あるいは製品そのものが有限の方法で実行可能であるということを保証するのに十分な状態や経験を、製品チームが持ち合わせていないというシグナルを発しているとしたら、これは良い状況ではありません。このようなことは、チームがまとまっていないときによく起こります。ときに、開発者は（よくこの比喩を使いますが）自分たちにとって完璧に理にかなったものを作り、それを壁の向こうに投げつけます。投げられてきたものが本番環境にうまく合わなかったり、動かすのに多大な労力を要したりして、その壁が両者の良好なコミュニケーションを妨げてしまうのです。

　この図式は破綻しています。双方の意思疎通がうまくいかず、事態は悪化の一途をたどり、SREの帽子をかぶってこう言わなければなりません。「よく聞いてください。今の状況は持続不可能になりつつあります」。そして、SREがこの仕事をするのは経済的ではないので、この仕事を製品チームに戻す必要があります。

　SREチームは、開発者の後始末をするために組織されているわけではありません。SREチームは、サービスを構築している人たちと協調して、サービスを実行しやすくするために組織されています。そのため、損益分岐点に近づいたら、全員に公平な警告を与えなければなりません。「ちょっと聞いてください。このような状況になったら実際にサポートすることはできないし、現にそうした状況になりつつあります」。そして実際に分岐点に達したら、こう言わなければなりません。「いいですか、私たちは、あなたが作ろうとしているものをサポートするチームではないので、これ以上サポートできません。ですから、割り当てられた人員はお返しします。SREチームとして構築してきたものが適切な環境ではないことを踏まえ、どのようにサービスを運用したいかを考えてください」

　私の経験では、「申し訳ありません」と言うところまで行ったことは非常にまれです。何度かありましたが、10年間の記憶では10件もありませんでした。たいていは、「半年後にはこうなっている」という道筋をたどっていくものでした。特に開発チームは、「実は、こんな風にはしたくないんだ」と言っていたと思います。

　理想的なのは、SREの誰かが開発者側に少し同席して、開発者がX、Y、Zを行ったときに起こる問題を実際に理解することでした。開発者の一人をSREにするか、オンコールのローテーションに参加させるのです。これが、通常私たちが対処する方法でした。「開発チームの誰でもいいんだけど、オンコールを持ってくれないかな。オフィ

スにいる間、私たちがシャドウイングしてあげるから、安心して」。その壁のレンガを1つずつ取り除いていって、チームが再び、全員が適切な仕事をするような状態にします。

13.5　著者より：あなたの声を聞かせてください

　本書の著者のDavid Blank-Edelmanです。BenとDaveとの会話はこれでだいたい終わりですが、SREについて議論できること、あるいは議論すべきことの終わりというわけではありません。たとえば、この会話の背景には大企業の文脈があります。他の文脈でも同じような答えがあると思いますか。SREが組織内で失敗し、再開しなければならないときや、資金調達が最初に拒否されたときに何が起こるかについて議論する機会はありませんでした。そのような状況で私たちは何をすべきなのでしょうか。SREとビジネスとの交流について、他の人たちの意見を聞いてみたいです。このことについて、公の場で書いたり話したりすることを検討してみてください。

14章
Dickersonの信頼性の階層構造（良い出発点）

　4章では、そもそも組織がSREに目を向ける理由のいくつかについて述べました。もっとも一般的な理由は、信頼性について悪い状況が相次ぐことです。たとえば、障害、それも公になったやっかいなものが立て続けに起こるといった状況です。最悪のケースでは、他人の信頼性問題のニュースが経営陣に伝わり、経営陣が怯えています。組織はやる気満々で、信頼性の向上に挑戦してくれる人を求めています。壮大な予告編の音楽をかけましょう。

　私は、組織がSREに参入するまさにその時点にいた、かなりの数の人たちと話をする機会に恵まれました。彼らは始めたばかりであったにもかかわらず、最大の問題はシステムの信頼性につながる仕事を見つけることではありませんでした。それは簡単でした。彼らが取り組める可能性のあることはたくさんありました。簡単に始められて成果が出やすいもの[†1]を見つけることが問題というわけではありませんでした。その点で言えば、そういった仕事はいくらでもありました。彼らの最大の問題は、最大限の影響を与えるために、どこから手をつけ、どのような順序で可能性の宝庫にアプローチすべきかを見極めることでした。

　この章では、この難問に対して私が聞いた最良の答えと、私が普段話しているSREの始め方についての地図を紹介します。最後には、魅力的ですが失敗しがちな、私がこれまで見てきたいくつかの道についても言及します。

[†1] 私は、農家が木や茂みの低い位置に実った果実を、作物の中でもっとも望ましくない部分だと考えることがよくあることを学びました。今度その比喩を使うときは、考えてみるのも一興ですね……（翻訳注：原文では脚注の直前は"low-hanging fruits"という表現で、これは訳の通り「最小の努力で成果を出してくれるもの」という意味の慣用句です）。

14.1 Dickersonの信頼性の階層構造

信頼性の問題を抱えた既存の組織でSREを開始する際に、私が知っているもっとも明確なマップは、「Dickersonの信頼性の階層構造」です。これを聞いたことがある人は、私と同じように『SRE サイトリライアビリティエンジニアリング』（https://www.oreilly.co.jp/books/9784873117911/）の「第III部 実践」の中で、それに初めて出会ったことでしょう。その章を読んで以来、この考え方をどのように実践的に適用しているか人に聞いたり、この考え方を多くの人に説明したりすることで、階層構造についての理解が深まりました。私が他の人たちにどのようにこの考え方を紹介しているか、私なりの最良の表現をお見せしますが、ぜひ原文にも立ち返って復習することをおすすめします。

Dickersonの信頼性の階層構造は、元Google社員でUnited States Digital Serviceの創設管理者であるMikey Dickersonが、マズローの欲求段階説（the Maslow Hierarchy of Needs）を引用したものです。通常は図4-1に示すようなピラミッド型になっています。

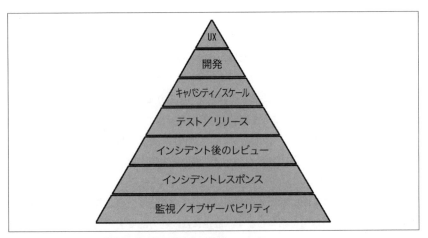

図14-1：Dickersonの信頼性の階層構造を若干修正したもの

SRE本（https://www.oreilly.co.jp/books/9784873117911/）に掲載されているオリジナルのピラミッドの表現に、読者からのフィードバックに基づいて少し変更を加えました。マズローの（そして他の多くの）階層構造と同様に、この考え方は、階層の一番下から始めて、下の階層が「強固」と見なされるようになった時点で初めて上の階層に進

むというものです。

14.1.1　階層1：監視／オブザーバビリティ

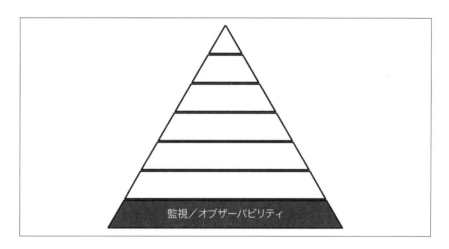

　（私を含め）SREの多くの人は、最初のレベルである監視／オブザーバビリティがもっとも重要なレベル[2]だと主張することでしょう。この階層が重要である理由はいくつもあります。そのいくつかを見てみましょう。

ナビゲーションのための位置決定

　第1階層は、もっとも簡潔に言えば「状況は良くなっているのか、それとも悪くなっているのか」ということです。監視は、システムの信頼性に関する客観的なデータや、あなたの取り組みが信頼性に及ぼしている短期的・長期的な影響に関する最良の情報源です（あるいは、そうあるべきです）。あなたが行った変更（新しいソフトウェアのバージョン、構成の変更、環境の修正など）が、システムの信頼性にプラス、マイナス、あるいは中立の影響を与えているかどうかを判断するために必要です[3]。次に向かうべき方向を理解するのに役立ちます。

---

[2]　修正前の階層構造では**監視**という用語だけを使っていました。
[3]　場合によっては、変更したことがまったくわからなくなることもあります。変更を加えたと思っていたのに、数分後、数時間後、あるいは数日後に、変更したものとはまったく違うものをデプロイしていたことに気づいた、という話は誰にでもあります。ヒャッホー！

真実と議論の情報源

　SREが組織にもたらすものの1つは、客観的なデータを用いて信頼性について議論する文化です。このような議論を行うためには、信頼できる情報源が必要です。さもなければ次のような会話が起こることでしょう。

　人物1：ところで、最近のシステムXはどの程度好調ですか
　人物2：うーん、どうでしょう。必要な信頼性に届いてないような気がします。
　人物1：おかしいな、そのせいでここ数日ページャーが鳴らないから、ちょうど逆のことを考えていたところでしたよ。

　人々は、せいぜい経験談を共有する程度の場所では、少なくとも一度はこのような会話をしたことがあるのではないでしょうか。監視が不十分だと、このような会話が起こり得るのです。

　さらに悪いのは、システムはあるけれど、誰もそれを信用していないという会話です。「あのシステムは信用できない。木曜日のデータが全部消えているんだ」などと言っている人がいたら、現実的な問題を抱えていることになります。コラム「警鐘ストーリー」に、実例を紹介しています。

警鐘ストーリー

　かつて、私は比較的大きな会社の面接を受けたことがあります。その企業は、異なるタイムゾーンにまたがる中規模のSREチームを運営する人材を探していました。面接の中で、私は無邪気な質問をしました。「監視システムについて教えてください」

　私が記憶限り忠実に回答を再現すると、「（おどおどしながら）監視システムはありますよ。それを管理する2人のフルタイム従業員がいます。でも、あまりにノイズが多いので、誰も気にも留めないんです」と答えました。

　どうやら、私が「では、この仕事を始めるとしたら、最初に集中的に取り組むことは、明らかに御社の監視システムを修正することでしょう」と答えたのが、十分に理にかなっていたようで、私は（応諾しませんでしたが）内定をもらいました。しかし、その人の答えは忘れられません。この答えの中には、実用的なアラートの作成に関する注意点など、紐解くべきことがたくさんあります。

> この点に関する最後のコメントとして、私たちはシステムの信頼性との対話に多くの時間を費やしています。監視システムとそのアラートは、信頼性が私たちと対話する方法の1つです。

あなたの監視システムは、人々が集まり、共通の現実を共有し、それについて語り合える、素晴らしい出会いの場（ある種の社交場）となり得るのです。その機会を無駄にしないでください。

SLIとSLO

直前の項目の延長線上に、SLIとSLO[†4]の実践において監視が果たす役割があります。SLIとSLOは、信頼性に関する会話に優れた共通言語やフレームワークを提供します。もしSLIとSLOを作業計画ツールとして使用するのであれば（おそらくもっとも重要な役割でしょう）、しっかりとした信頼できる監視システムから供給されることが極めて重要です。真実の会話には真実のデータが必要です。

鏡

監視システムは、しばしば組織の（意図しない）鏡となります。実際に何が監視され、その情報がどのように扱われているかは、その組織について多くを語ってくれます。顧客の視点から見たシステムやエンドツーエンドの運用がほとんど監視されていない場合（むしろ、すべてコンポーネントレベルのメトリクスになっている）、その組織にとって何が重要であるかについて何かを語っているかもしれません。

監視／アラートが乱雑であることは、仕事場を清潔に保っているシェフと、厨房が荒れ放題のシェフの違いのようなものと言えるでしょう。そのシェフの仕事場を見るだけで、そのシェフの内面がどのような状態なのかを推測できます。アンソニー・ボーデイン[†5]の有名な言葉に、「厨房の乱れは心の乱れ」というものがあります。

監視と組織の文化的側面との関連についての最後のコメントとして、私はコンウェイの法則が監視にも確実に作用していると言ってもいいと考えています。コンウェイの法

[†4] 翻訳注：サービスレベル指標（Service Level Indicator）とサービスレベル目標（Service Level Objective）のこと。概要を確認したい場合は『SRE サイトリライアビリティエンジニアリング』の4章「サービスレベル目標」を参照してください。より詳細に知りたい場合は『SLO サービスレベル目標』（2023、オライリー・ジャパン、ISBN9784814400348）を参照してください。

[†5] 翻訳注：米国のシェフ、作家。

則とは次のようなものです。

> （広義での）システムを設計する組織は、自らのコミュニケーション構造を真似た構造を持つ設計を生み出すことになります。
>
> メルヴィン・コンウェイ

あるシステムの監視を担当するグループが2つある場合、2つの監視システム、あるいは高々2つのメトリクスセットが存在する可能性が非常に高いでしょう。アプリケーションが3つの異なる階層で作成され、それぞれが別々のチームによって開発されている場合、かなり高い確度で監視システムの構造を推測できます。これが実際に最適な構造でないとは言いませんが[†6]、効果的な監視システムを構築する上で、意図的なアーキテクチャがいかに重要であるかを示す良い指標にはなります。これは見た目よりも難しいものです。

監視についてはこれで十分でしょう。Dickersonの信頼性の階層構造の次のレベルに進みましょう。

14.1.2　階層2：インシデントレスポンス

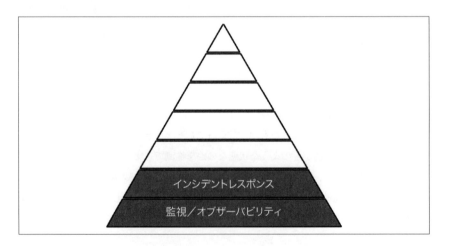

階層構造の第2階層であるインシデントレスポンスは、私たちが遭遇する事実上すべ

[†6] 最適な構造ではないかもしれない、というのは、そのようなシステムではエンドツーエンドの顧客体験がうまく表現できない可能性が高いからです。少年は夢を見るのです。

てのシステムが、何らかの計画外の障害に見舞われるという現実的な事実をSREが認めたものです。もしこれが真実でなければ、信頼性について語ることはあまりないでしょう。

障害について話しているのであれば、それが**起こるかどうか**という問題ではないことには誰もが同意できるでしょう。それが**いつ**計画外に起こるかという問題でもありません。なぜ起きるのかという話でもないでしょう。障害が起こる前にその理由がわかっていれば、障害になる前に介入したかった、と思うだけでしょう。そうなると、より有益な疑問が残ります。それは障害がどのように発生するか、そしてどのように対処するか、です。

この階層では、障害がその場しのぎの対応ではなく、業務上の対応として実行できるようなプロセス、計画、文書化などができているかどうかを評価することが求められます。状況を効率的にトリアージし、適切なリソースを投入して、冷静かつ思慮深い方法で修復できますか。あるいは、障害のたびにてんやわんやの状況で慌てふためいていませんか。

上に掲載した画像は、面白いか面白くないかは別として、障害がビジネスに与える影響が明らかであることに加え、システム内の人間を焼き尽くして巻き添えにする可能性がもっとも高い階層であることを思い起こさせてくれます。オンコールという言葉を口にするだけで、誰もがインシデントレスポンスについて自分なりの物語を持っています[†7]。これは、私が最初に定義したSREの**持続可能性**という言葉ともっとも強く相関する階層です[†8]。このトピックについてくどくど言うのはもう止めますが、インシデントレスポンスのオンコールと、あなたが一緒に働いている人間への影響について質問するのを止めないでください。

[†7] 家族と過ごさずにデータセンターで過ごした父の日のことを後で皆さんにお話しするのを忘れないようにリマインドしてください。いや、でも、やはりそれはやめておきましょう。

[†8] 概念としてのオンコールに対する挑戦的な反論をお望みなら、『SREの探求』(https://www.oreilly.co.jp/books/9784873119618/) の30章で交わされている激論を参照してください。

14.1.3　階層3：インシデント後のレビュー

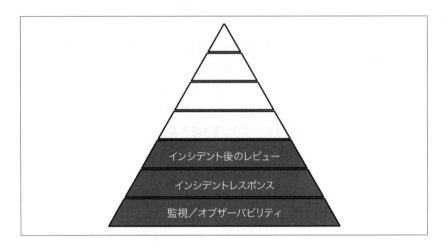

　正直に言って、これがピラミッド全体の中で私の一番好きな階層です。この階層には、魔法のように変革を促す側面があります。私たちは皆、障害がビジネスにとってお金、時間[†9]、評判、従業員の健康を失う方法であることを認識しています（先の警句を参照）。この階層は「対抗呪文」です。

　インシデント後のレビュー（またはポストモーテム、インシデント後の勉強会、本番サイトレビュー、レトロスペクティブ、など、呼び方はさまざま）は、障害を単なる損失の塊とせず、実際に何らかの価値を得るための潜在的な方法の1つです。こうしたレビューは、私たちの運用をレベルアップさせるための、他にはないメカニズムです。失敗から学べるとしたらこの段階です。ただし、その努力を惜しまなければの話ですが。もしあなたが、ポストモーテムから得られるものがTODOリストやバックログ項目だけだと感じているのなら、ポストモーテムはそれ以上のものになり得ますし、そうあるべきなので、ポストモーテムにまつわるプロセスや枠組みを再検討することをおすすめします。もしあなたが本書を飛ばし読みしているのであれば、10章にこの問題に関する私の考えがたくさん載っているので参照してください。

　このテーマに関して私がもっとも影響を受けたのは、レジリエンス工学という学術分

[†9]　障害は計画外の仕事です。カレンダーに「木曜日の午前10時から午後4時まで、予期せぬディスクフルによってデータベースキャッシュ層の40%に発生した障害に対応する」とあらかじめ書き込んでいる人なんて見たことがありません。

野です。比較的近年、航空や医療など、障害の確率が低くインパクトの大きい他の分野から学んだことを、運用やソフトウェア工学に応用するための優れた研究や活動が行われています。

レジリエンス工学からのおまけの考え

私が初めてレジリエンス工学のアイデアに衝撃を受けた瞬間について、皆さんと共有せずにはいられません。このトピックについてもっと学ばなければならないと確信した瞬間です。おそらく皆さんにも何らかの参考になると思います。それは、どのカンファレンスであったかは定かではないですが、確かあるカンファレンスで聞いた講演中（John Allspawの講演であったことはほぼ間違いない）でした。

私の記憶では、講演者は根本原因分析（RCA）という概念について話していました。これは障害の根本原因を突き止めるために、一致団結して行うプロセスです。多くの場合、RCAは「なぜなぜ分析（The Five Whys）」に関連する指示をされます。なぜなぜ分析では「なぜXが起こったのか」と自問し続けるように指示されます。そして、「なぜ思い付いたことが起こったのか」をまた考えます。そして……根本的な原因にたどり着くまで、状況を何層も剥いでいきます。

私がRCAのプロセスに対する信仰をやめ、レジリエンス工学（具体的にはErik HollnagelのSafety-IIとNancy LevesonのSafety-IIIを中心としたテーマ）に強い関心を抱くようになったのは、講演者が次のように言ったときでした。

「障害の前日、（中略）すべてがうまくいっていたとき、（中略）その根本的な原因は何だったのですか」

第3階層はとても話題が豊富な場所で、まだまだ学ぶべきことがたくさんあります。この階層で本当に質の高い時間と労力を費やしてください。

14.1.4　階層4：テスト／リリース（デプロイ）

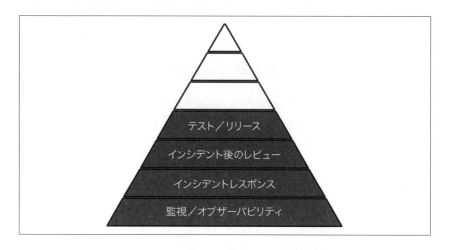

　第2階層について、私は障害が避けられないと断言しました（まあ、実際には観察しました）。「あらゆる障害は避けられない」とは言っていないことに注意してください。ここが第4階層の出番です。これは障害を防ぐ可能性がある（しかし保証はされていない）デプロイとリリースエンジニアリングのプロセスに注意を払うよう求めるものです。私たちは、ソフトウェアや設定の問題が本番環境に到達する前に、その問題の発見を自動化できます。ここで**可能性**という言葉を使ったのは、一方の端から藁を送り込めば、もう一方の端で本番用の金塊が得られるようなソフトウェアやCI/CDパイプラインは存在しないからです。理想的には、パイプラインは時間とともに**賢く**なります。パイプラインは、既知の問題をキャッチし、撃退するように強化され、そもそも本番環境に至らないようにします。これは、過去の失敗を特定・分析し[10]、パイプラインの開発を反復するプロセスがある場合にのみ起こります。

　SREの本でこれを聞くのは少し奇妙に思うかもしれませんが、DevOpsの人々はデプロイに本当に熱心に取り組んできました（私を含め、それが中心的な焦点だと言う人もいます）。このテーマについて彼らが何を言っているのか、時間をかけて見るべきです。手始めに、David FarleyとJez Humbleの著書『継続的デリバリー 信頼できるソフトウェ

---

[10] そうです、第3階層を見てみましょう。インシデント後のレビューもそのようなプロセスの1つです。

アリリースのためのビルド・テスト・デプロイメントの自動化』[†11]が良いでしょう。

14.1.5　階層5：プロビジョニング／キャパシティプランニング

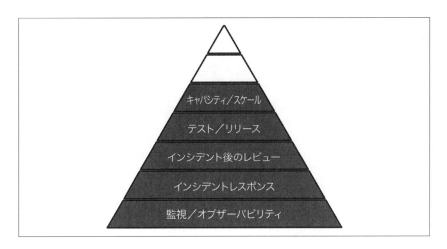

　この階層は第3階層のものよりも少し直感に反しますが、もう1つの実存的真理です。成功は、あなたが第4階層（テスト／リリース）の作業を通じて捕まえたいと願っているバグと同じくらい、あなたの信頼性に対する脅威となり得ます。

　単刀直入に言えば、顧客は、バグでサイトがダウンしているのか、製品が人気になったときに負荷を処理するのに十分なリソースが提供されなかったためにサイトがダウンしているのかの違いを見分けられません。

　私の経験では、Dickersonの階層構造の他のトピックに比べ、負荷の増加に対するプロビジョニングの方法に関するガイドはかなり少なく、それによってこの階層のタスクの難易度が他のものよりも高くなっています。このトピックに関する最良の情報のいくつかは、「パフォーマンス」[†12]という見出しの節で見つけられます。

[†11] 翻訳注：詳細な書籍情報は7章の脚注参照

[†12] たとえば、もし未読であれば、Brendan Greggの著書 "Systems Performance"（2020年、Peason、ISBN9780136820154）を手に取ることを強くおすすめします（翻訳注：日本語訳版は『詳解 システム・パフォーマンス 第2版』《2023年、オライリー・ジャパン、ISBN9784814400072》です）。

14.1.6　階層6と階層7：開発プロセスと製品設計

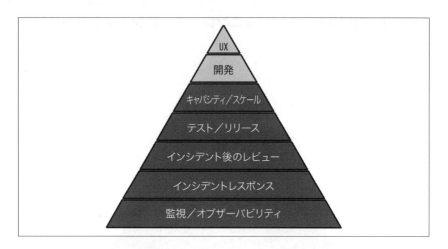

　Dickersonは、本質的に開発プロセスそのものと製品設計に焦点を当てるために、この2つを階層構造に含めています。しかし、SREの世界に足を踏み入れたばかりの人々にとって、他の階層ほど「始める」というトピックに直接当てはまるものではないと思うので、この言及は簡潔にします。ソフトウェア工学、言語設計、信頼性を支援する開発プロセスなど、学ぶべきことはたくさんありますが、それは他の本に書いてあります。

　階層構造の最上位（製品設計《UX》）は、主に警告や訓話として機能します。システム構築のプロセスを、階層の最下層から始めて「信頼性の良いシグナルを得るためにはどう計装したら良いでしょうか」という議論から始めるのではなく、アプリケーションのボタンの色をどの青色にするかを決めることから始める人は珍しくありません。初期の設計会議でアプリケーションのUIの色のような質問が出るということは、プロセスの初期段階でSREを参加させることが素晴らしいアイデアであることを示す1つの兆候です。

> ### Dickersonの信頼性の階層構造では不十分
>
> この後すぐにSREの旅における間違った方向転換についての節に入りますが、私はこの特別な問題をできるだけ早く皆さんの前に伝えたかったのでここに記します。

Dickersonの信頼性の階層構造は、多くの点で優れていて、素敵で、見事で、素晴らしいものです。SREを始めるための素晴らしい地図であり、そうでなければ本書には載せていません。しかし、これはSREのすべてでも、SREが行うこと、SREが注力することでも、SREのするべきこと／プロジェクトリストの総体でも、組織にとっての価値でもありません。

　私がこのように力強く言うのは、私が階層構造を紹介した後、すぐに一般的なSREの実践に移ってしまうことに、他の誰よりも罪があるからです。しかしこれでは、この階層構造がSREの始まりであり終わりであるかのような印象を読者に与えてしまいます。そうではありません。SREについて他の人と議論したり、このトピックについて発表したりするのであれば、それらについても言及すべきです。

　最初の大きなギャップは、SREが果たすべきアーキテクチャ上の役割について明確な言及がないことです。初期の設計／アーキテクチャレビューの会議において、優れたセキュリティ担当者が同席することで、セキュリティが議論の一部となる可能性が高まるのと同じように、優れたSREが同席することで、信頼性についても同様のことが実現できます[13]。ソフトウェアのライフサイクル全体を通じて、SREがそのプロセスに明らかに付加価値を与えられるレビューポイント（たとえば、アプリケーションやプロダクションレディネスのレビュー）が存在します。

　この階層構造に欠けているように見えるもう1つの項目は、SREが組織の「信頼性層」を形成する上で果たす役割です。SREは、開発グループが既存の監視システムやリモートプロシージャコール（RPC）システムに迅速かつ容易に接続できるようなライブラリやベストプラクティスを設計し、維持できます。中央監視システムの「正しい使い方」を「簡単な使い方」にするためにSREが行う作業は、多大な影響を与える可能性があります。

---

[13] セキュリティと信頼性の間にはいくつかの明確な共通点がありますが（ここでのもっとも顕著な共通点は、どちらか一方を後から効果的にボルトで固定できないということです）、いくつかの相違点もあります。Heather Adkinsらによる『Building Secure and Reliable Systems』（2020年、O'Reilly、ISBN9781492083122、https://learning.oreilly.com/library/view/building-secure-and/9781492083115/）という書籍の1章に、これに関する興味深い議論があります（翻訳注：日本語訳版は『セキュアで信頼性のあるシステム構築』《2023年、オライリー・ジャパン、ISBN9784814400256》です）。

> 同様に、「トイル」についても、SREの取り組みがそれをどのように軽減できるのかについても、この階層では言及されていません。
>
> 通常と少し異なる、そしておそらくあまり目にしないようなアイデアは、多くのSREが持っている、組織内すべての本番環境を横断している独自の視点に由来します。この視点から、組織の環境における一貫性の構築や維持の支援など、多くのことができるようになります。あるいは、一貫性の保持が最優先事項でない場合には、少なくとも、ある本番環境で発見された優れたアイデアを他の本番環境に広める手助けができます。
>
> これが不完全なリストであることは確かであり、ある程度はそこがポイントです。Dickersonの信頼性の階層構造は、SREの表現においても不完全です。

14.2　間違った方向転換

この章のここまでは、個人やグループがSREを始めるための良い入り口をいくつか紹介しようと試みました。私がこれまで見てきた中で、SREを始める際に（あるいはSREの経験を積んでから）間違った方向に進んでしまい、その結果、頓挫して倒れてしまった人たちを紹介するのは、フェアなことだと思います。『SREの探求』(https://www.oreilly.co.jp/books/9784873119618/) にはSREのアンチパターンに関する素晴らしい章（23章）があり、本書の12章にもこのテーマに関する記述があります。この節は、それらの参照先にある有用なアドバイスを補完するためのものです。

14.2.1　こういうときに間違った方向転換をしたと気づく

こういったことが起きたら間違った方向転換をしています。

- 組織やパートナーチームにとっての主な、あるいは唯一の利点は、あなたが彼らのためにすべてのオンコールを処理することです。これを蔑称で呼ぶと、あなたは他人のために**ページャーモンキー**になったということになります。私は、SREやSREチームの価値がオンコール対応にあると認識されているケースを数多く見てきました。このようなケースの多くは、最初は無邪気に始まりました。SREチームは、即座に役に立ち、システムについて学ぶ最善の方法は、オンコールを申し出ることだと考えたのです。しかし、そこから関係が進展することはなく、それは良い状況と

は言えませんでした。さらに最悪だったのは、私がSREを始めるには何が必要かと尋ねられたときで、後になって経営陣がSREは「エンジニアがもっと重要なことに取り組めるように、オンコールを安く処理する方法」だという考えを持っていること知ったことです。その日、旗屋の赤い旗は売り切れになりました。

- あなたの時間はすべて、インシデント後のレビュー（作成、進行、文書化など）に費やされてきました。このような状況を「間違った方向転換」と呼ぶのは、この章の前半で私がインシデント後のレビューに永遠の愛を誓ったことを考えると、少々驚きかもしれません。もし慰めになるなら、すべての間違った方向転換の中で、永久にインシデント後のレビュープロセスへ釘付けにされるのは、最悪の中の最善です。突然、意図せずトイルのバケツのような廃棄物管理ビジネスに携わることになった、先ほどの間違った方向転換とは異なり、これはSREがソフトウェアライフサイクルの中で価値を提供できるすべての場所にまだ参加していないことを示しています。
- 「消防降下」（危機に対処するために招集されること）をさせられるだけになっています。これは事前に合意したものではありません[†14]。これが問題である理由は3つあります。
    - 前項目と同様、SREが非常に限定的な価値を提供していることがわかります。
    - SREではなく、「3次サポート」になったサインかもしれません。
    - 現在の仕事の状況が、常に危機的な状況にさらされるタイヤ火災であり、他の職場を探した方が精神的にも肉体的にも健康に良いというサインかもしれません。
- SREはすべて、単なる「エンジニア」と見なされ、それゆえに一般的なSWEに代替にされたり転用されたりします。この最後の項目は非常に繊細なもので、これを含めるのをためらうほどです。なぜなら、これは物事がうまくいっていることを意味することもあれば、（主に政治的な理由で）うまくいっていないことを意味することもあるからです。（後ほど）説明しましょう。一方で、16章にあるように、おそらく望ましい状態の1つは、全員がより大きな信頼性に責任を感じ、それに向かって働くエンジニアになることです。Googleの公式見解では、SREとSWEの採用やキャリアアップにはほとんど違いはなく、どちらにも簡単に転身できます。これは、ほ

---

†14 これこそが、Mikey DickersonがUnited States Digital Service勤務後に設立した会社、Layer Alephで生業としていることです。

とんどの組織のほとんどの人々にとって、現実的というより少し浮世離れしているように見えるかもしれませんが、それでもこのアイデアは可能性として存在します。

14.3　ポジティブな兆候

さて、悲喜こもごもの後は、この章の締めくくりとして、SREがうまくいっているというポジティブな兆候についてお話ししましょう。あなたの組織で成功（明らかに評価されるようなこと以外にも）がどのようなものかは、私よりもあなたの方がよくご存知でしょう。SREの進化に関する章はまだ続きますが、私が長年にわたって聞いてきたポジティブな兆候のいくつかを紹介したいと思います。もしこれらのどれにも出会わなかったとしても、それはSREがうまくいっていないという意味ではないことをお伝えしておきます。ただ、私がまだあなたの体験談を聞いていないということでしかありません。あなたの経験を私のリストに加えるためにぜひ連絡をください。

プル対プッシュ
　最初のうちは、SREが居場所を確保したり、業務に参加するために働きかけなければならないことはよくあることです。ある時点で、この状況は逆転し、SREが不在のときに不満を漏らしたり、「なぜSREを雇わなかったのか」と言われるようになるかもしれません。

SREのデータと言い回しの使用
　あなたが促さなくとも、あなたが設定した監視システムからの統計や、非常にSRE的な用語（共通要因、そのサービスのSLOは何ですかなど）を引用しているのを耳にするでしょう。

SREから製品リポジトリへのコミット／プルリクエストの数が顕著になる（そして評価される）
　SREには「主要なリポジトリ」[15]への書き込み権限が与えられていて、それがグループにとってどのようなものであれ、それらのリポジトリへの貢献度は明白になります。これはエンジニアが容易に認識できる共同作業の指標です。

---

[15] もしあなたがまだSREを始めたばかりなら、パートナーチームの所有するリポジトリへの書き込みアクセス権を与えられることは、それ自体が良い兆候であり、信頼の肯定的な表れです。SREが本番環境を守るように、開発者も自分のコードベースを守っています。

「吠えなかった犬」

　私たちは常に不在に注意を払っているわけではないので、これを発見するのは少し難しいものです。しかし理想を言えば、起こらなかった障害、エスカレーションのないオンコールシフト、トイルの少ないシステムなどがあります。おそらく、他の人が観察しているヒヤリハットもあることでしょう。人々は常にこのようなことに気づくとは限りませんが、気づいたときは嬉しいものです。

　SREを始めるにあたって、これらのこと、そしてその他多くの成功の兆しがあることを祈っています。

15章
SREを組織に組み込む

　11章では、ある組織でSREの導入を成功させるための準備について議論しました。その章を読んで、「ああ、これはうまくいきそうだ」という結論に達したと仮定しましょう。この章では、「組織にSREを導入したいことがわかったら、何が組織への適合に貢献するのか」という疑問について取り上げます。潜在的な統合モデル、エンゲージメントのポイント、フィードバックのループ、成功の兆候を取り上げることでその疑問に答えていきます。

15.1　事前個人練習と事前チーム練習

　SREチームをゼロからスケールアップする方法については、後の章で詳しく説明する予定ですが、この問題については「SRE 0」(すなわち、組織に実際にSREがいない状態) から考え始めましょう。私は、SREチームが採用される前、あるいはSREの肩書きを持つ人が一人もいない段階から、組織でSREの実践を試してみることを強く支持しています。たとえば土木工学 (誰かが土木工学を始める前に、免許を持ち認定を受けた土木技師が本当に必要) とは異なり、標準的なSREのプラクティスのいくつかを探求し始めるのに、土木工学のような要件はありません。必要なのは、サービスやシステムに対する健全な好奇心と、そのサービスの基本的なSLI/SLOを定義し始めるためのホワイトボードと充実した時間だけです。そこから監視システムでそのSLOを記録し、その結果を定期的なスタッフミーティングで議論するようになるまではすぐのことです。

　私の経験では、試験的なSRE作業や概念実証 (PoC) 的なSRE作業[†1]であっても、

[†1]　最初の一歩を決して否定せず、祝福しましょう。

有益な場合があります。実際の作業だけでなく、作業の進行中にも全体像に細心の注意を払えば、SRE風味の信頼性作業が職場でどのように受け止められるかについて、非常に興味深いシグナルが得られるでしょう。同僚が情熱的になり、サービスの利害関係者が興味を持ち、既存の監視システムでSLOを簡単に追跡できれば、これらはすべて有望な兆候です。物事がこれほど順調に進まない場合は、将来の課題の原因を見つけたか、あるいはSREについてもう一度考えるべきことを示す赤信号を見つけた可能性があります。

同じような出発点として、インシデント後のレビューが挙げられます。もしSREを持たないチームがSRE的な方法で障害発生後の分析と学習のレベルアップに取り組んでいるのであれば、これは正しい方向への重要なステップであり、組織の適合性に関する貴重な情報を提供することが保証されています。

実践第一、マインドセット第一のアプローチは、選択肢があるなら私の好むプロセスですが、世の中ではそうでないこともあります。ときには、状況や人材がうまくかみ合って、私が提案したような実験を飛び越えて、採用やチーム編成が行われるような状況になることもあります。たとえば、シニアリーダーにSREの経験があり、予想外のSRE人員が割り当てられた場合や[2]、チーム統合後にSREチームや個人貢献型のSREが突然組織に加わった場合などです。このような場合でも、私は（社内や他者とのコミュニケーションにおいて）この状況を実験という観点から捉えることをおすすめします。ただ、実験内容が異なるだけなのです。

15.2 統合モデル

SREがより大きな組織へどのように統合されるかに関する、さまざまなモデルについて少し話をしましたが、この文脈では明らかに適用可能なので、簡単に復習しておきましょう。私は、業界で一般的に使われている3つの異なるモデルを見てきました。中央集権型／パートナー型モデル、分散型／埋め込み型モデル、そしてハイブリッド型モデルです。

---

[2] ここでは、完全に構成された既存のチームを受け継ぐ場合と、互いに独立したSRE作業を行う数人の個人を受け継ぐ場合の両方をカバーしようとしています。この違いがどのようにかみ合うかは、統合モデルについて説明するときにすぐにわかるでしょう。

15.2.1　中央集権型／パートナー型モデル

　これは、言葉は悪いですが、原型のモデルと考えるものです。なぜならGoogleが最初にこの分野を創設し、普及させたときに採用したものだからです。このモデルでは、SREは独自の採用プロセス、人員、ジョブラダーを持つ独立した組織です。SREは、組織のどこに所属するかとは関係なく、この組織のために働きます。SREはチームで働きます。ほとんどのチームは製品（開発）グループと連携し、その信頼性への需要に集中します。たとえば、GoogleマップのSRE、GmailのSRE、広告のSREなどが挙げらます。また、中央集権型のツールやサービスに取り組むSREチームもあります（Borg SRE、Bigtable SRE[3]など）。

> ### 希少性モデル
>
> 　これは中央集権型モデルの要件ではないですが、Googleの組織モデルの中核をなすものであり、コラムを書くに値します。GoogleのSREモデルでは、SREは希少なリソースとして扱われ、節約して割り当てられます。Googleの新しいサービスは開発され、そのサービスを構築している人々によって運用されます。あるサービスが一定の成熟度に達し、SREの関与が有益であることを証明できなければ、SRE組織は正式な立場でそのサービスと連携することはありません。これは、SREをサブリニアにスケールさせるというGoogleのSREの理念と一致しています。

　組織の観点では、中央集権型モデルには（少なくとも理論的には。詳細はまた後で）多くのプラス面とマイナス面があります。中央集権型の組織は、大規模に分散している組織よりも、共通のプラクティス、プロセス、ツール、価値観などを容易に確立し、維持できます。理論的に、SREは、より多様で異なるチームに移動することが可能です。分離されていることで、「人員転換／刈り取り」（つまり、エンジニアリングリーダーが既存のエンジニアをSREからSWEに転換させること）からある程度保護されます。

---

[3]　翻訳注：BorgとBigtableは各々Google社内のコンテナオーケストレーション基盤、カラム指向データベースです。各々、Kubernetes、HBaseの開発に強く影響を与えています。https://research.google/pubs/large-scale-cluster-management-at-google-with-borg/ https://research.google/pubs/bigtable-a-distributed-storage-system-for-structured-data/

多くの点で、これらの長所の裏返しが短所となります。SREは組織の他の部分と切り離され、中央の組織と局所的な開発グループの需要との間にツールのミスマッチが発生する可能性があります。採用はより難しくなり、人員配置はより制約を受けることとなります。また、組織は組織ツリーの最上位にまた新たな領地を作ることに抵抗感を持つかもしれません。そのため、このモデルではSREを新たに適用することは難しいかもしれません。

次のモデルに移る前に、「理論的」なコメントについて触れておきましょう。GoogleのSREと十分に話をすれば、Google内部でさえも、Googleモデルの現実は、プラス面が暗示するよりもかなり複雑であることがよくわかります。十分な規模を持つ組織の全員が（どこに配属されているかに関係なく）同じ方向を向くようにするという通常の課題はさておき、大規模な環境で働いたことのある人なら誰でも知っているような、同質性に挑戦する状況や勢力が常に存在します。たとえば、Google（あるいは独自のSRE文化を確立している他の企業）が他の企業を買収した場合、「同化」のプロセスとその結果は長期間にわたってやっかいなものになる可能性があります。私はこの混乱を回避する方法はないと考えています。この混乱によって、通常描かれる中央集権型モデルの明るく輝くイメージは、常に複雑になります。

このモデル（Googleで実装されているもの）の詳細については、Google社員が執筆したSRE関連書籍の多くの章に記載されています。

> ## 「ローテーション制度」の構築を考える
>
> この考え方は、本書の他の場所でも議論されていますが、もし中央集権型モデルを採用するのであれば、特にローテーションという概念を意識してください。**ローテーション**とは、SREとSWEが「相手の靴を履いて1マイル歩く」ことを可能にする時間枠（1ヵ月、3ヵ月、6ヵ月など）のことです。SWEはSREとして一定期間働く機会を得ます。SREも同様に、開発者の立場で一定期間働く機会を得ます。
>
> すべての組織に、このようなことができるリソースや採用プロセス／基準があるわけではありません（スタートアップ企業では、好むと好まざるとにかかわらず、個人が「すべてのことを行う」のは日常茶飯事だという反論があるかもしれません）。しかし、もしこれを成功させられれば、双方向で得られる教訓やトレーニングは無数にあります。

15.2.2　分散型／埋め込み型モデル

分散型／埋め込み型モデル[†4]とは、SRE（Facebookの場合は「プロダクションエンジニア」と呼ばれる）を開発グループに直接組み込むことを主な手法とするモデルです。中央集権型モデルと同様に、中心となるツールやインフラを扱う（そして作成／保守する）プロダクションエンジニアリングチームも存在しますが、重要な違いはSREが開発チームに参加するメカニズムです。このモデルには、各埋め込みの期間の長さなど、調整可能な変数が多数存在します。

このモデルの長所と短所は、開発チームのパートナーであることと、開発チームの直接の一員であることの違いから生じています。一方では、可能な限り緊密に協力し合うチャンスがあります。他方で、SREが自分たちの優先順位やロードマップに影響を与える機会が必ずしもないことを意味します。はっきりさせておきたいのは、ここで強調している違いは程度の問題であり、二律背反するものではないということです。埋め込み型だからといって、SREがアイデンティティや独立した主体性を失うわけではありません。ただ、その力学が潜在的に異なるだけです。同様に、中央集権型モデルのパートナーチームも驚くほど緊密になる可能性があります。

このモデル（以前Facebookで実装されたもの）の詳細は、Pedro Canahuatiが執筆した『SREの探求』（https://www.oreilly.co.jp/books/9784873119618/）の13章に記載されています。

15.2.3　ハイブリッド型モデル

おそらく、こうなることは予想できたでしょう。組織によっては、先の2つのモデルを混ぜて導入することを好むところもあります。そのような組織では、中央集権的な組織で働くSREと、個々の事業部門で個別に雇用されているSREがいます。このような状況は、先に説明した買収／同化プロセスの結果、企業が買収した企業の一部としてSRE組織全体を買収することもあります。この組織は、親会社のSREの取り組みから独立し、ほぼ単独で運営することになるかもしれません。ハイブリッド型モデルにつながるもう1つの状況として、SREを大規模な組織の一部にする意味がないほど、非常に専門化または区分化されたビジネス部門が存在することがあります。ハイブリッド型モ

[†4] 本書の別のところで、私はこのモデルが私の頭の中で永遠に「Facebookモデル」と呼ばれることになるだろうと述べています。その理由は私がそのモデルを紹介してもらったときにはそう呼ばれていたからです（Facebookが社名をMetaに変更する前のこと）。

デルは、多くの面で異質性がかなり一般的な、大規模な（そしておそらく古い）組織で特に普及していると言っていいと思います。

上記のような事情（たとえば、歴史的な理由など）により、このモデルが採用されることもあるという考えはさておき、このモデルのプラス面は、理論上、もっとも柔軟性があることです。マイナス面は、結束力、一貫性、そして統一されたアイデンティティの感覚を維持することが本当に難しいことです。

15.2.4　モデルの選び方

あなたは選べますか。うわべのことを言うつもりはありませんが、多くの場合、選択の余地はないことを指摘しておきます。たとえば、大規模で確立された企業の文脈で新しいSREの取り組みを始めるには、既存の雇用や関与の枠組みに自分の計画を当てはめる必要があるかもしれません。その場合、（少なくとも一時的には）選択肢が用意されているかもしれないので、次の節に進めます。

> **適切なモデルを見つけるには、何度も挑戦する必要があるかもしれない**
>
> これは大きな決断のように思えるかもしれませんが（実際そうです）、私はささやかな気休めを提供したかったので、このコラムを書いています。あなたの組織にとって正しい決断ができるようになるまでに、誤った決断をすることもあるかもしれません。私は、SREの取り組みが、自分たちにとってうまくいくモデルを見つけるまでに、何度か反復（失敗と再試行と読む）しなければならないのを見てきました。これは問題ないだけでなく、あなたの組織を含め、場合によっては必要なことかもしれません。SREは物事が改善するまで繰り返すことがすべてであり、適切なSREモデルを見つけることも同様です。

この点で、あなたの世界がもう少し「未開拓」であるなら、決定プロセスが必要です。この決定に関して、私がする最初の2つの質問は、「組織の既存の構造（組織ツリーなど）について教えてください」と「専門化した組織（たとえばセキュリティ組織）を立ち

上げた前例はありますか」です[†5]。

　最初の質問は、組織の地図上の適切な位置と、この取り組みがマネジメントチェーンのどこに位置するかを理解するためのものです。これは、この取り組みが確立されつつある間に、その取り組みのための「エキス」が組織のトップダウンからもたらされるのか、それともボトムアップからもたらされるのかを確立するのに役立ちます。一概には言えませんが、私は中央集権型モデルを組織ツリーの上位に位置する表現と結び付けています[†6]。初期の埋め込み型モデルには、中央集権型モデルよりも「レーダーの下をくぐり抜ける」能力があります。組織の力と影響力は、これらすべてのモデルに必要ですが、その源と性質はさまざまでしょう。

　ここでの2つ目の質問は、予測可能なSREです。成功や失敗の予測に少しでも役立つデータがあれば、私はそれを意思決定プロセスの一部としたいと考えます。これを裏付ける実際のデータがあるわけではありませんが、SREが組織に専門性を初めて導入するような状況は、「絶対にない」と「極めてまれ」の間のどこかにあるのではないかと私は考えています。私は、たとえそれがあなたの会社のエンジニア組織の外で起こったとしても、それ以前の歴史的前例を見つけるために深く掘り下げることをおすすめします。

　話を進める前に、モデルの選択について最後に一言。前置きが長くなりましたが、完全に独立したものを立ち上げるか、それとも主に既存の仕組みの中で生きる役割を作るか、という問いが身近に感じられるとしたら、それはその通りです。ビジネスでは「このために新しいチームを立ち上げるのか、どこにそのチームを設置するのか」というような決断を1日に何億回もしています。SREに対してこの決断を下すことに大きな違いはなく、同じようなプロセスと要因に左右されます。

15.3　適切なフィードバックループの構築と育成

　組織においてSREが行うことの重要な部分は、組織のシステム、サービス、製品の信頼性を向上させるように設計された（あるいは少なくとも意図された）フィードバッ

[†5] この質問の暗黙の了解、あるいは直後のフォローアップは、「で、どうでしたか。その経験から何を学びましたか」という質問になります。
[†6] ここでの私がこう結び付けたのは、いくつかの要因に起因しています。中央集権的な別組織を支持し、擁護するためには、多くの場合、かなりの組織資本と影響力を必要とします。そのような人たちは、たいていの場合、組織ツリーのトップに近いところにいます。

クループを構築し、育成することです[7]。このことについて抽象的な考えを述べる前に、SREが組織のどこにフィードバックループを導入できるのか、あるいは導入する機会があるのかについて、1、2分考えてみてください。

15.3.1　フィードバックループとデータ

　組織の文脈におけるフィードバックループについて考えるとき、私が最初に考えたいのは、データはどこから来るのかということです。データは、このようなループを回転させ続ける燃料です。本書で信頼性について論じる場合、インシデントや障害（インシデント後の分析として把握される）、監視データなど、何度も取り上げている明らかな情報源があります[8]。カスタマーサポートのチケット／ケース[9]、CI/CDデータ（テストの作成／失敗の傾向、デプロイの結果）、アプリケーション／プロダクションレディネスレビューの結果、バックログの統計、オンコール調査のデータ、従業員の退社インタビューなど、あまり明らかではない情報源もあります[10]。

　計画を立てる段階のここで立ち止まり、ここで述べた分野に集中することで、SREの組織への適合に向けて大きく前進できるでしょう。ほんの些細な例に聞こえるかもしれませんが、それはテコのように巨大な岩を持ち上げられます。あなたの組織で収集された監視データは、組織内のすべての人にとって、どの程度アクセスしやすいものですか。アクセスしやすいというのは、物理的な意味（他の人が「ログイン」してデータを見られるか）と認知的な意味（アクセスすることさえできれば、文書化されていて、専門的な知識や組織の言い伝えがなくても理解できるか）、両方の意味を含んでいます。もし私が、あなたの組織におけるXの信頼性に関連した質問があるとしたら、その答えを得るのはどれくらい難しいことでしょうか。データは、私たちが作りたいと願っている交差点の巨大な要素であり、接点でもあります。

---

[7] ああ、そしておそらく組織そのものも。しかし、これは誰にも言わず、黙っていてください。これは隠された計画として残しておくのが最善であることが大半です。

[8] ひねくれた悲観論者は、監視データを「故障前」のデータと考えるかもしれません。反論するのは難しいでしょう。

[9] 本書の技術レビューアーであるKurt Andersenは、カスタマーサポートとエンジニアリングの間の断絶は痛いほどよくあることであり、非常に残念なことだと指摘しています。私もまったくもって同感です。

[10] DORA (DevOps Research and Assessment) 研究プログラム (https://dora.dev) の報告書を見ることをおすすめします。DORAは、運用業務に関する優れたデータ／指標を常に探しています。

15.3.2　フィードバックループと反復

データに関する疑問を乗り越えて、組織におけるフィードバックループについて考えるときに問うべき次の疑問は、「車輪はどれくらいのスピードで回転するのか」、あるいは「車輪の回転を遅らせるものは何か」のどちらかです。実際に動かないフィードバックループや反復のないシステムは、予測や報告（物事がどれだけ悪くなり続けるかを知る）には最適ですが、それ以外の点では最悪です。この点を強調するつもりはないですが、エントロピーは、あなたがそれを許せば、実際にあなたのフィードバックループを逆方向に回転させ始めるでしょう。

このことを念頭に置いて、SREが反復を（より速く、どんなときでも）支援するために関与できる場所とできない場所をすべて検索することは有益です。リリースエンジニアリング関連の作業（CI/CDやデプロイ作業を含む）は、ソフトウェアの反復にとって重要です。これは明らかなことです。トイルの撲滅も同様の影響を与えます。私は、効率的なインシデント対応と分析手順によって、障害からの学習をより早く経験し、処理できるようになり、その結果、反復がスピードアップすると考えています。このカテゴリの研究と改善のための、より難解な領域は、それに値するほど注目されませんが、それでも反復に強い影響を与えるのは、サービスの非推奨化／終了です[†11]。

> **アンチパターンはアンチフィードバックループ**
>
> 特に12章では、SRE採用のアンチパターンについて話しています。そのときは言及しませんでしたが、アンチパターンを特定する重要な方法は、ここで議論したデータアクセス／フローやフィードバックループのイテレーション、いずれかを阻害するプラクティスを研究することです。
>
> たとえば、チケットベースやティアベースのSREは、SREが「新しいレベル3サポート」であり、SREを小さな象牙の塔の中に置き、そこでは組織横断的なデータへのアクセスやサービスの反復が（良い場合でも）非常に制約されています。

[†11] なぜこんな話をするのでしょうか。私の経験では、事実上すべての組織が新しいサービスを立ち上げるためのガイドラインやプロセスを持っています。しかし、自分たちのサービスを死に追いやるための同様のプロセスを持っているところは比較的少数です。このような場当たり的なアプローチは、エネルギーと注意をフィードバックループからそらす、あらゆる種類の最適でない行動につながります。

> どちらも非常に摩擦が大きいため、SREの本質を見失う可能性があり、私たちの議論に派生する問題が残ります。

15.3.3 フィードバックループと反復の計画

　ほんの少しひねりを加えるだけで、私たちは今、先に話した反復における摩擦という考えを、まったく異なる方向に持っていけます。前節では、フィードバックループに必要な重要な反復プロセスを遅らせる社会技術的要因の数々について議論しました。しかし、ここからが要注目です。車輪の回転を止めるもう1つの方法は、そもそも車輪を回転させないことです。

　組織内のサービス、システム、製品について、何らかの計画プロセスがあることは間違いありません。これらの計画には、新機能の包括的かつ詳細な説明が記載された、ある種のロードマップが存在する可能性が高いでしょう。もし、本書を通じて説明してきた信頼性作業がそのロードマップに載っておらず、それを変更するための容易に特定できるプロセスもないとしたら[†12]、あなたは本当に困ってしまうでしょう。

　SREの組織的な適合性は、ロードマップを管理する人々とのオープンで健全なチャンネルを持つことに依存しています。これは、信頼性向上がSREにとって重要な意味を持ちます。それ以外の状況では、SREから得られる恩恵はせいぜい狭い範囲にとどまるでしょう。たとえば、運用担当者がエンジニアリングの主要業務とはまったく無関係に働いたり、その業務の隙間に自分の努力をはめ込もうとしても（どちらも極めて一般的なことですが）、限られた結果しか得られません。この点は非常に重要なため、あと数ページこの点を説明したいところですが、先に進みましょう。

15.3.4 フィードバックループを組織のどこにどのように組み込むか

　この章の主な前提は、SREが効果的であるためにはフィードバックのループを確立し、それを育む必要があるということです。このようなフィードバックループを組織内で実現できるかどうかが、その組織に適合しているかどうかを大きく左右します。これ

[†12] 「ああ、製品ロードマップに載るわけがない……それはまったく別のプロセスで、私たちは何もインプットしていない……」あるいはそれに似た感情は、とてつもなく一般的な話です。

までのところ、私たちはこれらのループを、あたかもゼウスの頭から完全な形[†13]で飛び出してきたかのように、組織内に導入するメカニズムについて語ることなく、ほとんど単独で探求してきました。この節の締めくくりとして、SRE採用の比較的後期になるまで考慮されないこともある、フィードバックループを組み入れるための1つの機会について私が観察したことを述べたいと思います[†14]。

SREは、創造の時点で組織の信頼性に多大な影響を与えられます。SREが最初のアーキテクチャの議論に同席し、リソースのプロビジョニングのベストプラクティス（何をプロビジョニングし、どのようにそれを行うか）を提供し、文書化の足場を提供し、信頼性を確認する手法などを**役に立つ方法**で広められれば[†15]、組織は彼らの存在に感謝することでしょう。Spotifyや他の組織は、「組織で『何かを作る』ための『独自のサポートされた』道」を表現するために**ゴールデンパス（Golden Path）**という言葉[†16]を使っていますが、この接点を説明する素敵な方法だと思います。ここでは、ポジティブなフィードバックループを作りやすくする条件を最初から設定するチャンスがあります。

15.4　成功の兆し

この章の締めくくりとして、「うまくいっているかどうかをどのように知るのか」という問いを考えてみるのも有効だろうと思いました。つまり、あなたが望む組織的適合が達成されているかどうかということです。私のリストをご紹介する前に、皆さんご自身の取り組みと比較するために、他の組織のケーススタディを渇望しているかもしれません。私の一番の情報源は、何年にもわたってSREconで行われた、さまざまな業界、さまざまな組織構成の人々による比較的長い講演のリストです。SREconの講演リストには、組織適合に関する他の人の経験を見るのに役立つかもしれない、何十時間もの実

---

†13　翻訳注：ギリシャ神話の知恵の神であるアテナが、ゼウスの頭から鎧に身を包んだ姿で生まれてきたことを踏まえた表現。

†14　なぜそうなのか、私にはいくつかの仮説があります。ひとつは、インシデント対応や分析のような活動がより緊急性を帯びているため、「すべきことがたくさんある」ということです。また、運用は「2日目」の活動という一般的な認識も、これに強く影響しているのではないでしょうか。

†15　この言葉を強調するのは、創造の時点は適切に扱わなければ危険と隣り合わせだからです。ここはまた、注意しなければSREがゲートキーパーになってしまう絶好の場所でもあります。本書には、たとえば16章のように、なぜゲートキーパーがひどい組織適合への特急切符なのかについて話している箇所がいくつもあります。

†16　Spotifyのgolden paths（https://oreil.ly/tKvLl）の議論を参照。

例があります[†17]。

もしケーススタディが苦手で、もっと小さなことから理解する方が好みということであれば、非常に単純化した質問をいくつか提示したいと思います。

- 人々はあなた（集団）に会えて喜んでくれていますか
- ゲートキーパーの役割を乗り越えたか、あるいは完全に回避することに成功しましたか
- 関係は**プッシュ**（状況に自分自身を売り込む）から**プル**（人々があなたにそこにいるように頼む）に変わりましたか
- SREチームや組織は、当たり前のようにロードマップ計画に参加していますか
- プロジェクト作業と受動的作業の比率は正しい方向に向かっていますか[†18]
- あなたはトイルを増やすのではなく、取り除く存在として見られていますか

このリストを読んだSREは、これは測定可能な目標の一覧というよりは、「雰囲気チェック」のようなものだと（正しく）指摘するかもしれません。私は「読者任せの演習」はあまり好きではないですが、この場合、あなたやあなたのチームがこれらの質問をSLI/SLO的な指標や目標に変換することで、自分たちの組織に特化した多大な価値が生まれると信じています。多くのSLI/SLO演習と同様、この演習は組織適合とSRE適用の一隅を照らすと確信しています。

[†17] "Building Effective Site Reliability Engineering (SRE) Practices: A Personal Journey Google doc" (https://oreil.ly/aBs4s、許可を得て参照した) には、Caleb Hurdの成熟度モデルがあります。別の視点から確認することをおすすめします。

[†18] 具体的なパーセンテージや時間枠を示したわけではないことに注意してください。50%という数字で失われがちなニュアンスのひとつは、サービスの成熟度など外的条件によって比率が時間とともに変動することが多いことです。

16章
SRE組織の進化段階

新しいSREチームのマネージャーと話をすると、彼らは自分たちのチームや組織が時間とともにどのように変化していくのかについて、強い興味を持っていることがわかります。彼らは、自分たちのチームが今何をしていて、それが組織の他の部分とどのように関係しているのかについては非常に明確に理解していますが、将来についてはほとんど見通しが立っていません。

私が見た中でもっとも優れた、SREチームの進化に関する概念的な枠組みは、元LinkedInのBenjamin Purgason（以下、Ben）がSREcon Asia 2018で行った"The Evolution of Site Reliability Engineering"（https://oreil.ly/PUVg7）という講演から得たものです。この講演の中で、Benは多くのチームを一連の段階を通してリードした経験をもとに、SREチームが時間の経過とともに（特定の直線的な順序ではないですが）通過する可能性のある5つの段階を描写しました。この章では、（許可を得て）この講演から多くを引用し、私が解説を加えています。また、LinkedInでのBenの経験から共有された多くの例については、オリジナルの講演を見る価値があるでしょう。

16.1 段階1：消防士

ご存知のように、信頼性に関して悪い経験ややっかいな経験をした後にSREを訪れる人は少なくありません。おそらく、何度も障害が発生したり、同業他社が相次いでダウンタイムを発生させたことを報道されたりしているのでしょう。もう少し明るいシナリオは、エンジニアリングマネジメントが、より頻繁に物事を壊さずには、開発速度を加速させられないと痛感することです。低速化も信頼性の低下も、ビジネスにとって耐え得る選択肢ではないため、SREが自分たちを救ってくれることを期待してマネー

ジャー層がやってきます。こうして、最初のSREの役割である消防士が誕生するのです。

ほとんどの人がここから始めます。信頼性に関連する問題が発生し、SREはその問題を解決するために取り組みます（理想的には、その要因に対処することで、問題が頻繁に繰り返されないようにします）。そして新たな問題が発生し、SREは次にその問題に取り組みます。火災の規模や影響がもはや存続の危機ではなくなって、他のことに取り組む時間ができるまで、この繰り返しです。

この段階についてよく聞かれる質問は、「いつになったら終わるのか」です。残念なことに、この段階から抜け出すのに決まった時期はありません。トルストイが書いたように、「幸福な家庭はみな同じであり、不幸な家庭はみなそれなりに不幸」なのです。これが慰めになるかどうか少しもわかりませんが、ほとんど例外なく、この段階を年単位（良くて四捨五入で1年、最悪の場合は何年も）で語るのを耳にします。少なくとも、この段階を抜けるのに必要な時間は、数週間という単位で語られることはないだろうということは言えます[†1]。

この段階での心強い考えとして、火災と火災の間に何をするかが重要であるというBenの提案があります。私は、Dickersonの階層構造の最初の2つの階層（それぞれ監視／オブザーバビリティとインシデントレスポンス）の項目に加え、この期間がチームにとって良い時間であるという彼の考えが好きです。

- あなたが面倒を見ている複雑系のすべての可動部分（長所と欠点、負荷がかかったときの挙動、依存関係、いわば運動生理学）についてもっと知りましょう。
- 彼が言うところの「自動消火装置」を構築しましょう。この文脈でのこの言葉の詩的な意味に加え、システムがそれ自体に対応し、問題を軽減するために必要なメカニズムを構築することに重点を置くという考え方が、私はとても気に入っています。おそらく、オートスケーリング、負荷制限（ロードシェディング）、より良いロードバランシング／トラフィック管理、あるいは本番環境での問題に対応し自動化するためのツールのいくつかを導入するのでしょう。これは、SREで取り組みたい、トイルの撲滅の別の側面です。

[†1] 患者を安定させるために2、3週間かかると言う人もいるでしょうが、それは救急医療から完全に離れるためにかかる数カ月とは違います。

16.2　段階2：ゲートキーパー

　Benは講演の中で、この段階をスキップすることは可能である（そして望ましいとさえ言っている）と示唆していました。多くの人々と話した経験から、私は少し違う結論に達しました。私の経験では、たとえ人々がこの段階を飛び越えられたとしても、少なくとも彼らはゲートキーピングについて、そしてそれをどのように実行するかについて真剣に考えたことがあります。

　Benの主張の裏には、こんな人間模様があります。あなた自身も、少しでも身に覚えがあるかどうか、確かめてみてください。

> 私たちのチームは、大量の信頼性に関わる問題に対処するために導入されました。私たちはちょうど1年間、火事を消したり、本番環境における信頼性の問題に対処したりしてきました。ようやく、それほど悪い状況ではなくなってきたところです。この状態を維持するためにはどうすればいいのでしょうか。

　ごく自然な答えは、「西ゴート族[†2]を寄せ付けない」、つまり、破壊的な力を本番環境から遠ざけるということです。勢力を遠ざけるだけでなく、破壊的な変化の源となり得る人々やその輸送手段も遠ざけます。国境を管理するのです。

　この回答は、SREの観点からは理にかなっています。SREは、システムを修理した後、システムの信頼性を守るのが仕事です。しかし、組織の視点、社会技術システム全体の視点から見ると、ここには大きな問題があります。ゲートキーパーのように振る舞い始めるSREは、他のすべての人の人生をより不愉快なものにしがちです。友人を作ったり、快適で生産的な職場環境に貢献したりするには、このようなやり方は向いていません。このようなゲートキーパーのイメージとして私が思い浮かべるのは、空港の税関職員です。私の経験では、空港を出るときに税関職員に出会って興奮することはめったにないですし、彼らも私を見てもそれほど嬉しそうには見えません。

　もし、あなたが税関職員であるというイメージが、最良の姿とは思えないとしたら、あなたは問題を発見したことになります。SREグループが変更管理の裁定者や強制者になると、長期的にはあなたや組織のためにならない力学が働きます。チーム内に軋轢を生み、コラボレーションを阻害し、生産性を混乱させる可能性があります。

---

†2　翻訳注：西ゴート族は西ローマ帝国時代のローマを武力侵攻し、陥落させました。

ゲートキーピング（長期的、手作業、摩擦の多い方法）は、SREを組織内で頓挫させ、廃れさせるのに最適な方法です。それだけでなく、ゲートキーピングは機能せず、スケールしません。たとえその被害が、本番環境が再び火の海にならないようにしようとする善意のSREチームであったとしても、人々はその被害を回避する道を選ぶでしょう[†3]。そして、何かを成し遂げるために誰もがSREチームを通さなければならないとき、おそらくゲートキーピングをするのに十分な人数を雇うことはできないでしょう。

> ## （それでもなお）すべてのゲートキーピングが有害というわけではない
>
> すべてのゲートキーピング（短期的なゲートキーピングを含む）が直ちに毒であるという印象を与えたくはありません。リソースの制約や契約・規制の遵守を考えれば、それが正しいこともあります。重要なのは、レビュアーのPatrick Cableが指摘するように、状況を定期的に再評価し、より良いものにできるか、少なくとも負担を軽減できるかを判断することです。
>
> しかし、もしSRE担当者がゲートキーピングしかしていないのであれば、それはメーデーのパレードに匹敵する赤信号です。それについてどうすべきかについては、本文に続きを書きました。

さて、もし本書があなたに届くのが遅すぎ、すでにゲートキーパーの段階に深く入り込んでいるとしたらどうしましょう。この段階を何度も破壊してきた私が、この暗い場所であなたを見捨てるのはフェアではありません。出口を見つけるために私が聞いた最高のアドバイスは、またしてもBenからのものです。彼は、人ではなく問題を非難しようと提案しています。

もし、あなたが組織の他の人たちと協力して、本番稼働時の障害につながった問題を特定し、それらの問題を検出するための明確で客観的な方法を考案できれば、ゲートを気にすることなく問題解決するコードを書けます。たとえば、メモリリークが過去3回の障害の原因であったとして、本番稼働させるバイナリはすべてメモリリークをチェックしなければならないということに全員が同意すれば、デプロイが完了する前に

[†3] 私は、システム管理者やIT担当者が悲劇の主役となり、これが繰り広げられるのを数え切れないほど見てきました。

コンピューターにチェックさせられます。もし誰かがリークのある、テストされていないバイナリを持って現れ、本番環境でそれを実行するように要求してきた場合、コードはその人に、デプロイが許可される前に何をする必要があるかを優しく伝えられます。全員がルール/ガイドライン/ポリシーに同意し[†4]、(おそらくSREが書いたコードによって) コンピューターが一貫した方法でルールを適用し、SREは他のことを自由にできる。別の言い方をすれば、「もしXが満たされれば、必要なことを簡単にできるようにするものがここにあります」ということです。ここで、Xは組織にとって重要な条件や標準が当てはまります。

SREは解放された後で、他にどんなことをするのでしょうか。次の段階に進んで見てみましょう。

16.3　段階3：提唱者（アドボケイト）

ご存知のように、SREは本質的に、あくなき共同作業を行うものです[†5]。これは、単なる副次的な効果としてではなく、意図的に共同作業を開始する最初の段階です。消防士の段階では、消火活動を行いながら専門家の同僚に相談し、必然的に共同作業を行います。あなたがゲートキーパーの段階を通過してきたということは、そのときの同僚との関係は協力的というよりは闘争的だったかもしれません。もしそうであったなら、人間関係やSREに対する認識を修復するために時間と努力を費やす必要があります。

より協力的な場へと移行するために、次の段階では、組織における信頼性を提唱する役割を担います。あなた方のチームは、信頼性を支持することを明確に表明し、その実践を具体化し、信頼性をサポートするシステムを構築し始めます (これは、すでに説明した監視などの標準的な責任に加えて行われます)。

では、提唱とは実際には何を意味するのでしょうか。この時点でSREは、炎上しているシステムに向かってホースを抱えるだけではなく、ソフトウェアライフサイクルのすべての段階において、信頼性に関与し始めています。セキュリティチームがプロセス

---

†4　本書のレビュアーのKurt Andersenは、共同で合意されたSLI/SLOが、このアイデアやプロセスに直結し、さらにはそれを推進する可能性さえあることをスマートに指摘しています (たとえば、「単位時間当たりのメモリリーク」というSLIなど)。

†5　この文章に対するBen Purgason自身のコメントはこうです。「この考え方は、初期段階のチームではしばしば見失われ、後期段階のチームでは普通になってしまえば、単なる暗黙の前提にすぎないと思います」

の初期から参加するのが望ましいのと同様に、SREは、設計やアーキテクチャの議論に参加するのが理想的です。SREは、システムが配備される前に、アプリケーションやプロダクションレディネスのレビュー[†6]を主導する手助けをしているかもしれません。開発者の同僚の活動に細心の注意を払い、(障害発生時に初めてそのような変更や事象を知るのではなく)デプロイ前に新機能やリリースの適切なサポートを計画できるようにします。

SREはこの段階で、組織の他のメンバーがサービスの開発、デプロイ、運用を支援するためのセルフサービス機能を強化するシステム／ツール／プロセスを構築しています(Benは「オーナーシップを強化するシステムの開発」について話しています)。ゲートキーパーの段階からの橋渡しは、より協調的で自動化されたゲートキーピング／ポリシー適用を可能にするシステムの構築であったことを思い出してください。これは、その橋のゲートキーパーの段階の向かい側にあるもので、橋が導く先です。理想的には、この段階では、本番環境を保護するためのポリシーはSREと開発者が共同で作成します。なぜなら、みんなが協力して望ましい本番環境を作り上げているからです。

より豊かなパートナーシップへの足音に聞こえますか。私はそう願っています、ここからが次のステージです。

16.4　段階4：パートナー

願わくは、この議論の時点で、私たちが進んできた方向が明らかになって欲しいと思います。これはその方向性における次のステップです。

前の段階で、SREは開発者である同僚の活動に細心の注意を払い、適切な対応ができるようにしていました。これをアップグレードしたのが、2つのグループがパートナーとして一緒に計画／ロードマップを作成することです。

この段階で、SREはシステム／ツール／プロセスの構築を継続しますが、おそらくそれは誰もが使用する構成要素の一部となります。たとえば、SREがすべてのプロジェクトに組み込む監視ライブラリや、組織で採用する標準RPCメカニズムを所有し、開発するようなことが考えられます。このような基礎的な役割について、私は、SREが共通の「信頼性の層」または「信頼性のプラットフォーム」を作成し、育成する責任を負うと

[†6] Patrick Cableは、組織とその方針／プロセスによっては、こうしたレビューも一種のゲートになり得ると、皮肉交じりに、そして正しく指摘しています。

考えましょう。

　Benの話の中で私が好きな用語の1つは、SREはこの段階で「インテリジェントなリスクを軽減する」ツールを構築することもできる、という彼の提案です。この考え方が気に入ったのであれば、『SREの探求』(https://www.oreilly.co.jp/books/9784873119618/)のコンテキストとコントロールについて書かれている1章を参照してください。（ダッシュボードやスコアカードなど）十分なコンテキストを提供することで、全従業員が制御機構に時間を費やすのではなく、インテリジェントな意思決定を行えるようにするという考え方が解説されています。

　そして最後に、SREと開発者がオンコールの責任を分担するという考え方が本領を発揮するのは、パートナー段階においてです。このパートナー段階において、このプラクティスはSREが夢見るような見返りであり、また組織の両部門が歓迎するもでもあります（「開発者が夜中の3時に呼ばれたときが、そのバグが本番環境で発生する最後のときだ」と願う必要はもうありません）。

16.5　段階5：エンジニア

　この最終段階では、組織内のSREとそれ以外のエンジニアリングスタッフの信頼性に基づく優先事項の区別が大きく曖昧になっています。全員が、システムのライフサイクルの全段階において、信頼性を促進するために必要な活動に参加しています。これには、アーキテクチャ、各種プロダクションレディネスレビュー、オンコール、インシデント後のレビュー、ロードマップ、ツール構築などが含まれます[†7]。

　本書では、SREが機能開発を行うエンジニアに転換される「人員転換」の危険性について事前に警告していますが、私はここで重要な点を指摘しなければなりません。SREが日々の活動において他のエンジニアと区別がつかなくなり、突然すべてのエンジニアが代替可能になるということではありません。SREは引き続き、機能を開発する組織の一部とは別のことに取り組み、主な責任を負います。SREは、他の人材にはない信頼性に焦点を当てた視点を持ち続けています。しかし、ここで起こっているのは、以前には見られなかった高いレベルの結束と共同作業です。

[†7] Björn Rabensteinの講演 "SRE in the Third Age" (https://oreil.ly/PQbN2) のKurt Andersenの要約では、**信頼性の所有権の民主化**という用語が挙げられていますが、私はこの用語をとても気に入っています（翻訳注：Björn RabensteinはPrometheusの主要開発者です）。

この時点であなたが自分自身に問いかけているであろう重要な疑問は、「この段階は単なる夢物語なのか、現実の世界で本当に実現するのか」ということでしょう。私の経験では、現実の世界でも起こり得ますし、(めったにないことですが) 実際に起こっています。この段階は、インセンティブの調整と特定の組織構造が前提となっており、その両方が、組織再編や予算配分の変更と同じくらい一般的な変更によって簡単に阻害されます。

DevOpsコミュニティでは、機能開発と運用作業の優先順位が相反するインセンティブによって頻繁に異なることについて、多くのことが書かれています。同様に、リライアビリティエンジニアリング (SRE) と非リライアビリティエンジニアリング (機能開発) の両方について、意思決定を行う責任者が一人になるまでに組織図が収束するのに時間がかかればかかるほど、組織内で必要な連携が見られる可能性は低くなります。インセンティブも組織構造も、まったく関係のない理由で変化する可能性があり、この段階で必要とされる結束と協調に悪影響を及ぼします。

このようなことをここに書いたのは、この段階の考え方を目指すことを思いとどまらせるためではなく、この段階があなたにとって手の届きそうで届かないものであった場合に、少し現実的な考え方と共感を提供するためです。

16.6　実装者への警告

すでに読んできた他の多くの章と同様、この章もいくつかの注意事項で終わりましょう。

まず第一に、これらの段階を、ある種のDEFCONレベル[†8]のように、あなたやあなたのチーム／組織全体が遭遇する一律の状態として考えないことが重要です。大組織のあるSREチームが消防士であることもあれば、別のSREチームが提唱者であることもあり得ます。

実際、統一性が真の目標であるべきなのかどうかさえ、私にはよくわかりません。信頼性に関して「適切なレベル」の心得があるように、SREチームの進化に関しても、それぞれの組織の状況に応じた「適切なステージ」の心得が必要かもしれません。言い換えれば、「段階5：エンジニア」は、すべてのSREチームにとって適切な最終目標ではないかもしれません。

[†8]　翻訳注：アメリカ国防総省が定めた、戦争への準備態勢を5段階に分けた規定。

16.6 実装者への警告

次に、エリザベス・キューブラー・ロスについて聞いた話を思い出します。彼女のもっとも有名な著書 "On Death & Dying" [†9]の中で、彼女は「死の受容プロセス」モデルを紹介し、これが大変な人気を博しました。このモデルに関する誤解のひとつは、誰もが非常に特定の直線的な順序ですべての段階を通過するという考え方でした。どうやら彼女は晩年、この考えと闘うためにかなりの時間と労力を費やしたようです。彼女は、このモデルを発表した当初の意図は決してこのようなものではなかったとはっきりと語っています。

本章で観察したSREの進化をキューブラー・ロスのモデルと比較するのは少々おこがましいですが、両者に共通するのは直線性がないということです。あなた方のチームが本章にあるような順序で段階を経験することはあり得ますが、あなたにとってはそうではないかもしれません。このため、私はこの章を「SRE成熟度モデル」と呼ぶことを避けてきました。なぜなら、人々はこの章を、最終状態に到達することをゴールとする有限状態機械として扱う傾向があるからです。あなたのチームがパートナー段階に深く入っていても、そのチームがやっていることの一部が真っ当なゲートキーピングであることに気づいて冷や汗をかくことは十分にあり得ます。あるいは、パートナーシップの変化に応じて段階を出たり入ったりすることもあるでしょう。そして、口に出したくはありませんが、消防士を必要とするような火事が常に潜んでいるのです……[†10]。

自分が通過する、あるいは通過しないかもしれないさまざまな段階があるという考えを持てれば、それはきっと役に立つことでしょう。

[†9] 翻訳注:日本語訳版は『死ぬ瞬間 死とその過程について』(2020年、中央公論新社、ISBN9784122068285)です。この中で、著者は「死の受容プロセス (Five stages of grief)」として、死を予告された人間が「否認・隔離」「怒り」「取引」「抑うつ」「受容」という5つの段階を経て死を受け入れるという説を提唱しました。

[†10] もしRichard Cook博士の短い論文 "How Complex Systems Fail" (https://oreil.ly/l4_Vy) を未読であれば、今すぐ本書を置いて、まずそちらを読むべきです。

17章
組織におけるSREの成長

　この章では、スケールさせることについて話しましょう。通常SREで議論されるインフラやサービスの拡張ではなく、人のスケールについてです。SREが組織において、ゼロから（あるいは1人の人間の時間の一部から）より大きな存在になり得るにはどうすれば良いのかについて話します。

　ひとつ前の段落で「なり得る」と書いたのは、私はSRE（そして運用全般）を強く状況に応じたものだと考えているからです。同じ種でも、土壌が違えば成長も大きく異なると私は考えています。そのため、この章では杓子定規なアドバイスではなく、私がさまざまな組織で見てきた一般的なパターンを紹介します。ここでは、このメニューの中から、あなたの既存の組織に合致すると思われる選択肢を選んでもらえればと思います。

17.1　規模拡大のタイミングをどう知るのか

　この章が進むにつれて増えていく実際の数字に入る前に、「規模を大きくすることは良いことだ」という暗黙の前提に疑問を投げかけたいと思います。この章を読んで（そして率直に言って、書いて）、最終的なゴールがSRE組織を予算が許す最大規模まで拡大することであるかのように考えるのは非常に簡単です。本書を通して「適切な信頼性のレベル」について議論しているように、SREのスケーリングにも適切なレベルがあります。

　たとえば、チームが処理すると予想されるチケット数やページ数の増加によって示されるチームへの負荷に基づいて、チームを大きくしたり分割したりしたくなるかもしれませんが、それは最善の判断ではないかもしれません。「スコープ変更」を先行指標とする方がはるかに良いかもしれません。この点や他の優れたアドバイスが、Gustavo

FrancoのSREconでの講演 "Scaling SRE Organizations: The Journey from 1 to Many Teams"（https://oreil.ly/RcuZU）で紹介されているので、ぜひご覧ください。また、13章のチームサイズに関する議論も参考にしてください。

その注意点を踏まえた上で、始めましょう。

17.2　0から1に拡大する

まずは、あなたの組織でSREを0から1へと大きく飛躍させるところから始めましょう。最初に注意すべきことは、これは整数が示唆するような二項対立的な飛躍ではないということです。専任のSREを雇用する前に、組織内の個人がSRE的な考え方（そして、おそらくその実践の一部）を導入している可能性が高いでしょう。おそらくそれは、各個人がパートタイムでこの業務を行うことで[†1]、何分の一かのSRE（0.5、0.25、0.40といった数）が得られます。

しかし、大きな「数字の1」を目指すとしましょう。他の専門職と同様、これは新規採用か、役割の専門化／転換のどちらかです。転身がいかにやっかいなものであるか（肩書きのフリップなど）、そしてそれを正しく行うことの重要性については、本書を通じて多くのことが語られているので、ここではそれ以上のことは記しません。

では、この人物は職業として何をしようとしているのでしょうか。その答えは状況によって大きく異なりますが、ヒントをいくつか挙げることはできます。本書の中で、信頼性作業を始めるにあたってどのようなことが必要なのかについてたくさんお話ししていますが（たとえば、Dickersonの信頼性の階層構造については14章を参照してください）、非常に手っ取り早く合理的な答えとしては、「監視／オブザーバビリティに取り組む」、「インシデント後のレビュープロセスに従事する」といったようなことが挙げられるでしょう。3章をざっと振り返って、文化についての考えを得ることをおすすめしま

[†1] あるいは、クラーク・ケントがスーパーマンとして認識されるためには、メガネを外すしかないというような状況かもしれません。SREに傾倒している、あるいはSREに興味津々なスタッフがいて、目を細めるとSREに見え始め、すでにこなしている仕事もSREに見えてくることは珍しくありません。

す[†2]。

> **未熟なSRE**
>
> 本書で私がSREについて熱く語っていることから、まだSREを雇っていないのであれば、誰でもSREを雇うべきだとすすめるのではないかと思われるかもしれません。新しいスタートアップと初めて話したとき、私の口から「いや、SREは雇ってはいけない、まだです」という言葉を聞いたときは、私も驚きました。今では、何年もの間、繰り返し言っています。
>
> 現実には、ごく初期の新興企業や、大きな組織内の新しいグループでさえ、このような時期尚早の専門化からは利益を得られない可能性があります。多くの場合、優先されるのは「とにかく立ち上げること」です。ここで、理想的なのは、この作業が（計装や自動化などによって）信頼性を重視して行われることです。しかし、もしあなたが完璧なSLOの設計にすべての時間を費やしてしまい、動作する開発環境をプロビジョニングしていないのであれば、それはまだ書かれておらず、極めて理論上のソフトウェアやサービスの一部となってしまうでしょう。

17.3　1から6への拡大

なぜ6なのか、と思ったかもしれません。たまたま6という数字が、（1つの地域内で）人道的なオンコールローテーションを構築するのに適した数字だからです。これは、少々恐る恐るのコメントになりますが（12章の「失敗要因3：オンコール、以上」の項を参照）、6は自然な単位です。10という単位のかわりに6を使うことにしますが、もし気になって仕方なくなってしまうのであれば、5や10の単位に切り上げたり切り捨てたりしてくれて構いません。

[†2] 願わくは、この人物はSREに関連する書籍（または電子書籍）を本棚に積み、彼らのトレーニングを支援することが許されていて欲しいところです。そのような本で、少し願望を含むように見えるかもしれませんが、物事が進展するにつれてこのような人物を成功に導くのに役立つのが、Tanya Reilly の "The Staff Engineer's Path"（2022年、O'Reilly、ISBN9781098118730、翻訳注：日本語版は『スタッフエンジニアの道』2024年、オライリー・ジャパン、ISBN9784814400867）です。

> ### マネージャーはSREか？
> ### プロジェクトマネージャーは？業務管理者は？
>
> このスケーリングレベル（5人以上）では、すでにチーム構成を決定する段階に来ています。SREチームの拡大について話をするとき、あなたのイメージでは100人のSREチームは100人の同じエンジニアが同じことをしていると思っていると、とても容易に想像できます。それに対して、実際のSREチームではプロジェクトマネージャー、マネージャー、ビジネス管理者などの役割が混在しています。ここから先、私が話しているのは現実の世界で構成されているチームのことだと考えてください。
>
> SREが他のチームをより効果的にする能力を持っているように、SREチームをサポートする重要な役割も確実に存在します。そういった役割は必ずしも直接的にエンジニアリングの役職ではありません。たとえば、7人のチームがあったときに、5人のSRE、1人のPM/TPM[3]、1人のマネージャーまたはテックリードがいるという形です。

このスケーリングレベルでは、SREは小規模で個別の仕事を担当し[4]、要求に応じて他のチームと個別に相談しています。たとえば、個人またはペア／トリオが、特定のサービスに対する監視の改善やSLI/SLOの試験運用を行うかもしれません。障害の復旧作業や、その後のインシデント後のレビューに参加することもあります。より広い組織におけるサービスの状態や成熟度によって、彼らの初期の体制は、チームの人々が望むよりも少し受動的かもしれません。

このようなことを行う一方で、SREとは何か、SREがどのように役立つかを社内の他の部署が理解できることに、かなりの時間を費やしています。全体として、彼らは局所

---

[3] PMは**プロジェクトマネージャー**か**プロダクトマネージャー**のどちらかであり、それは何が必要であるか（これらは異なる役割です）と、あなたの組織がその頭字語をどのように展開するのが好きであるかによります。TPMはテクニカル*PM*です。

[4] これはもっともらしいシナリオの1つにすぎません。SREチームがもともと「今ある最大の信頼性問題」に対処するために構成されている場合、チーム全体が、それが何であれ、まずそのドラゴンを倒すことに集中している可能性があります。この章では、SREが現在、危機駆動ではなく、特定の役割のみ果たしているわけではないと仮定しています。あなたの経験するものは異なるかもしれません。

的な勝利を求め、成功と共同作業における評判を高めています。

> ### どう数えるべきか
>
> 　この章をまとめるにあたって、1つ意外な気づきを得たのは、同じ組織規模の議論を構成するのに何通りもの方法があるということです。この章では、絶対的な数字で線引きすることを選びましたが、（レビューアーのPatrick Cableが提案したように）「0、1、1-単一チーム、複数チーム」という編成について考えることも、良い議論を生みます。
>
> 　あるいは、（レビューアーのJess Malesが提案したように）SREと非SREのエンジニアの比率を考え、その比率が高まるにつれて物事がどう進むべきかを考えるのも面白いかもしれません。
>
> 　さらに彼は、組織の結束力からくるニュアンスもあると指摘します。グループごとに技術やツールの構成が大きく異なるような、分断された状況でのスケーリングと、長期のオンボーディングなしに、場所を移動してすぐに影響を与え始めることが容易な環境でのスケーリングとは異なります。これは、チームのサイジングに大きな影響を与える可能性があるでしょう。

17.4　6から18に拡大

　また奇妙な6の倍数が出てきました。今回は、グローバルな計画や雇用の慣行にもよりますが、もう1つの変曲点を迎える可能性があります。18になると、より痛みの少ない「フォロー・ザ・サン」のオンコールローテーションを検討できるようになります[†5]。「フォロー・ザ・サン」とは、日中のタイムゾーンにいるチーム（つまり、そのチームにとってほぼ標準的な業務時間）に、その時間帯のオンコールを担当させることで、24時間365日のカバレッジを実現する構成です。太陽が動き、彼らの営業日が終わると、業務時間内の次のチームにハンドオフが行われます。これは、誰かが深く眠っている時間帯にタイムゾーンによって影響を受けたり発生したりするインシデントを処理するため

[†5] Kurt Andersenは、ここで暗黙の要件として、会社自体が複数の地理的なロケーションで従業員を雇用していることを指摘しています。というのも、18人が同じ地域にいることは（変則的な睡眠スケジュールに同意しない限りは）、「フォロー・ザ・サン」の役には立たないからです。

にオンコールするよりも、はるかに快適で人道的な方法です。

オンコールの数以外では、マジックナンバーである10を超える可能性があり、20に迫る可能性さえあります。実際、これは一度に複数の仕事に携わることや、先に述べた「埋め込みチームメンバー」モデルを使用している場合には、より大きなフットプリントを意味します。どちらも、「よし、これは充実したチームだ」と感じさせるものです。特に人数が多ければ多いほど、SREがタスクレベルで専門化する機会が増えます。たとえば、チームメンバーの1人が、特定の監視の専門知識を持つ担当者になるかもしれません。二人一組で（初期の）プロダクションレディネスレビューのほとんどを担当する、といった具合です。

サブリニアに拡大する

最初からSREは常に「サブリニアに」拡大するという目標を持っていたことを指摘しなければ、おそらくSREの会員証を剥奪されてしまうでしょう。これは、ざっくり言うと「新しいサービスを始めるたびに新しい人を雇わない」や「サービスの負荷が増加しても人を増やす必要はない」というような意味です。これは表明するのは簡単ですが、現実にはかなり難しく、繊細なニュアンスを持つ目標の1つです。

擬似的なやり取りは次のようなものです。

大きな岩を動かすには何人必要だと思う？
えーと、一人当たりどのくらい持ち上げられるの？
でも待って、テコがあるんだ！（自動化）
OK、これでより少ない人数で、より多くのものを持ち上げられるようになったよ。
でも待って、もっといいテコがあるんだ！
少ない人数で持ち上げる力がより大きくなるね。
でも待って、岩を持ち上げる特別なテコを見つけたんだ！
少ない人数で持ち上げる力がより大きくなるね。
でも待って、蒸気を発見したよ！蒸気機関で岩を持ち上げられるんだ
素晴らしい、より少ない人数で持ち上げる力がより大きくなるね。次はみんなに蒸気機関の使い方を教えないと

> でも待って、岩を持ち上げる特別な蒸気機関を作ったよ！
> よし、この特別な蒸気機関の使い方をみんなに教えよう。
> でも待って、今度は岩以外の重いもの、たとえば木を持ち上げなければならないよ！
> うーん、岩を持ち上げる機械の運用者は、木を持ち上げる方法を学ばなければならないね。それには時間がかかるね。時間はあるよね？
>
> これは明らかにだんだんばかばかしくなってきますが、時間を節約するために、自動化（そしてどのような自動化か）、ツール/プラクティスの共通性、関係する異なる技術の数、他の認知的負荷への貢献のような要因はすべて、「サブリニア」を計算し、計画することを難しくしていることを指摘しておきましょう。個々のSREが持ち上げる力を最大化することは依然として良い目標であり、それは些細なことではありません。
>
> あまり皮肉を言うつもりはありませんが、人々がこの目標について議論するとき、複数の理論的根拠があり得ることに注意しなければならないと感じています。その根拠は、SREを解放し、より大きな領域でより興味深くインパクトのある仕事をさせることだと良いでしょう。しかし、それは単にコストを節約するためにSREの雇用を減らすという目標にすり替えられることもあります。私の知る限り、SREの創始者たちがこの目標を掲げたときは、後者ではなく主に前者を念頭に置いていました。

17.5　18から48に拡大

6の倍数にこだわるのは、そうしないと一部の読者が怒ることを知っているからですが、それが意味を持つ段階はもう過ぎました。この規模に拡大する段階では、複数のSREチームから構成されるSRE組織と、「SREチーム」について話を始めましょう。どのようにチームを細分化するかは、大きく状況に依存しています。私はさまざまなモデルを見てきました。

- 共通インフラに特化したSREインフラチームの新設により、標準的なエンゲージメントチームを編成
- 大規模な開発グループと明確に連携するために設立されたチーム（「Google Maps

SREチーム」)
- 中心的な場所によって分割されたチーム(「ダブリンSREチーム」または「ヨーロッパSREチーム」)
- N人からなる「代替可能な」エンゲージメントチーム(チーム1、チーム2、チーム3など。誰もそう呼ばなくても便宜上設定します)

どのように細分化するかは、組織、文脈、戦略といった要因によって決まります。これらの要因の中で、もっとも繊細で、おそらくもっとも明白なものは「SREによって何を達成したいのか」です。これは、本書の以前の章で説明した中央集権型か埋め込み型かという枠組みにも大きく影響されます。少しでも気が楽になるのであれば、うまく機能する構成が見つかるまで、組織がさまざまな構成を(同時に複数行われることもありますが、多くの場合は)試すことはよくあることです[†6]。

また、「SREとは何か」や「組織が拡大したら何をしたいか」といった会話も大幅に増えるでしょう。私たちは、議論が「何をしなければならないか」(特に受動的な消火活動)から「何をしたいのか」になりつつある状況で人員を配置する段階に移行し始めています[†7]。理想を言えば、人員が増えればSREチームができることの可能性が広がるので、自然と議論も増えることでしょう。

この時期に注意すべき重要なことは、SRE組織の結束です[†8]。ミッション、ツールの選択、ドキュメンテーションの基準、雇用基準、パートナーとの関係(チームとパートナーの責任分担を含む)、そして文化的な規範が歪み始めるポイントに間違いなく差しかかっています。その上、失敗から学んだ教訓の共有は、もはや暗黙のうちに行われるものではないため(全員が同じインシデントに関与しているわけではないため)、これ

[†6] このことは、何度かの組織再編に備えるためでもあります。マネージャー層は、組織の現在の組織ツリーや報告の構造が必ずしもSREのエンゲージメントモデルを決定するわけではない、また決定する必要もないことに注意すべきだと、Kurt Andersenが賢明な提案をしています。

[†7] はっきりさせておきたいのですが、SREチームが受動的な仕事から脱却し、その潜在能力をフルに発揮し始める可能性には多くの要因があります。チームの規模は一要因にすぎません。問題解決に取り組んできた期間(通常は年単位で測られる)、優先順位付けの上手なマネジメント、より大きな組織文化など、チームの人数を増やすこと以上に影響を与える可能性のある要素がいくつか思い浮かびます。SREチームが、問題を解決するためだけに人員を投入することは十分に可能です(そして私はそうした状況を見てきました)。そのような「免疫反応」を採用しても、それ自体があなたを消火活動から解放してくれるわけではありません。

[†8] そして、率直に言って、この手前の段階でも同様でしたが、この規模は**本当に**、**本当に**重要な局面であり、結束を怠ったことの痛みはすぐに明らかになるでしょう。

を行うための方法やプラクティスは、明示的かつ意図的に構築されなければなりません。組織が大きくなるにつれて自然に起こるこの組織の「拡散」もまた、中央集権的な枠組みと埋め込み型の枠組みによって、予想通りの影響を受けます。組織内の人々を一緒にしておくか、より大きな組織でより高度に分散させるかという選択は、結束を維持するために意図的な努力を必要とすることがあります。これは3章で行ったSRE文化に関する議論が本当に活きる場所の1つです。

17.6　48から108（それ以上）への拡大

　このジャンプによって、本書のようなSRE入門書の範囲を離れることになります。個人的には、もっと大きなSRE組織について書いたり話してみたいですが、本書はそのための場所ではありません。しかし、SREの規模が大きくなり始めたときに、SREがどのような方向に進み得るのか、ごく簡単に覗いてもらうのは有益なことだと思います[†9]。

　SREが組織で大きくなるにつれて予想されることを挙げてみました。

- さらに特化したSREチーム（たとえば、ストレージだけに特化したSREチームや、リリースエンジニアリングに特化したチームなど）
- 技術やコア機能を中心に結成されたSREチーム（「Kubernetes SRE チーム」）
- 効果的なオンボーディングの重視（SREチームのメンバーとパートナーチームのメンバーの両方）
- 共通のSRE標準、プラクティス、そしておそらくはSREとより大規模なエンジニアリング組織のために構築されたツール／プラットフォームを作成し、普及させるSREチームの発足

　最後に、SREの規模を効果的に拡大するために（実際にはどのような規模であっても、特に規模が拡大するにつれて）極めて重要であると私が考える指針を一つ提示しておきましょう。SREは収束とつながりの主体でなければならず、同調、非個人化、区別の排除の主体であってはなりません。

[†9] 私のヨガの先生は、クラスで（たいていは私の今の手の届かないところをデモンストレーションした後に）、「あなたのヨガに未来を与えなさい」と言うのが好きです。

SREとプラットフォームエンジニアリングの出会い

　私の経験では、SRE組織が相当な規模になったときに、たいてい以下で触れるような考え方が出てきます。しかし、私は、あなたが遠い地平線を見据えるとき、より大きなSRE組織が担うかもしれない役割について、いくつかのアイデアを挙げたいと思います。共通するのは、私たちが通常SREについて語る場合よりも、SREチームがより純粋な開発者の役割を担うために作られたり割り当てられたりすることです。

　この考えを簡単に説明するために、SREが規模を拡大させるはるか以前から、SREチームが仕事を遂行するために特定のツールを作成したり、採用したり、進化させたりする[†10]のはごく一般的なことであることを指摘しておきます。驚くことではありません。ときには、それらのツールがSREチームを抜け出し、組織内で広く使われるようになることもあります（そうして今、メンテナーチームはそれらのツールの「顧客」をチームの外部に持つことになります）。

　このさらに明確なバージョンは、SREチームが信頼性目標の一環として、ワークロードを実行するための内部プラットフォームを作成、進化、および／または採用を推進する場合です。大規模な組織では、これらのシナリオのいずれかを担当するチームが設立されることも珍しくありません。これは、SREが（この記事を書いている時点では）**プラットフォームエンジニアリング**と呼ばれる新しい潮流と出会う場所の1つです。

　組織内の開発作業を可能にする素晴らしいプラットフォームの構築は、想像以上にやっかいであることが判明しました。それゆえ、このアイデアとその課題に細心の注意を払うことに専念する分野、プラットフォームエンジニアリングが生まれたのです。実行可能なプラットフォームには、多くの要件と潜在的な目標があります。SREは、このような取り組みにおいて信頼性の面で貢献する経験とインセンティブを持っています。また、システム全般を長年扱ってきた経験から、保守や運用が容易なプラットフォームの構築方法についても強い意見を持っています。

[†10] オープンソースソフトウェアを採用し、それに貢献するうちに、いつの間にかそのパッケージのメンテナーになったり、オリジナルパッケージのフォークになったりする話は、よくある話です。

本格的なプラットフォームの構築には多大な労力が要りますが、SREが取れる段階的なステップがあります。SREは、組織全体の信頼性階層と呼ぶべきものを構築できます。これを明確にするために、いくつかの例を挙げてみましょう。

- SREチームは、開発グループが簡単にオンボードでき、中央監視システムにデータを送信できるようにするライブラリの保守を担当しているかもしれません。開発中の新サービスは、このライブラリにリンクするだけで、監視システムに対して「正しいことをする」ようになります。組織内のすべてのサービスは、よほどの理由がない限り、このライブラリを使うことが期待されているので、ライブラリはほぼ全面的に採用されています。
- SREチームは、権限付与やアクセス制御（「ユーザーXは操作Yを行うことができるか」とコードで問う必要がある場合）のための正規ライブラリの作成を担当するかもしれません[11]。
- SREチームは、本番環境でのカナリアデプロイのための正規ツールの作成を担当するかもしれません。
- あるSREチームは、そのチームの標準的なリモートプロシージャコール（RPC）フォーマット／ライブラリの作成を担当するかもしれません[12]。

これらの例では、SREチームは「誰もが使用する」基盤の開発に責任を持つようになり、その結果、組織により大きな信頼性をもたらします。

---

[11] この例もまた、セキュリティやプライバシーのエンジニアの手になるものである可能性が高いですが、そのようなエンジニアはたいてい大きな組織にいます。

[12] しかし、本当に正当な理由がない限り、gRPCのような他の人が作ったものを使う方が理にかなっています。私がSREconで Gráinne Sheerin の講演を見るまで、なぜSREがRPCレイヤーのような低レベルなものに直接関与したがるのかよく理解できませんでした。たとえば "Yes, No, Maybe? Error Handling with gRPC Example" (https://oreil.ly/CZvx8) を見てください。この講演では、すべてのサービスが共通のシナリオを処理するためにカスタムコードを書くかわりに、RPCレイヤーが信頼性の観点から「正しいことをする」可能性があることが明らかになりました。公にはあまり語られていませんが、RPCレイヤーが通信を行い、知っていることを公開できれば、監視やオブザーバビリティ（そしてネットワーキングやセキュリティ……）に対して非常に興味深い可能性をもたらします。

17.7　SREのリーダーを育てる

　この章を締めくくる最後のポイントとして、SREの成長について語る際に、もう1つ明確ではないかもしれない微妙な点を指摘しておきます。SREの数をどのように増やすか（そしてそれによって効果を上げるか）を考えるだけでなく、リーダーのような他のものを同時にどのようにスケールさせるかを考えることも重要です[†13]。SREは組織のビジネスリーダーの席に座っていますか。エンジニアリングやその他の重要な意思決定が行われる場にSREはいますか。SREを成長させていく中で、効果的であり続けるためにはこの点に注意を払う必要があります。

　この章では、SREが組織に導入され、成長していく過程で進化し得るさまざまな軸について述べてきました。私は、これは意図的なリーダーシップによってのみ実現するものであり、組織の意思決定プロセスと強く結び付いていることが重要だと考えています。

[†13] ここではリーダーシップに焦点を当てていますが、私は、技術分野で過小評価されているマイノリティをチームに採用するなど、規模が拡大するにつれて他の種類の代表にも気にかけるのが大好きです。これは最高のSREチームと組織を作るための重要な要素です。

18章
おわりに

　いま、少し感傷的になっています。あなた、私、そして本書がそれぞれの道を歩むときが来たからです。あなたは家に帰る必要はありませんが、ここに留まることもできません。なぜなら、あと少しで、私はタイピングを止め、あなたは読むのを止め、本書も終わりを迎えるからです。私たちがこれまで一緒に歩んできた道のりを、少し振り返ってみましょう。

　SREは、個人として、あるいは組織として、他者と協力しながら、望ましいレベルの信頼性で他者にサービスを提供できるシステムの実現に向けて取り組むことが可能であるという命題を表しています。ある種の心構えを持ち、ある種の文化の中で活動し、この役割のために準備したSREは、この目標を達成するために、さまざまな規模での努力を支援する組織的な文脈の中で、一連のプラクティスを効果的に用いることができます。

　そしてSREは楽しいものです。そして（個人にとっても組織にとっても）やりがいがあります。そして楽しいものです。あれ、楽しいってもう言いましたっけ？　常にというわけではないですが、均して考えれば、SREは素晴らしいものです。SREは、自分の力量を試す場であり、他の人たちと協力して仕事に真のインパクトを与えるチャンスでもあります。信頼性があなたに投げかける挑戦と、それを乗り越えるためにあなたが取るべき道は、必ずしも明白ではなく（だからこそ本書があります）、退屈なことはほとんどありません。少なくとも、私がこの分野に抱いているような興奮を、本書から感じ取っていただければ幸いです。

18.1　ここからどこへ

　ここまでお付き合いいただき、本当に感謝しています。読者の皆さん一人ひとりに、感謝の気持ちを込めて、帰り際にお土産をお渡しできればと思います。私にできることは、バーチャルな「ドギーバッグ」あるいは（あなたの地域では何と呼ぶか知りませんが）「持ち帰り用の箱」を差し上げることくらいだと思います。

　お持ち帰り箱の中身はこのようになっています。

- 「それは好奇心から始まります……　システムはどのように機能するのだろう。どのように失敗するのだろう」と書かれたレースで編んだ小さな看板
- Dickersonの信頼性の階層構造の暗記カード一式（おそらく、私のSREの定義を前面に記したもの）
- 「Relentlessly collaborative（あくなき共同作業）」と書かれた一時的な（あるいは恒久的な）タトゥー
- フィードバックループの形をしたネオンサイン
- SREconの動画でいっぱいの樽
- トイルのための小さなビーチシャベル
- カップケーキ。だって、カップケーキを食べない人なんていないでしょ？

　これらのアイテムはそれぞれ、SREの旅を始める際に必要なときに役立つでしょう。本書を読んでくださって、ありがとうございました。成功を祈っています。

付録A
若きSREへの手紙
（リルケさんすみません）

かつて、私が『SREの探求』を出版したとき、私が知っているさまざまなSRE業界の人々に、SREとDevOpsの比較に関するクラウドソーシングの章に貢献したいかどうか尋ねました。

本書のために、私は、SRE初心者やSREを始めたばかりの組織に対して、彼らが今やっていることを知った上で伝えたいヒントがあるかどうか、知恵の結集に尋ねてみるのは良いアイデアではないかと考えました。

私は特に次のように聞きました。「（理想を言えば）2段落以内で、SREへの道を歩み始めたばかりの個人または組織にどのようなアドバイスをしますか。未来の自分に何を教えて欲しかったですか。注意すべきこと、それほど重要でないと思われること、もっと早く始めれば良かったと思うこと、役に立ったリソース、学んだ教訓などなど」

本書のために自分の経験を分かち合ってくれた人々にとても感謝しています。以下は、彼らが寄稿してくれたものです（名前と肩書きは、私に原稿が共有されたときのままとしています）。

A.1　John Amori

すべてのシステムがあなたの期待通りにエレガントに設計されているわけではなく、さらに多くのシステムはあなたの制御の及ばないところで改善されていることに気づくでしょう。何でもできるわけではなく、最善を尽くしても、いずれは必ず壊れてしまうということを覚えておくことが重要です。ここで、この知恵を授けます、「備えよ」。あらゆる依存関係を考慮した明確で実行可能なタスクと、緊急の必要性が生じたときに問題を調査するための適切なツールとリソースを備えた優れた最新のドキュメントを用

意することは、考えるだけなら簡単ですが、実際には難しいことです。良い文書作成の習慣を研究し、発表されたポストモーテムを読むことに時間を費やしましょう。SREが実際に直面する多くの課題を理解する助けになります。

ツールやテクノロジーは常に増え続けていて、それらの多くが何をするのか、なぜ便利なのかを理解するのは素晴らしいことですが、必要性が生じる前にそれらをマスターすることは、SREを始める初期段階ではあまり重要ではありません。SREを始める人へのアドバイスとしては、先走りすぎてエコシステムに圧倒される前に、まずはプログラミング言語（PythonやGoなど）とUnixライクなオペレーティングシステム（*nix）をマスターすることです。優れたSREでさえ、基本的なコマンドラインツールやシンプルなスクリプトを一貫して使っていることに気づくことでしょう。千里の道も一歩から、背伸びをせずに、時間をかけて、多くのことが互いに積み重なっていくように、一度に1つのことを学ぶようにしましょう。個々のコンセプトを学ぶための素晴らしいリソースはたくさんありますが、私は、DevOpsロードマップ（https://oreil.ly/z32Ao）が、オライリーのSRE本とその実践の簡潔な説明と相まって、素晴らしい学習経路であることを発見しました。

翻訳注：John AmoriはElectronic Arts（EA）のLead Incident Managerです。

A.2　Fred Hebert

Honeycomb.io（http://Honeycomb.io）スタッフSRE[†1]

すべてのシステムは社会技術的であることを決して忘れてはなりません。目的、優先順位、圧力が変化したときにそれを調整する人間がいなければ、システムは役に立たなくなり、脆くなります。人間の健全性を維持することが、中長期的に持続可能なものを維持することになります。メトリクスはやがて使い物にならなくなり、変更が必要になります。中心となる意思決定者が頭に入れておける情報よりも、システムの端々で得られる情報の方が多いのです。システムを単なる技術的なスナップショットではなく、

[†1] 翻訳注：「スタッフ」は職位を表す接頭辞で、通常シニアより上のポジションを指します。スタッフレベルのエンジニアはテックリードやアーキテクトなど、よりリーダーシップを求められる仕事を行います。近年では、この職位に関する書籍もいくつか出版されています。『スタッフエンジニアの道』（2024年、オライリー・ジャパン、ISBN9784814400867）、『スタッフエンジニア マネジメントを超えるリーダーシップ』（2023年、日経BP、ISBN9784296070558）

成長し、生きているものとして見続けることで、やがてゆっくりとしたペースで分析できるようになります。

　意思決定は文脈に左右されます。人々がどのように仕事をしているかを理解することです。私たちが想像する仕事と、それがどのように行われているかとの間には、常にギャップがあります。そのギャップが狭ければ狭いほど、私たちの介入はより効果的なものになります。仕事の細部とそのプレッシャーはすべて基礎的なものです。課題を正しく理解し、システムで発生する目標の対立を明確にし（その結果、ときに苛立たしいトレードオフが生じます）、これらの経験から学ぶことをそれ自体の目的とするようにしましょう。目標やプレッシャーが変わらないのであれば、変化を期待することはできません。SREには、こうした変化を推進するための重要な組織的フィードバックループとなる自由があります。

　以上は、私が過去に書いた記事から抜粋した濃密な考え方です。

- **My Bad Opinions**（ブログ）,"Errors Are Constructed, Not Discovered"（https://oreil.ly/2E7xL、2022年4月13日投稿）
- **My Bad Opinions**（ブログ）,"Embrace Complexity; Tighten Your Feedback Loops"（https://oreil.ly/_sE_9、2023年6月20日投稿）
- **Learning from Incidents**（ブログ）,"Carrots, Sticks, and Making Things Worse"（https://oreil.ly/saQD3、2023年7月13日投稿）

翻訳注：Fred HebertはErlangの公式なビルドツールであるrebar3（https://rebar3.org）の主要メンテナーであり、Erlangに関する2冊の書籍"Learn You Some Erlang for Great Good!"（2013年、No Starch Press、ISBN9781593274351）、"Property-Based Testing with PropEr, Erlang, and Elixir"（2019年、Pragmatic Software、ISBN9781680506211）の著者です（日本語訳版がそれぞれ『すごいErlangゆかいに学ぼう！』《2014年、オーム社、ISBN9784274069123》、『実践プロパティベーステスト』《2023年、ラムダノート、ISBN9784908686184》として出版されています）。Erlang Ecosystem Foundation（https://erlef.org/）の創始者兼初代理事でした。

A.3　Aju Tamang

DevOps/SREエンジニア

　障害時のインシデント対応を優先し、オンコールローテーションに参加することで、個人とチームの成長を図りましょう。ランブックの文書化は、長期的な投資であり、あ

なたやあなたのチームの将来に役立ちます。それは大変な作業であり、効果的に行うには特定のスキルセットが必要で、それだけでは過小評価されかねません。

School of SRE (https://oreil.ly/AyrAH) は、SRE を目指す人たちにおすすめの本です。SRE の原則、ベストプラクティス、実際の使用例に関する包括的な洞察については、Google の SRE 本（https://sre.google/books）を参照してください。また、オープンソースの SRE 面接準備ガイド（https://oreil.ly/yh1J3）もおすすめします。これらのリソースは、サイトリライアビリティエンジニアリングというダイナミックで要求の厳しい分野で活躍するために、どのような人にも役立つことでしょう。

A.4 Daniel Gentleman

シニア SRE

サイトリライアビリティエンジニアリングの世界へようこそ。私たちは橋渡し役です。私たちはイネイブラーです。私たちはすべての人に、人生で最高のコードを作るためのツールと教育を提供しようとしています。私たちは、誰もが恐れることなくコードを本番環境にプッシュし、インシデント対応に参加できることを望んでいます。コード、インフラ、自動化／オーケストレーション、インシデントコマンドのスキルを活かして、チームにツールと教育を提供します。

チームの需要を知ることが重要で、各チームの中間にそうした需要を見つけられます。たとえば、開発者は自動スケーリングやコンテナオーケストレーションの仕組みを知らないかもしれません。すべてを知る必要はないですが、制限やツール、利用可能な可視性については知っておく必要があります。同様に、インフラエンジニアはフロントエンドのコードやジョブキューの仕組みを知らないかもしれませんが、負荷、過負荷、自動スケーリング、サーキットブレーカーなどのシステムを監視する方法を知る必要があります。双方の需要を学び、橋渡しをする機会を見つけ、できることはすべて自動化します。もしあなたの組織に強固なインシデント対応戦略がないのであれば、すべての利害関係者の安全性と所有権に重点を置いて、その構築に関わってください。信頼性はあなたの仕事です。信頼性を全員の行動の初期値とするための文化と戦略を構築しましょう。

SRE はイネイブラーです。

開発者が運用タスクに怯えることなく最高のコードを書けるようにするだけでなく、

開発者が運用タスクを十分に理解し、インフラに不適切なコードをデプロイしないようにします。また、開発者自身がインフラを管理するためのツールや自動化も提供します。

経営者や予算重視の人々が、支出やインフラに関して賢明な決断を下すことを可能にします。

理想的には、インシデント対応のための構造化された安全な環境を与えることによって、すべてのインシデント対応者が恐れることなく最善の仕事ができるようにすることです。これは、成熟したインシデント対応プレイブックと、開発者とのディザスタシミュレーション演習の両方を通じて行われます。

インフラストラクチャ、自動化、オーケストレーションの各エンジニアに開発者との橋渡しをし、双方にツールや教育を提供することで、エンジニアを支援します。

A.5 Joanna Wijntjes

GoogleのSRE

その場でもっとも声が大きく自信に満ちた人が、最良の答えを持っているとは限りません。もっとも正しいとも限りません。確信と正確さを取り違えないようにしてください。また、騒々しい声に惑わされて、聞きたいことが質問できなくなったり、注目に値すると思う選択肢を調査するのをやめたりしないようにしましょう。異なる意見を共有するのは勇気のいることですが、そのような考えを述べることは、あなたの仕事の重要な部分です。SREがあなた1人しかいないような状況も多いでしょうし、組織はあなたが信頼性と優れた実践の代弁者であることを期待しています。同じ理由で、あなたが大きな声で自信に満ちた人物であるときは、常に一時停止し、より静かな声でアイデアや懸念を共有する余地を作るようにしましょう。私は、非常に若いエンジニアが興奮気味に自分のアイデアを話している間、シニアSREが辛抱強く耳を傾け、それを遮ったり切り捨てたりすることなく、若いエンジニアの専門知識を成長させるような形で質問したり詳細を求めたりしているのを見たことがあります。それが素晴らしい組織を作るのです。

エラーバジェットがなければ進歩はありません。それをSLOと呼んでも良いし、お母さんと呼んでも良いでしょう。しかし、エラーの測定可能な指標があって、それを掲げて「サービスがどうなっているか」と言えるものでなければなりません。そしてその予算は、顧客がサービスをどう見ているかを反映したものでなければなりません。経営

陣はサービス停止を望んでおらず、問題発生を望んでいません。まったく望んでいません。すべてのエンジニアがすべての障害に対応することを望む経営陣は、1つのクエリーも落とすことを許さない経営陣と同じです。どちらの戦略もスケールしません。CEOの直属の部下にとっては安全に感じられるだけのことです。エラーバジェットがなければ、エンジニアが自動化を構築し、改善することはできません。また、障害が発生した場合、サービスがかさばり、壊れやすいため、障害の規模は非常に大きくなります。エラーバジェットの許容範囲を決め、そのレールの安全な範囲内でエンジニアに構築、創造、改善をさせましょう。あなたはエンジニアです。期待値とエラーバジェットを共有することでガードレールを外れないようにし、マネージャーたちが油断することなく、サービスの成功を確信できるようにしましょう。また、より健全なサービスにする過程でエラーが発生する余地がある場合に、進歩が見られるようにしましょう。

翻訳注：Joanna WijntjesはSRE本の執筆者の1人です。

A.6　Fabrizio Waldner

サイトリライアビリティエンジニア

手間がかかることを心配する必要はありません。私が若いシステム管理者だった頃、何でも自動化しようとしたものです。自動化は良いことですが、すべてを自動化することは不可能です。トイルを管理する担当者を置くことが、トイルに対処し、そのパターンを発見するカギです。そして、もっともやっかいな問題を自動化するプロジェクトを立ち上げます。

A.7　Graham Poulter

Googleのサイトリライアビリティエンジニア

もっと大胆に助けを求めたり、他のSREをシャドーイングしたり、プロジェクトのメンターと一緒に近くで働いたりすれば良かったと思います。私はアカデミックで小規模なシステム環境の出身で、そこではコードやドキュメント、グループでのホワイトボードの議論から飛び込んで「自分で解決する」ことが合理的でした。最初のプロジェクトで、依存関係やドキュメントの迷路の中で、どこから手をつけていいのかわからず、終わりのない深さ優先探索作業に迷い込んでいる自分に気づき、落胆しました。大規模

なシステムは1人では大きすぎることが多く、一緒に働く同僚を見て学ぶことが重要なメタスキルであることがわかりました。

もう1つ、もっと早く学んでおけば良かったと思うのは、プロジェクトを選び、形にする技術です。私はトップダウンで仕事が決まる会社からGoogleに移ってきました。よりボトムアップ的なプランニングの環境に移ったことで、私は「残った」プロジェクトのアイデアを抱えることになり、それはしばしば自分にはふさわしくないもの、価値の低いもの、提案された形では実行不可能なものでした。時が経つにつれて、私はどのような仕事が自分にとって魅力的なのか、どのように自分の好みを述べるのか、どのようにアイデアを生み出し、フィルターにかけるのか、そしてどのように実現可能性と影響について自分自身で独自の評価を下し、プロジェクトに対する自分の基準を知り、不必要な仕事を特定し、スコープから取り除くのかについて学びました。

大所帯の職場環境ではレベル3.5（管理され、自立しつつある）だった私が、レベル4（自立している）として採用されたため、実力より0.5だけオーバーしていたように思います。このことが初期の苦闘の一因となりました。初期状態で、私が準備できていた以上の自立が期待されていたからです。

A.8　Jamie Wilkinson

サイトリライアビリティエンジニア

新任のSRE向け（そして古参のSRE向け！）の資料には、インシデント対応や自動化、オブザーバビリティなどについて書かれたものが多く、SREがプラットフォームエンジニアやDevOps、あるいは90年代以前の古典的なシステム管理者とどう違うのか不思議に思うかもしれません。まあ、違いは簡単です。SREの決定的な特徴は、システムの適切な信頼性を測定し、それを守ること、それだけです。他の仕事は信頼性を大事にしていないとは言わないですが、SREは明確にそれを使命としています。

その他の「古典的な運用」のように見えるものはすべて、道具箱の中の道具にすぎません。オンコールはSREを定義するものではなく、信頼性目標を守るために、ときに必要な行動にすぎません。コンピューターをプログラムしたり、プロセスを自動化したり、障害モードを回避するためにシステムを再エンジニアリングしたりできることは、SREを定義するものではありませんが、システムの信頼性を向上させるためのよく理解されたテクニックであり、SREとして**優秀**であることを意味します。システムを検査でき

るということは、トラブルシューティングのツール以上のものではありませんが、信頼性を測定するために使えば、目標から外れる可能性が高いことを早期に警告できます。つまり、SREのもとでは、これらの作業パターンはすべて仕事ではなく、システムの信頼性を測定し、それを守るという第一の使命から生まれる創発的な行動なのです。このことを知っていれば、新しい仕事のやり方を考え出す創造的な自由が得られ、仕事を面白く保てるでしょう。

> 翻訳注：Jamie WilkinsonはGoogleのSRE本の執筆者の1人です。JamieはO'Reilly VelocityやUSENIX LISAやSREconでの登壇経験も豊富で、またSREcon Asia/Pacificでは2022年、2023年と共同チェアを務めました。

A.9　Andrew Howden

スタッフエンジニア

サイトリライアビリティエンジニアリングを組織内で成功させるためにできることは、かなり多くあります。私の経験では、採用、チーム管理、目標と目的、エンゲージメントモデル、明確なステークホルダーへの期待、構造化された組織変更モデル、シニアリーダーとの定期的なミーティングなど、これらすべてが信頼性向上を推進するために必要です。

しかし、私はこれらのことを最初から知っていたわけではなく、たとえ誰かが教えてくれたとしても、私が行動に移せたかどうかはわかりません。かわりに、「組み込み型SREを機能させる」という曖昧だったことが明確な道筋になった瞬間は、シニアリーダーと協力してチームの戦略を定義したときでした。この戦略によって、正確な目的とエンゲージメントモデルが定義され、利害関係者の期待が設定されました。また、私が利用できる能力を棚卸しして、組織内の人材と、組織外やより広範なエンジニアリングコミュニティとのつながりを活用した変革を推進する方法を開発できました。すべてがうまくいったわけではないですが、少なくとも間違っているということはなくなりました。もし私がもう一度するとしたら、ステップ1は6ページにわたる戦略を書くことでしょう。そこから、残りの部分を構成し、学び、成長させられます。

TL;DRは、「本番環境の問題に対して直感的な反応をするのではなく、紙の上で整理して、何をするつもりなのかを明確にすること」です。

A.10　Pedro Alves

サイトリライアビリティエンジニア

　大企業におけるSREの立ち上げはやっかいなプロセスです。物事の進め方を変えるための大きなイニシアティブを推進しようとすると、摩擦が生じる可能性があります。以前の会社では、小さなチーム（5人のエンジニア）を立ち上げることでSREの種を蒔くことにしました。そのチームは一切合切何でも受け付け、ハンズオンコンサルタントとして他のチームと一緒にさまざまなプロジェクトに取り組んでいました。

　このチームが効率的に機能した2つの重要な要因がありました。それは、(1) エンジニアが（個人としても全体としても）幅広いスキルを持っていること、(2) エンジニアがその会社で勤続年数が長く、かなりの社会的資本を享受していること、です。会社に関する知識と社会的資本は、SREチームが問題解決モードに直行できることを意味し、チームの領域への長いオンボーディングを省略できました。幅広いスキルセットによって、このチームが取り組むことができるプロジェクトが幅広くなりました。

　多くのプロジェクトを成功させた後、チームの評判は高まり、それにともないSREモデルへの信頼も高まりました。示された結果をもとに、経営陣はSREチームの拡大に同意しました。

　一切合切何でも取り組むことで、私たちのチームは局地的なプロジェクトで成功を収めることができました。しかし、それでは会社全体に影響を与えるには不十分です。会社全体への影響力を得るためには、SREチームを部門に格上げする必要がありました。しかし、そのアップグレードは、SRE部門を構成するさまざまなチームを結び付ける、エンジニアリングのビジョンと戦略があって初めて意味をなすものでした。私たちの場合、そのビジョンと戦略はオブザーバビリティに焦点を当てたものでした。そのため、SRE部門はオブザーバビリティのインフラを所有するチーム、インシデント管理チーム、そしてオリジナルのSREチームで構成されました。最終的な目標は、オブザーバビリティを超えてSREを拡大することでしたが、オブザーバビリティは私たちの組織を将来のステップへと導く出発点でした。

　この寄稿は、もともと一連のブログ記事で発表された内容の優れた要約です。それぞれ"Tracing SRE's Journey in Zalando"のPart I (https://oreil.ly/hePvn、2021年9月13日)、Part II (https://oreil.ly/7xoeS、2021年9月21日)、Part III (https://oreil.ly/aXUdt、2021年10月15日) です。

A.11　Balasundaram N

シニア SRE

社内プロセスを可能な限り文書化し、実施します。ベースラインプロセスレビューも定期的に繰り返します。特にインシデントに関しては念入りに行います。ドキュメントは、コミットしたらすぐにサイトにホスティングしましょう。

A.12　Eduardo Spotti

Crubyt の CTO

私たちが社会人生活において幸せな道を探すとき、責任とやりがいをともない、給与が高く、素晴らしいチームで働ける仕事を探すことを考えます。SREとして働くことは、そのような道の始まりではなく、常に技術的な面でトレーニングを行い、ソフトウェアを作る私たちの生活の質を単純に向上させるような文化や習慣を採用する作業チームを構築することの結果の一部です。給与は、この責任を負い、物事を実現させることの結果です。

チームビルディングにレシピや方法論はありませんが、積極的な傾聴、率先垂範、アジャイルの原則、DevOpsの価値観（CALMS[†2]）、そしてSREの役割を関連付けてみてください。役割と言ったのは、SREチームには、プラットフォームやエンドユーザー製品を運用し、利用可能にし、どのように動作しているかを把握するサイトの信頼性運用担当者から、オブザーバビリティ、インシデント管理、アプリケーションパフォーマンス、ビジネスKPI、またはディザスタリカバリーのスペシャリストであるSREまで、さまざまな可能性があるからです。しかしこれらはすべて製品開発の心構えを持った上で行われます。SREはまた、ソリューションを構築し、不測の事態に直面しても明確な作業経路を確保できる仕組みを提供することも忘れてはなりません。

そして、SREの役割に就く人は、クラウドやオンプレミスのシステムの使用、システムの開発や管理、品質テストや監視、さらにエコシステム全体に適用できるプラクティスの開発、たとえばSLI/SLO、自動化、インシデントツール、バックアップツールなど、について、段階を追って意思決定をしていきます。コードについて学び、次にそのコー

[†2]　翻訳注：CALMSはCulture（文化）、Automation（自動化）、Lean（リーン）、Measurement（測定）、Sharing（共有）からなる頭字語で、DevOpsの価値を表すフレームワークです。

ドの運用について学び、最後にそのコードが存在するプラットフォームについて学び、そこからコードの最適なライフサイクルパスを構築します。

A.13　Ian Bartholomew

スタッフSRE

メモを取りましょう。サイトリライアビリティエンジニアリングは非常に多くのプラクティスを含んでいるため、特に初心者のうちは、すべてのパターン、概念、法則、プラクティス、アイデアなどを知るのは難しいことです。ですから、わからないことはすべてメモを取りましょう。メモアプリやObsidianのような個人的な知識ベースを見つけ、知らないことや興味をそそられることに出くわしたら、それを書き留めましょう。そして、毎日そのトピックを調べることに時間を費やし、見つけたことを書き留めて整理しましょう。

そうすることで、単に学ぶだけでなく、アイデアや概念を蓄積し、そこから引き出したり参照したりできるようになります。問題解決や特定の分野の課題に取り組む際に、ノートを参照し、アイデアを活用できます。すべてを頭の中に入れておくのは難しいので、頭の中からノートに書き出すことで、必要なアイデアを参照したり検索したりするのがずっと簡単になります。

ソフトウェア畑出身の私にとって、ITとネットワークの側面について多くを学ばなければなりませんでした。そしてそれは私にとって非常に重要なことでした。

A.14　Olivier Duquesne

TechsysのSRE

この道について最初に説明すべきことは、SREは新しいDevOpsでも新しいSysOpsでもないということでしょう。SREは**Ops**の仕事ではなく、Opsよりも品質向上に近いものです。SREは、新しい技術的概念をすべて知っているからといって世界を救うスーパーヒーローではありません。そういうものではありません。

品質について議論するために、あらゆるものが計測されます（トイル、ポストモーテム、自動化など）。SREはプロダクトオーナーと技術チームの間のミッシングリンクになります。オーナーは目的（SLO）しか知らず、目標を知り、目標と主要な結果（OKR）を提供できます。彼らは、SREが同じ言葉を話すためのツールである「エラーバジェッ

ト」には関心がありません。SREはチームを協調させるための新しい言語なのです。

A.15　Ralph Pritchard

シニアプラットフォームエンジニア

謎はあってはなりません。私たちのソフトウェアとインフラストラクチャは、常に透明で理解できるものでなければなりません。インシデントなど予期せぬことが起こったときでも説明できるような、予測可能な結果を生み出すアプリケーションでありたいものです。この目標を達成するためには、なぜ物事が起こるのかを深く掘り下げる必要があります。初回にすべての事象を説明することはできないかもしれませんが、時間をかけて、どのような事象も結果を決定する一連のステップに分解する能力を向上できます。

監視とオブザーバビリティのためのツールは、効果的に使用することで必要な証明となります。各ツールを効果的に使用するテクニックと、各テクニックを適用すべき状況を学びましょう。失敗を受け入れ、失敗から学びましょう。理想的には、本番環境の外での失敗で学べるのが良いでしょう。実験を行い、その結果と、観察するために行った手順を記録し、何が起きているのかを理解しましょう。本番環境以外は練習の場となります。フェイルオーバーやパフォーマンステストのような状況をシミュレートするために、頻繁に使用してください。学んだことをランブックに記録しておけば、本番環境で同じようなインシデントに遭遇したときに、簡単かつシームレスに対応できます。本番環境を扱うとき、私たちはお金を払っている顧客を相手にしていて、そのときのパフォーマンスは、タスクの内容にかかわらず、試合当日にふさわしく、熟練したものでなければなりません。

A.16　David Caudill

Capital OneのスタッフSRE

SLIを完璧にすることが成功に不可欠であるように思えるかもしれません。これは、全プロセスの作業を最後まで見たことがなく、もっとも経験が浅いうちに行う作業であるため、非常にはまりやすい部分です。実際のところ、私は、非常に不完全なSLIを持つチームと定期的に仕事をしていますが、それでもSLIから多くの価値を得ています。サイトリライアビリティエンジニアリングは、システムを考える努力であり、あなた

のチームのためにシステムが確実に機能することを優先する必要があります。つまり、SREの導入というゴールに集中し続けるということです。

これは自転車に乗ることに似ています。どこか1つのパーツを完璧にすることよりも、一緒に働くチームがふらふらのフル「サイクル」実装を完了することの方が重要なのです。悪いSLIを持つチームはそれを修正できます。間違ったSLOを持つチームは、それを調整できます。エラーバジェットを回復させようと間違ったことをしたチームは、後戻りしてそこから学べます。インシデントが発生し、エラーバジェットが動かなくなったら、それを調整します。このような構成があなたの文化に定着すれば、チームの機能を調整するために引くことのできる「レバー」になります。これらの一つひとつが、チームのエンジニアが輝き、貢献するチャンスとなります。できるだけ早くスタートラインに立ち、積極的に期待値を管理しましょう。最初に何をするにしても、それは間違っていると思いましょう。どのように間違っているかは、システム全体を観察できるようになって初めて見えてくるかもしれません。

A.17　Alex Hidalgo

Nobl9のプリンシパルリライアビリティアドボケイト、そして『SLO サービスレベル目標』の著者

サイトリライアビリティエンジニアリングはエキサイティングな学問であり、私の中に深く共鳴しているものです。Googleの大聖堂を抜け出して以来、**SREの実践方法**について多くのことが書かれ、語られてきました。これらの教えには、原理原則、ツール、アプローチ、システム、ベストプラクティスなど、無数のトピックが含まれていることが多くあります。SREcon EMEA 2022で私が行った基調講演のために、私は「SREが行うこと」のリストをクラウドソーシングで作成しました。リストの項目は重複なしで50個以上にも上りました！ 大変な数です！ これは、この分野がいかに幅広く（そして深く！）あり得るかを証明するものです。しかし、これは同時に、SREの道を歩み始めるのは気が重いということでもあります。

幸運なことに、本書のような本が、SREを始める助け、その道を案内してくれます。しかし、私に長年にわたって役立ってきた具体的なアドバイスを1つ提供したいと思います。**意味を持って行動すること**。SRE組織が真に**SREを行う**ために達成しなければならないと思われるすべてのことに直面すると、圧倒されるかもしれません。しかし、

実際にはそのようなことをすべて行う必要はまったくありません。哲学の断片、ツールやプロセスの紹介、本（この本を含む！）を読むたびに、自分自身に問いかけてみてください。「私、私のチーム、私の組織、そして私のユーザーにとって、これは何を意味するのか。本当にこれをする必要があるだろうか」他の人がしたことや、他の人が教えてくれたことから学び、常に、**意味のある**決断をしましょう。ただ他の人がうまくいったことを真似しようとしても、遠くへは行けないでしょう。

A.18　Effie Mouzeli

Wikimedia Foundation

親愛なる、未来のSREへ。

コミュニティへようこそ！SREは、息を呑むような（ダッシュボードの）景色と、時折訪れる興奮をともなう、長く曲がりくねった道です。この仕事の技術的な側面は、いずれにせよあなたが学ぶことになるでしょう。しかし、良いSREであるためには、技術的なパズルを解く適性を持つだけでは不十分です。SREが十分に注意を払わない傾向があるスキルが1つあり、それは優れたコミュニケーションです。

言いたいことを適切に表現する方法を学び、まずは文章を改善することから始めましょう。見栄えのする設計書、明瞭に書かれたポストモーテム、役に立つコミットメッセージなどを読めば、同僚は必ず評価してくれます！しかし、悲しいかな、文章は摩擦によってのみ上達するものです（申し訳ありませんが、近道はありません）。外に出て、好きなことについて記事を書き始めましょう！自分の考えを整理して「紙」に書きさえすれば、どんな話題でもいいのです。さらに、そのスキルを向上させれば、間違いなくインスタントメッセージ（これも重要）や、もちろん口頭でのスキルも向上します。あなたの仕事の半分は技術的な課題に対処することですが、残りの半分はコミュニケーションです。あなたには、それら両方に同等の注意を払う義務があります。

付録B
元SREからのアドバイス

「SRE」と書かれたドアから出た人たちの情報を、SREに入りたい人たちに伝えるというのは、少し奇妙に思えるかもしれませんが、私の経験では、あるフィールドから出た人たちは、少し距離を置くことでしか得られないユニークな視点を持っていることが多いのです。それに、SREから人を連れ出すことはできても、人からSREを連れ出すのはそれほど簡単ではなかったと聞いたことがあります。

この稀有な見解を探し出すために、私は何人かの元SREを探して話を聞き、彼らが今何をしているのか、また、「あなたがSREを去った後でもこだわり続けていることは何ですか」や「あなたがSREを去った今、SREに入る新しいSREは何に注意することをおすすめしますか」といった重要な質問について聞いてきました。

以下は、彼らがこのトピックについて書いたメモです。皆さんの役に立つことを願っています。

B.1　Dina Levitan

SREの経験：Google Ads SRE、ピッツバーグ、2012年～2014年／Google Apps SRE (Gmail/Googleカレンダー) マウンテンビュー、2014年～2017年／Google Cloud SRE、2017年～2018年／Google SRE EDU、2018年～2019年

SRE後の職業：プロダクトマネージャー、コンサルティング、オピオイド蔓延を含む、より広範な社会問題への問題解決、COVIDワクチン配布／キャパシティプランニング。ワクチン展開の初期段階で非営利団体 (JitVax) を設立。保護者 (SREと子育てに関するブログ記事 https://www.dinalevitan.com を参照)

SREから学んだ教訓

- 単一障害点（SPOF）の削減。いつSPOFが発生するのか、そしてそれを軽減するためにプロアクティブに何ができるのかに注意を払いましょう。
  - 組織的／グローバルなSPOFと局地的なSPOF
  - 障害につながる出来事の連鎖
  - どのように負荷を分担し、負荷分散／負荷制限を設計に組み込むか
  - SPOFを取り除ける場合もあれば、緩和策を導入し、問題が発生した場合の深刻さを防げる場合もある
  - 「仕事を自動化する」エコシステムがより弾力的になるようなシステムやプロセスを導入する方法
  - 誰かに釣りを教え、自分はその輪から外れる方法があるのなら、それは誰にとっても良いこと
- プレイブック。緊急時の認知的負荷を軽減する価値。Atul Gawande著の"The Checklist Manifesto: How to Get Things Right"（2011年、Metropolitan Books、ISBN9780312430009）[†1]を参照のこと。あることを学んだら、次の人がそれを難しい方法で学ぶのを避けるのを助けましょう。
- トイルの撲滅。あなたの生活や仕事において、多くの時間やエネルギーを費やしていますが、必ずしも価値のあるものではない分野に注意を払い、それをどのように自動化・改善できるかを考えましょう。
- トラブルシューティング。「不幸の輪」のアプローチ[†2]。
  - 協力して問題を深く掘り下げる
  - この状況で何が起こっているのか、次に何を試すべきなのかをブレインストーミングする
  - 賭け金が低いときに練習しておくと、リスクが高くなったとき、本当の緊急時にスムーズに実践できる
- 初年度を生き抜く。
  - オンコールローテーションの一員となる。障害発生時には「ためらわずにエ

[†1] 翻訳注：日本語訳版は『アナタはなぜチェックリストを使わないのか？重大な局面で"正しい決断"をする方法』（2011年、晋遊舎、ISBN9784863912809）です。

[†2] Betsy Beyerら著の『SRE サイトリライアビリティエンジニアリング』（2017年、オライリー・ジャパン、ISBN9784873117911、https://www.oreilly.co.jp/books/9784873117911/）の28章で紹介されている、大障害のロールプレイングゲームです。

スカレーションを」
- 問題を長引かせるよりは、追加リソースを投入した方が良い
- 非技術的な問題にも適している
  ○ どこに情報があるかを知っている。第一原理からトラブルシューティングする能力を身に付けることは重要ですが、過去の学習や問題を探す場所を知っていることも重要です。
  ○ そしてもっとも重要なことは、人々が認識したり学びを得るポストモーテムの円滑な進める方を学ぶことです。「予防、緩和、解消」、これはマイルストーンです。「おめでとう、あなたは本番環境に影響を与えるほどの仕事をしました」最後に本番環境を壊した人の机には、それが普通であり、個人的に受け止めるべきではないという一種の承認として、プレゼントが置かれていました。

B.2　Sara Smollett

SRE 以前：教育業界でシステム管理者／ネットワーク管理者
SRE の経験：Google 本社に 17 年間勤務（コーポレートアプリケーション、セキュリティインフラ、アカウント、Google Reader、Google カレンダー、Spanner などの SRE、後に SRE マネージャー）。
SRE 以後：休暇を取得中

教訓や、私が今でも重要だと思うこと。

- スケール、スケール、スケール。サービスだけでなく、すべてに当てはまります。私が入社した当時 Google は 5,000 人規模の会社でしたが、退社した時点では Google はフルタイム従業員が 19 万人規模でした。絶え間ない成長と新しい SRE のオンボーディング。組織の複雑さと階層の増加。多くの影響やその他の変化。
- 懐疑主義。サービス／製品／プロセスにおいて起こり得る障害点を特定すること。問題や失敗を予防／回避するための計画を立てましょう。容易に回避できない問題には弾力的に対応し、予測される問題や予測されない問題から回復する準備をしましょう。
- 失敗から学びましょう。良い失敗を決して無駄にしてはいけません。思慮深

いポストモーテムやレトロスペクティブを書いて共有しましょう。失敗をロールプレイし、そこから学びましょう。他のサービスのポストモーテムを読みましょう。自分のサービスに応用すべきことが見つかるかもしれません。電力会社、航空会社、医療、スキューバダイビングなど、他分野のインシデント報告を面白半分に読んでいる自分に気づいたことは一度や二度ではありません。詳細を抽象化すれば、多くの共通点が見つかります。

- ユーザー体験とエンドツーエンドの流れを考えてみましょう。クエリーは何十もの（マイクロ）サービスを経由し、それぞれが異なるエンジニアによって解釈されます。多くの問題は、全体像とインタフェース間で起こることを誰も理解せず、責任を取らないことから生じます。これは人間のプロセスにも当てはまります。官僚的な迷路を減らすために、多くの分野でSREのようなメンタリティの恩恵を受けられるでしょう。具体的な例を挙げるなら、特に米国の医療制度と就業不能保険業者についてわめきたいところですが、もっと普遍的な例もあるでしょう。

- データ、特に量的データが大事です。数年前、このステッカー（https://oreil.ly/bd8qj）が流行ったのを覚えています。その中の「So *@#& Off」という部分は好きではありませんが、「We Have Charts & Graphs to Back Us Up（チャートとグラフで裏付けを取る）」は確かに当てはまります。監視システムの設定やダッシュボードを見るのに多くの時間を費やしています。時系列やグラフィカルな視覚化は今でも楽しいものです。

- すべてを知ることは無理なので、部分的な知識しかないシステムや環境に対して熟練し、適切な自信を持つことを学びましょう。システムはあまりにも多く、頻繁に変化します。また、SREは個人ではなくチームの一員であり、助けを求めることは失敗モードではないということを内面化しましょう。助けを求めるのが早すぎたり頻繁すぎたりする人はほとんど見たことはありませんが、他の誰かが後押ししてくれるかもしれないのに、無駄に空回りしている人は何度も見たことがあります。

B.3 Andrew Fong

SRE以前：インターネットアクセスオペレーションおよびAOLビデオ（Nullsoft、

Winamp、Shoutcastを含む)のAOLシステム管理者

SREの経験：YouTube SRE、初期のDropbox SRE／SREマネージャー

SRE以後：Dropboxのインフラストラクチャ副社長、Vise CTO、スタートアップの共同設立者/CEO

SREから学んだ教訓 (技術面)：

- 第一原理的思考。
- スケールではなく問題を愛すること。私はスケールが大好きだし、私が知っているSREのほとんどはスケールが大好きです。それは素晴らしい教師にもなります。
- 私が学んだのは、どんな規模でも面白い問題を見つけられるということです。
- ステートフル対ステートレス。ステートレスシステムは難しく、技術的な複雑さという点では、SREとして扱う他のどのシステムよりも難しいものです。

SREから学んだ教訓 (リーダーシップ)：

- まずは自分自身をリードすることから始めましょう。自分の考え方がすべてを決めます。世界が自分に敵対していると信じるという死のスパイラルに陥るのは簡単です。**私たち**対**彼ら**というような敵対的な文化を何度も目にしてきました。問題が解決できると信じていなかったり、自分たちの手に負えないと思っていたりするチームの一員であったことがありにも多くあります。
- 自分の考え方を持ち、それを変えられるのは自分だけだと自覚しましょう。
- 皮肉ではなく、楽観的であれ。
- 好奇心を持つ (例：「なぜこのような制約があるのか」)。
- 勝利に感謝し、経験に感謝しましょう。

B.4 Scott MacFiggen

SRE以前：大企業向けソフトウェア会社のITおよびネットワークエンジニア。QAにも数年在籍していました。

SREの経験：Facebook (2007年～2014年) 2008年～2012年は米国を拠点とするSREグループのテクニカルリード兼マネージャー、APIとモバイルチームのプロダ

クションエンジニア、Snaptu[†3]統合のリードSRE、Tupperware[†4]のリードSREを務め、FacebookをホストベースNoの展開からTupperwareのマネージドプールを利用したクラウドベースの展開に移行させました。／Dropbox（2014〜2018年）Magic Pocket[†5]の開発とデプロイでSREのリード。

SREから学んだ教訓：

- インパクトにフォーカスしましょう。これはFacebookのエンジニアリングチームの基本原則の1つであり、SREにはさらに関連性があります。SREとエンジニアの比率では、常にエンジニアの方が多数派です。SREは、少ないリソースで最大のインパクトを与える方法を検討する必要があります。これには、もっともインパクトのあるプロジェクトを選択したり、ロードマップに運用機能を盛り込むことでエンジニアリングリソースを活用したり、より良い目標を設定したりすることが含まれます。気を付けないと、価値の低い仕事に巻き込まれがちです。

- 問題を無視してはいけません。自宅のコンピューターでは、再起動すればランダムな問題は解決するかもしれませんが、規模が大きくなると、物事がうまくいかないのには理由があります。すべての問題を調査し、何が起きているのかを理解しましょう。

- ゲートキーパーであれ。サービスとの同居を許可するものには厳格でありましょう。エンジニアは問題を解決するためにグローバルデーモンを書くのが好きですし、システム管理者は最新で最高のヘルパープロセスをデプロイするのが好きです。これらはサービスを混乱させる可能性があります。なぜデプロイが必要なのか、厳しい質問をすることを恐れないでください。

- 関係構築は非常に重要です。SREとしてサイロ化しがちですが、SREは基本的に部門横断的な役割です。エンジニアリング全体のリーダーとの強いつながりを構築することで、組織を横断し、解決に大きな影響を与える問題を特定できます。

- 早期に開発ロードマップに参加すること。これは、開発チームに組み込まれて

[†3] Facebookに買収されたモバイルアプリケーションプラットフォーム。https://oreil.ly/q9ldIを参照。
[†4] Facebookのクラスター管理システム。Twineに名称変更。https://oreil.ly/YP0WHを参照。
[†5] Dropboxのエクサバイト級ストレージシステム（https://oreil.ly/N-cyN）。Magic Pocketについてのブログ記事（https://oreil.ly/RvmU4）も参照のこと。

いないSRE組織に特に当てはまります。SREとして一番避けたいことは、最初から信頼性とスケーラビリティを考慮して構築されていないサービスの運用を任されることです。

付録C
SRE関連資料

本書の目的の1つは、現場のリライアビリティエンジニアリングに関するもっとも有用なリソースへの索引を提供することです。本書では、トピックについて学ぶ中で、私自身が価値を見いだした情報源を紹介しています。この付録では、主な情報源を集め、少しばかり紹介します。

本書は静的なもので、常に新しいものが生み出されているため、これは私の時点におけるリストです。もし、あなたが個人的に遭遇したことで、将来の版でこの付録に載せるべきだと思われるものがあれば、遠慮なくご連絡ください。

C.1 核となる書籍

- "Site Reliability Engineering: How Google Runs Production Systems"（Betsy Beyer、Chris Jones、Niall Richard Murphy、Jennifer Petoff編、2016年、O'Reilly、ISBN9781491929124、https://learning.oreilly.com/library/view/site-reliability-engineering/9781491929117/）
- "The Site Reliability Workbook: Practical Ways to Implement SRE"（Betsy Beyer、Niall Richard Murphy、David K. Rensin、Kent Kawahara、Stephen Thorne編、2018年、O'Reilly、ISBN9781492029502、https://learning.oreilly.com/library/view/the-site-reliability/9781492029496/）

翻訳注：日本語訳版はそれぞれ以下。

- 『SRE サイトリライアビリティエンジニアリング』（2017年、オライリー・ジャパン、ISBN9784873117911、https://www.oreilly.co.jp/books/9784873117911/）

- 『サイトリライアビリティワークブック』(2020年、オライリー・ジャパン、ISBN 9784873119137、https://www.oreilly.co.jp/books/9784873119137/)

ここから始めなければならない、ということはよく知られていますし、私もそう思います。これらはGoogleのSREによって書かれ、O'Reillyによって出版された本で、SREを世に広めるきっかけとなりました。どちらもGoogleの厚意により、誰でもオンラインで読むことができる (https://sre.google/books) ので、もしまだ読んでいないのであれば、ここから始めてください[†1]。1冊目は、Googleで始まり実践されたSREの優れた報告書です。2冊目は、最初の著作を大幅に拡張したもので、依然としてGoogleを下地にしていますが、Googleの壁を越えてトピックを一般化し、最初の本の一部の読者が不満に感じていた「Googleの声」を取り除くためにかなりの努力がなされています。

どちらの本も、Googleの価値観、リソース、そして実にユニークなエンジニアリング文化が色濃く反映されています (そしてしばしばそれを前提としています)。もしあなたが現在Googleで働いていないのであれば、これらの書籍を批判的な目で読み、自分の現在の環境にその考え方やプラクティスが適用可能か、実現可能かを判断する義務があります。これを実践しようとして (そして失敗して) いる人たちを私は見てきましたが、自分の周りの価値観、リソース、エンジニアリング文化を考慮に入れずに、これらの書籍で読んだことを自分の環境に丸ごとコピーするのは不可能です。

他の核となる書籍はこちら。

- "Seeking SRE: Conversations About Running Production Systems at Scale" (David N. Blank-Edelman編、2018年、O'Reilly、https://learning.oreilly.com/library/view/seeking-sre/9781491978856/)

翻訳注：日本語訳版は以下。

- 『SREの探求』(2021年、オライリー・ジャパン、ISBN9784873119618、https://www.oreilly.co.jp/books/9784873119618/)

完全な情報開示

私はこの書籍の編集者であり、キュレーターでもあります。したがって、少し

[†1] 翻訳注：英語版のみです。

バイアスがかかって推薦していることは了承してください。

2018年までに、私は多くの人々との会話し、コミュニティで議論されているトピックには、Googleの書籍ではカバーされていない、あるいは十分にカバーされていないものがかなりあることに気が付きました。その中には、Google以外の土壌でSREがどのように異なる成長を遂げるのか、さらなるベストプラクティスや考え方、未来志向のトピック、SREの人間的側面（メンタルヘルス、プライバシー、社会正義など）にもっと注意を払うべきといった詳細な説明が含まれていました。私はこれらの会話の一部をまとめた書籍『SREの探求』を出版しました。私が他の人にすすめるのは、まずGoogleの書籍を読んで、Googleで定義されているSREの基礎を身に付け、それから私の本を読んで、このテーマに対する理解と概念を広げることです[†2]。

C.2　特定分野におけるSRE関連書籍

オライリーは、正確には「応用SRE」ではないですが、それに近い本を3冊出版しています。

- "Building Secure and Reliable Systems" Heather Adkins、Betsy Beyer、Paul Blankinship、Piotr Lewandowski、Ana Oprea、Adam Stubblefield著（2020年、O'Reilly、ISBN9781492083122、https://learning.oreilly.com/library/view/building-secure-and/9781492083115/）
- "Reliable Machine Learning" Cathy Chen、Niall Richard Murphy、Kranti Parisa、D. Sculley、Todd Underwood著（2022年、O'Reilly、https://learning.oreilly.com/library/view/reliable-machine-learning/9781098106218/）
- "Database Reliability Engineering" Laine Campbell、Charity Majors著（2017、O'Reilly、ISBN781491925942、https://learning.oreilly.com/library/view/database-reliability-engineering/9781491925935/）

翻訳注：日本語訳版があるものは以下。

[†2] 本書のレビューアーの1人であるNiall Murphy氏（そしてGoogleのSRE本の著者）も、"Establishing SRE Foundations: A Step-by-Step Guide to Introducing Site Reliability Engineering in Software Delivery Organizations" Dr. Vladyslav Ukis著（2022年、Addison-Wesley Professional、ISBN9780137424603）を強く推薦しています。

- 『セキュアで信頼性のあるシステム構築』(2023年、オライリー・ジャパン、ISBN9784814400256、https://www.oreilly.co.jp/books/9784814400256/)
- 『信頼性の高い機械学習』(2024年、オライリー・ジャパン、ISBN9784814400768、https://www.oreilly.co.jp/books/9784814400768/)
- 『データベースリライアビリティエンジニアリング』(2021年、オライリー・ジャパン、ISBN9784873119403、https://www.oreilly.co.jp/books/9784873119403/)

これらの書籍のトピックがあなたの職務や興味と重なるのであれば、核となる書籍の後に読むことをおすすめします。これらは任意に読めますが、わずかな例外があります。『セキュアで信頼性のあるシステム構築』の最初の数章は、SREを他の人に提唱する必要がある人(おそらく本書を読んでいるほとんどの人がそうだと思います)に広く適用できます。

SREについて議論する際に、セキュリティの仕事と信頼性の仕事を比較することは有益です。なぜなら、セキュリティに関する優先順位は、通常、人々の頭の中で十分に確立されているからです[†3]。『セキュアで信頼性のあるシステム構築』の最初の数章は、説得力のある議論を行うために重要な、システムの2つの創発的特性の類似点と相違点を明らかにする良い仕事をしています。

C.3 イベント

私は、コミュニティとして(現実的で安全な場合にはオフラインで[†4])集まり、SREについて語り合うのが大好きです。私たちのベストプラクティス、アイデンティティ、成功、失敗、過去と将来の課題について語り合い、同じような境遇の人たちとつながる

[†3] たとえば、「セキュリティに問題があることがわかっている製品をリリースしないのであれば、なぜ信頼性に欠陥があることが分かっている製品をリリースするのだろうか」や「セキュリティの専門家にレビューしてもらうことが重要であることには誰もが同意しています。では、SREを信頼性の問題を検討する会議に参加させることについても、同じような議論ができないだろうか」といった議論ができます。

[†4] オフラインで集まることについてわざわざここで言及したのは、私のもっとも素晴らしい学習体験のいくつかは、カンファレンスの「ホールウェイ(廊下)トラック」(セッションの合間や食事中など)だったからです。そこでの他の人たちとの偶然の会話が私の思考を広げてくれました(翻訳注:ホールウェイトラックとは、カンファレンス中に廊下やコンコースなどで偶然起こる参加者同士の会話が、セッションと同様に重視されていることから、セッションルームの以外の場所に親しみを込めてそう呼ばれています)。

のは、とても貴重なことです。

　SREにとって、まさにテーマそのもの、あるいは隣接するカンファレンスもあり、これらには価値があります。

C.3.1　SREcon

　SREconは、SREのためのSREだけに特化したUSENIXの大人気な国際カンファレンスです。この記事を書いている時点では、複数の地域（たとえば米国やヨーロッパ）で開催され[†5]、それぞれの地域では、その地域の主催者の関心を代表する若干異なる趣があります。録画されたすべてのセッションはUSENIXのYouTubeチャンネル（https://oreil.ly/M4iqj）で、無料で[†6]視聴できます。

完全な情報開示

　私はUSENIXが主催するSREconの共同設立者の1人です。私は、USENIXの理事を8年間務めながら、SREconの創設と開催を手伝い、私の誇れる業績の1つとなりました。その結果、私の判断にはバイアスがかかっているとお考えください。この原稿を書いている現在、私はもはや主催者ではなく、ただの参加者でありファンです。

　この小さなコラムをあなたが読んでいる間に、私はここにリストアップされている他のイベントの多くで話したり、主催を手伝ったりしていることも言っておかなければなりません。

C.3.2　ベンダー主催の単日SREイベント

　ここ数年、私はさまざまな場所で開催される「ブティック型」SREイベントを数多く

[†5] 翻訳注：アジア太平洋地域（APAC）では、2017年〜2023年の間開催されていましたが、諸般の事情により2024年以降の開催は当面見送りとなりました。詳細はこちらのアナウンスを参照してください。https://www.usenix.org/blog/2023-usenix-annual-meeting-report

[†6] セッションは後から視聴できますが、それはカンファレンスに参加したかわりにはなりません。セッションの内容は素晴らしいですが、質問したり、同じ境遇の人たちと交流したり、「ホールウェイトラック」に参加したりする機会はかえがたいものです。

目にしてきました。その大半は、ベンダーがマーケティング目的で作った[7]イベントのようです。講演者は主にそのベンダーや、CfPを通じてコミュニティから呼ばれます。私は通常、このようなイベントはあまり好きではありません（私には少しマーケティング色が強すぎるように感じます）。

C.3.3 DevOpsイベントトラック／セッション

商業的で質の高いDevOpsイベントの主催者がSREのトピックに関心が集まることに気づくと[8]、それらのイベントは、かなりまともなコンテンツをキュレートしたSREトラックを増やし始めました。その2つの顕著な例は、DevOps Enterprise SummitとAll Day DevOpsです。

同様に、Devopsdays (https://oreil.ly/cJ7fT) のような完全にコミュニティ主導のDevOpsイベントは、特別にSREのコンテンツを提供することもあります。地元のDevopsdaysイベントで良いSREセッションを見つけられることもあります。これはルールというより例外なので、私は特にSREのコンテンツを求めてDevopsdaysのイベントに参加することはないでしょう（もちろん参加する理由は他にもたくさんあります）。

> ### ユーザーグループ、ミートアップ、トークシリーズミーティング
>
> SREやSRE的なトピックに特化したグループの定期的なミーティングを開催している場所の近くに住める幸運[9]に恵まれることもあります。このようなグループは、SREが多く住んでいる地域に多く、サンフランシスコやシアトルといった地域に長く続いている素晴らしいグループがあると聞いても驚くことはないでしょう。Googleは、ニューヨークオフィスでSREに関する素晴らしい講演シリーズを開催しています。ウェブで検索するのが、皆さんの地元での集まりを見つける一番早い方法でしょう。

---

[7] コミュニティ主導の例外もあります。たとえば、UK SRE Daysというものがあり、（私は参加したことはないですが）表面的にはかなり良さそうに見えます。

[8] そして率直に言って、彼らはここに金脈があると見ています……

[9] 現在、近くに運のいいミートアップがない場合は、自分で始めるのも1つの方法です。

C.3.4　SREに隣接する領域のニッチイベント

イベントに関する最後の推薦事項として、SRE分野の一部である、あるいは明らかにSREが興味を持つ単一のトピックに関する議論の場である「ニッチ」なカンファレンスへの参加を検討することをおすすめします。たとえば、カオスエンジニアリング、リリースエンジニアリング、インシデントレスポンス、プラットフォームエンジニアリング、監視／オブザーバビリティ[†10]などに関する小規模なイベントがあり、私はこれらに参加する価値があると感じています。

C.4　SRE動画コンテンツ

私たちがこれまで議論してきたイベントの最高の副産物のひとつは、彼らが制作するたいてい無料[†11]の動画コンテンツです。この記事を書いている時点で、SREconで録画されたセッションはすべてYouTubeで視聴できます。これらの動画には、膨大な量の優れた情報があります。私が何年にもわたって人々に提案してきたことの1つは、チームメイトや組織内の他の人たちと「読書会的な」学習時間を設け、みんなでSREconのセッションを見て、それについて議論することです。これは（おそらくピザと一緒に）、健全なSRE文化を急発進させるのに役立つ、労力の少ない方法です[†12]。

> ### オンラインのSRE講座
>
> 「良いオンラインSRE講座はありますか」という質問に対して、私は先手を打って答えています。残念なことに、この原稿を書いている時点では、遠慮なくすすめられる汎用的なSRE講座は見当たりません[†13]。私が見落としているかもしれない何かを発見したり、あるいは再確認することで私の考えが変わるかもしれませ

[†10] 特に Monitorama にエールを送りたい（翻訳注：2013年から続く監視／オブザーバビリティに特化したカンファレンス https://monitorama.com/）。

[†11] ごく一部の例外を除いて、私が参加するカンファレンスの大半は、イベント終了後に誰でも無料で視聴できるようにセッションを公開しています。

[†12] 動画を見るのが苦手なら、(社内外を問わず) インシデント後の報告書についてみんなで話し合うのも有益で、率直に言って楽しいものです。

[†13] 注：一般的なSRE講座で良いものは知らないですが、SREとしてのレベルアップに役立つものはたくさんあります。たとえば、System Design Interviewの講座や、Alex Xu のトピックに関する本 (https://oreil.ly/0bbVy) はとても良いです。

ん。おすすめの講座がありましたら、ぜひご連絡ください。

C.5　SRE特化型ポッドキャスト

ここ数年、優れたSREのポッドキャストが数多く登場しており、ポッドキャストを聴けるサービスならどこでも見つけられます[14]。私は、この記事を書いている時点でアクティブな以下のポッドキャストを聴いています。

- Google SRE Prodcast（MP English、Salim Virji、Vivによるポッドキャスト）
- Slight Reliability（Stephen Townsendによるポッドキャスト）
- SREpath（Ash PatelとSebastian Vietzによるポッドキャスト）

C.6　SRE特化型メールニュースレター

この分野の多くのニュースレターは、それを発行しているベンダーのマーケティング志向が強いものです[15]。そういったものも悪くはないですが、SREの情報を「ノーカット」で知りたいのであれば、Lex Nevaが発行するSRE Weeklyニュースレター（https://oreil.ly/YrP-a）に登録することを強くおすすめします。

C.7　オンラインフォーラム

おそらくあなたは、私と同じように、SREはコミュニティの活動であるべきだと信じていて、先に挙げたようなイベントがないときも、そのコミュニティに参加していたいのでしょう。あなたはどこに行きますか。

これが私のSREに特化したスターターリストです。

- Redditの /r/SRE（https://oreil.ly/e96Kk）ディスカッションという観点からは、か

---

[14] PagerDutyの **Page It to the Limit** のように、DevOps、運用、オブザーバビリティのコンテンツを含むSREに関連するポッドキャストも、私のポッドキャストアプリでローテーションされています。

[15] DevOpsやオブザーバビリティなど、SREに関連するニュースレターはウェブ検索で大量に発見できます。その良い例が、Thai WoodのResilience Roundup（https://oreil.ly/8wWC-、レジリエンスエンジニアリング向け）です。

なり退屈なものですが（投稿は他の場所への参照であることが大半です）、SREコミュニティでは、いずれにせよ、ここから目を離さないことをおすすめします。

- Discordの /r/SRE（https://oreil.ly/qlYpy）Redditのサブレディットの分派であるこのDiscordは、この記事を書いている時点では比較的新しいですが、私がチェックするたびに議論が交わされているので、私は大いに期待しています。
- hangopsのSlackワークスペースの#sre（https://oreil.ly/k0bYi）Hangopsは運用担当者向けのSlackワークスペースで、たくさんのチャンネルがあります。#sreはそのひとつで、この記事を書いている時点で約2,000人のメンバーがいます。
- SREcon Slackワークスペース（https://oreil.ly/2jzxH）SREconのイベント時には、より活発になる傾向があります。

SREに隣接したイベントのアイデアと同様に、SREに隣接したオンラインフォーラムも参加する価値があります。たとえば、カオスエンジニアリングのSlackワークスペース（https://oreil.ly/7_Nzc）は、SRE道具箱の重要な道具について議論する良い場所です。

C.8　歴史的文書

多くの技術書から少し外れた内容であることは承知していますが、少しお付き合いください。2023年1月、多くの大企業がレイオフを実施し、多くのSREが解雇されました。本当に大変な時期でした。私のソーシャルメディアのフィードは、長年働いてきたシニアSREを含む多くのSREが職を探している姿であふれかえっていました。冷ややかな慰めかもしれませんが、私のフィードには他のSREコミュニティの人たちからの投稿も多くあり、レイオフされた人たちが新しい職を見つける手助けをしていました。

GoogleはSREを解雇した企業の1つです。彼らの名誉のために言っておきますが、私は多くの元Google社員（しばしばXooglerと呼ばれる）が元同僚を助けるために立ち上がるのを見ました。その中で特に印象的だったのは、レイオフされたGoogle社員向けに特別に書かれた"SRE in the Real World"（https://oreil.ly/rijid）です。その文書の主執筆者であるNiall MurphyとMurali Suriarのご好意により、ここに紹介します。

私がこの文書に特別な注意を払っているのは、このような文書を他に知らないからです。Google社外で実践されているSREをGoogle社の基準で鏡のように映し出すことで、SRE全体に対してユニークな視点を提供しています。

ちょっとした注意点が2つあります。(1) この文書には、Googleでない人にはなじみのない名前（主にツール名とプロジェクト名）がいくつかあります。(2) 初心者もこの文書から何かを得られると私は信じていますが、この文書は古典的な初心者レベルの資料とは考えていません（そして、SREへの親しみが深まるにつれて繰り返し読む価値があります）。

"SRE in the Real World" は、オリジナルの生きたGoogleドキュメントでも読めますし、万が一削除されてしまった場合にはミラーされたブログ記事（https://blog.relyabilit.ie/sre-in-the-real-world）で確認できます。

C.9　キュレーションリンク集

最後にもう1つおすすめしたいことがあります。これは "Grover and the Everything in the Whole Wide World Museum" の結末に似ています[†16]。もしあなたが一覧を見るのが好きなタイプで、さらに多くのSREリソースを探しているのであれば、Pavlos Ratisがまとめた "Awesome Site Reliability Engineering"（https://oreil.ly/LRwvt）というリンクのキュレーションリストをチェックすることをおすすめします。このリストに掲載されているものすべてについて保証することはできませんが、さらなる探求のための素晴らしいリソースです。

C.10　日本向け情報

この節は日本語訳版向けに訳者により追加されました。2024年9月時点で参加できる日本国内のイベントおよび継続している日本語話者向けのリソースを紹介します。

- SRE NEXT（https://sre-next.dev/）は日本国内における最大のSRE向けカンファレンスです。これまでに4回開催されており、2025年も開催が決定しています。
- DevOpsDays Tokyo（https://www.devopsdaystokyo.org/）は先にも紹介されているDevOpsDaysシリーズの東京開催のカンファレンスです。DevOpsの話題が中心のカンファレンスですが、SREに関するトピックも紹介されています。
- SRE Lounge（https://sre-lounge.connpass.com/）はSREのコンセプトに共感した

---

†16　素晴らしい文学作品です。未読であれば一度読んでみるべきですし、誰かに読んで聞かせるべきでしょう。

り、興味がある人々のためのオープンなコミュニティです。ミートアップ以外にもコミュニティのSlackがあります。SRE NEXTの運営もこのコミュニティの方々が行っています。

- SRE Magazine (https://sre-magazine.net/) はSRE向けの記事をキュレーションしたオンラインメディアです。2024年に創刊されました。
- もう一度読むSRE (https://x.com/read_sre_again) はホストの二人がSRE本を少しずつ読み進めながらディスカッションをしていくポッドキャストです。

日本は世界の中でも開発者コミュニティが特に活発な国です。上記以外にも多くのSRE関連のコンテンツやイベントがオフライン／オンラインを問わず開催されています。興味がある方はぜひ探してみてください。

索引

■A-D

ADHD	20
All Day DevOps	278
Ben Lutch	173
Ben Purgason	227
Dave Rensin	173
DevOps	206
Enterprise Summit	278
DevOpsDays Tokyo	282
Devopsdays	278
Dickersonの信頼性の階層構造	198
不十分	208
DiRT	144
Discord	281
DORA	151

■E-P

Erik Hollnagel	140
GameDays	144
Google	173
SREモデル	217
Heinrigh Hartmann	66
John Allespaw	40, 70, 205
LLM	71
Micky Dickerson	198
NALSD	69, 92
Nancy Leveson	140
ProdEx	183

■S

SaaS	156
Safty-Ⅱ/Safty-Ⅲ	140
Simian Army	144
Slackワークスペース	281
SLI	5, 106, 201, 240
SLO	5, 106, 182, 201, 240
SLOサービスレベル目標	93
SRE	
ADHD	20
DevOps	7, 8
Google	60, 173, 184
SWE	60
アーキテクチャ	209, 225
あくなき共同作業	19, 106, 152, 231
アドバイス	76, 251
アンチパターン	210
一日	101
売り込み	175
エラー	21
エラーバジェット	178
得られるもの	176
お金	118
オンライン講座	279
回復とセルフケア	109
価値	194
考えるべき問い	13
規制環境	158
期待すること	178
規模	237
キャリアプランニング	188
求人情報	88
計画段階からの関与	104
ゲートキーパー	167, 230
コーディングの知識	60

索引

コードのチェックイン 98
ゴール 179
時間 118
資金調達 181
シグナル 20
システム管理者 79
失敗 171
出発点 73
信頼性 4
スケール 237
ストーリー 44
成功のカギ 160
世界に入るためのヒント 73
責任 191
前提条件 59
組織に与える影響 33
組織の価値観 166
組織への導入 149, 215
楽しむ 170
試してみる 215
誕生 6, 184
長期的目標 184
定義 3, 46, 170
提唱 44
トイル 117
どうなって欲しいか 33
どのように統合されるか 216
取り組む問題 97
なぜ 44
何をして欲しいか 33
乗り物としての 33
始め方 197
美学 116
ファシリテーター 135
プラットフォームエンジニアリング 246
プロジェクトマネージャー 240
文化 27, 34
ページャー 189
ポジティブな兆候 212
マネージャー 240
満足 118
面接 92
モデル 216
問題点 150
予算 178
理解 7

SRE サイトリライアビリティエンジニアリング
.... SRE 本
SRE0 215
SREcon 277
SRE Lounge 282
SRE Magazine 283
SRE NEXT 283
SRE 以前 188
SRE チーム 28, 187, 243
　結束 244
SRE として働く 41
SRE の心構え 36
　規模をスケール 24
　システム志向 18
　少ない運用負荷 24
　成功 27
　全体像と細部 15
　第一歩 82
　バリエーション 23
　より多くの顧客 24
SRE の失敗
　オンコール 164
　肩書のフリップ 161
　過負荷を防ぐ 167
　ゲートキーパー 167
　顧客の視点 170
　サポートチームからの転換 162
　持続可能性 170
　組織の価値観 166
　高すぎる信頼性 168
　ページャーモンキー 164
　見えない仕事 168
　燃え尽き症候群 167
SRE の探求 7, 9, 87, 161, 165, 233, 274
SRE 文化 28
　世界を動かすテコ 30
　組織を正しい方向に動かす 31
　ドキュメント 31
　乗り物としての 30, 40
SRE 本 6, 86, 113, 114, 169, 198, 273
SRE モデル
　開発グループに埋め込む 219
　希少性モデル 217
SWE 60, 77

索引

■U
UX 208

■あ行
あくなき共同作業 18, 106, 152, 231
後知恵 139
アドボカシー .... 提唱
アプリケーションレディネスレビュー 107
アラート 193
アルゴリズム分析 63
アンチパターン 223
依存関係 37
インクルージョン 20, 67
インシデント 102
　処理 35
インシデント後のレビュー 91, 130, 204, 211
　後知恵 139
　出発点 216
　スケジュール 133
　その次 145
　ではないこと 132
　反事実的推論 138
　プロセス 96
　リアルタイムで見直す 134
　罠 137
エバンジェリズム .... 伝道
エラーバジェット 151, 182, 193
　消費 183
エントロピー 182, 223
オフィスアワーモデル 186
オブザーバビリティ 93
オブザーバビリティ・エンジニアリング 93
オンコール 96, 163

■か行
回顧レビュー 130
回復とセルフケア 109
カオスエンジニアリング 70, 143
肩書のフリップ 81, 161, 238
価値のある議論 40
過負荷を防ぐ 167
環境の発見 32
監視 93
　システム 95, 201
希少性モデル 217
銀河ヒッチハイクガイド 35

グレイスフルデグラデーション ..... 上品な劣化
計画段階からの関与 104
経験から学ぶ 154
計算機科学 63
継続的デリバリー 88, 206
契約モデル 186
　オフィスアワー 186
　コンサルティング 186
　スウォーム 186
ゲートキーパー 167, 230
健全なSRE文化 28
堅牢性 142
効率的フロンティア 183
ゴールデンパス 225
顧客との関係 19
顧客の視点 170
コンウェイの法則 201
コンサルティングモデル 186
根本原因 128

■さ行
サービスの成長傾向 181
サービスレベル指標 .... SLI
サービスレベル目標 .... SLO
最初のタスク 31
サイトリライアビリティエンジニアリング
　.. SRE
サイトリライアビリティワークブック
　... 92, 113, 274
サブリニアに拡大 242
サポートチームからの転換 162
シグナル 20, 36
　誰が賢くなりつつあるのか 38
システム 18, 37
　エントロピー 182, 223
　顧客にとって 16
　寿命 25
　障害 203
　として理解する 14, 18
　どのように機能するか 15
　どのように故障するか 38
システム志向 18
持続可能性 170, 203
持続的な適応性 142
失敗から学ぶ 127, 161
失敗を学ぶ 20

死の受容プロセス..235
社会技術的構造..140
シャドーイング... 41, 79
重要なパラメーター..178
障害.. 102, 203, 206
上品な拡張性..142
上品な劣化..25
情報源.. 199, 222
消防降下..211
信頼性..174
　客観的なデータ...199
　層..232
　組織における...231
　フィードバックループ..................................15
　プラットフォーム.......................................232
信頼性の高い機械学習....................................276
スウォームモデル..186
数値化..177
ストーリー
　SRE..44
　アイデア..47
　課題..52
　再話..49
　重要な登場人物..54
　複雑さ..53
ストーリーテリング..67
製品グループ..217
製品設計..208
責任..191
セキュアで信頼性のあるシステム構築........276
設計書..デザインドキュメント
組織
　課題..46
　価値観.. 160, 166
　信頼性..231
　変更の難易度..156
　摩擦..157
ソフトウェア
　購入/購読..156
ソフトウェアエンジニア............................SWE
損益分岐点..195

■た行

大規模言語モデル..LLM
ダイバーシティ..20
タイヤ火災..4

高すぎる信頼性..168
調査期間..102
提唱... 45, 231
データの可視化..66
データベースリライアビリティ
　エンジニアリング......................................276
デザインドキュメント......................................39
伝道..45
トイル..113
　SRE..117
　新しいサービス..119
　インシデント..115
　後期の..120
　削減..124
　障害..115
　初期の..120
　チケット..115
　特徴..114
　保存..123
　撲滅.. 28, 103, 223, 228
ドキュメント.. 37, 222
　改善..32

■な行

なぜなぜ分析... 129, 205
入門監視..93
忍耐力..151

■は行

反事実的推論..138
ヒーロー文化.. 54, 169
ビジネス関係者..176
ビジネス上の選択..177
非抽象的な大規模システム設計............NALSD
非難のないポストモーテム............................136
ヒューマンエラー..137
平等..67
ファシリテーター..135
フィードバックループ....................... 15, 221, 223
フォールトトレランス.......................... 65, 91, 142
プライバシー..67
プラットフォームエンジニアリング............246
プロダクションエクセレンス................ProdEx
プロダクションレディネスレビュー... 107, 186
分散システム..180
ページャーモンキー....................... 37, 164, 189, 210

吠えなかった犬..52
他の人に語ってもらう................................50
ポストモーテム.................................130, 204
ポッドキャスト..280

■ま行

見えない仕事..168
面接
    質問...94
    話すべきこと...................................92
もう一度読むSRE.....................................283
燃え尽き症候群...167

■や行

ヤクの毛刈り..22
良い失敗談..51
要求仕様書....................デザインドキュメント

■ら行

リバウンド..142
リリースエンジニアリング....................223
リルケの手紙..33
倫理...67
レジリエンス
    堅牢性...142
    持続的な適応性.............................142
    上品な拡張性.................................142
    リバウンド.....................................142
レジリエンス工学..............52, 69, 141, 142, 205
レトロスペクティブ.......................130, 204
レビュー...35
ローテーション..................................41, 218
ロバストネス.....................................堅牢性

■わ行

ワニの穴...87

● **著者紹介**

David N. Blank-Edelman（デイビッド・N・ブランク-エデルマン）
Microsoftでサイトリライアビリティエンジニアリングと最新の運用プラクティスに重点を置いたテクニカルプログラムマネージャーとして勤務しています。
大規模なマルチプラットフォーム環境におけるSRE/DevOps/システム管理の分野で約40年の経験があります。
また、USENIXが世界的に主催する大人気のSREconカンファレンスの共同創設者であり、『SREの探求』（2021年、オライリー・ジャパン）の編集者／キュレーター、『Perlによるシステム管理』（2002年、オライリー・ジャパン、2009年発行の第2版は未訳）の著者でもあります。

● **訳者紹介**

山口 能迪（やまぐち よしふみ）

グーグル合同会社デベロッパーリレーションズエンジニア。クラウド製品の普及と技術支援を担当し、特にオブザーバビリティ領域を担当。またGoコミュニティの支援も活発に行っている。以前はウェブ、Android、Googleアシスタントと幅広く新規製品のリリースと普及に関わり、多くの公開事例の技術支援を担当。好きなプログラミング言語の傾向は、実用志向で標準の必要十分に重きを置くもので、特にPythonとGoを好んでいる。

● カバー説明

『SREをはじめよう』の表紙の動物はヒロバナジェントルキツネザル（Ceratophrys ornata、英語名 greater bamboo lemur）です。

英語名が示す通り、食事の約98%はマダガスカルジャイアントバンブー（Cathariostachys madagascariensis）という巨大な竹で占められています。残りの2%は花や葉、土や果実です。

ヒロバナジェントルキツネザルは、マダガスカルに生息する竹を主食とするキツネザルの中で最大の種です。頭と胴体を合わせた長さは平均40〜45センチメートル、尾は43〜48センチメートルほどあります。体は赤みがかった灰色からオリーブブラウンの毛で覆われています。ヒロバナジェントルキツネザルの特徴として、丸い鼻先と耳の近くの白い房毛が挙げられます。また、竹を噛み砕くのに適した特殊な臼歯と強力な顎を持っています。

ヒロバナジェントルキツネザルはマダガスカルの固有種であり、元々の生息地の約1〜4%にしか生息していないと言われています。その食事の大部分が竹に依存しているため、大型の竹が豊富な熱帯雨林にしか生息できません。焼畑農業や竹資源をめぐる人間との競争により、ヒロバナジェントルキツネザルは絶滅危惧種とされています。地層に残された記録から、約9万年前にはその個体数は100万頭だったとされていますが、現在では推定1,000頭未満となっています。オライリーの表紙に描かれている多くの動物は絶滅の危機に瀕しており、そのすべてが世界にとって重要な存在です。

SREをはじめよう
個人と組織による信頼性獲得への第一歩

2024年10月4日　初版第1刷発行

著　　　者	David N. Blank-Edelman（デイビッド・N・ブランク-エデルマン）
訳　　　者	山口 能迪（やまぐち よしふみ）
発　行　人	ティム・オライリー
印刷・製本	株式会社平河工業社
発　行　所	株式会社オライリー・ジャパン
	〒160-0002　東京都新宿区四谷坂町12番22号
	Tel　(03) 3356-5227
	Fax　(03) 3356-5263
	電子メール　japan@oreilly.co.jp
発　売　元	株式会社オーム社
	〒101-8460　東京都千代田区神田錦町3-1
	Tel　(03) 3233-0641（代表）
	Fax　(03) 3233-3440

Printed in Japan (ISBN978-4-8144-0090-4)
乱丁、落丁の際はお取り替えいたします。

本書は著作権上の保護を受けています。本書の一部あるいは全部について、株式会社オライリー・ジャパンから文書による許諾を得ずに、いかなる方法においても無断で複写、複製することは禁じられています。